地理情報科学

GISスタンダード

浅見泰司 矢野桂司 貞広幸雄 湯田ミノリ 編

Geographic
Information Science
GIS Standards

古今書院

Geographic Information Science

GIS Standards

Edited by
ASAMI Yasushi, YANO Keiji, SADAHIRO Yukio and YUDA Minori

ISBN978-4-7722-5286-7

Copyright © 2015 ASAMI Yasushi, YANO Keiji, SADAHIRO Yukio and YUDA Minori

Kokon Shoin Publishers Ltd., Tokyo, 2015

はじめに

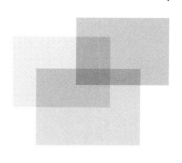

　本書は，地理情報システム（GIS：geographic information system）と地理情報科学の研究者が中心となって作成してきた「地理情報科学標準カリキュラム」にのっとって編纂された，大学学部生向けの GIS と地理情報科学の標準的な教科書である．

　「地理情報科学標準カリキュラム」は，2005 ～ 2007 年度に行われた科学研究費補助金基盤研究（A）「地理情報科学標準カリキュラムの開発研究」（代表：岡部篤行）の成果である．地理情報科学には主として，地理学を基盤とするカリキュラムと情報学を基盤とするカリキュラムがあり，これらは必ずしも統合できるものではなかった．そのため，地理系の「地理情報科学」と情報系の「地理情報工学」のカリキュラムを作成し，その統合案を提案したのである．

　これに続く 2009 ～ 2013 年度に行った科学研究費補助金基盤 A の研究プロジェクト「地理情報科学標準カリキュラムに基づく地理空間的思考の教育方法・教材開発研究」（代表：浅見泰司）において，内容をより詳細に書き加え，米国の地理情報科学大学コンソーシアム UCGIS が作成してきた「地理情報科学技術の知識体系」（GIS&T BoK: Geographic Information Science and Technology Body of Knowledge）（AAG 2006）を参考に，日本独自の「地理情報科学の知識体系」（Geographic Information Science Body of Knowledge）として公表した（貞広ほか 2012）．この知識体系は BoK（body of knowledge）とも略記され，一部では日本の主に大学・大学院での GIS と地理情報科学の講義で教えられるべきスタンダードとして広まっている．本書はこれをさらに教科書として展開したものである．この知識体系と本書の章構成との対応関係は，岡部篤行氏による1章に詳述されている．

　GIS と地理情報科学に関する参考書はすでに多く世に出ている．例えば，地理情報システム学会編集による『地理情報科学事典』（地理情報システム学会 2004）は，地理情報科学における専門用語を解説しており，その後の日本の地理情報科学の発展の基礎になった．また，村山祐司・柴崎亮介編『シリーズ GIS』全5巻（朝倉書店 2008 ～ 2009）は，GIS に関わる理論から応用までを幅広くカバーしている．

　ただ，地理系と情報系を融合させたカリキュラム体系との整合性を強く意識して作られた教科書はあまりない．実際，海外でこの分野の標準的な教科書とされる *Geographic Information Systems and Science*（Longley et al. 2001, 2005, 2011）は地理学系カリキュラムによった内容となっている．本書は，地理系と情報系を融合させたカリキュラム体系と整合する教科書となっており，この点が大きな特色であると言えるだろう．

　本書は，全30章で構成されている．これは，ちょうど通年の講義に合わせた数となっており，1つの章が1つの講義に対応するものとして考えている．ただ，実際には，地理系と情報系の両方が含まれており，すべてをカバーする講義を行うことは多くはないと思われる．そのため，例えば，この中で，13 ～ 15 個くらいの章を選んで，適宜講義を構成することも想定している．

　例えば，地理系の講義であるならば，1，2，3，7，8，11，13，14，15，20，21，22，23，25，26，28，29章を中心に構成し，必要に応じて適宜 10，16 章などを加えても良いであろう．また，情報系の講義であるならば，1，4，5，6，9，10，11，12，15，16，17，18，19，24，27，30 章を中心に構成し，必要に応じて適宜 13，21 章などを加えても良いであろう．さらに，GISや地理情報科学を応用する立場の都市計画や地域科学の分野の講義であるならば，1，2，3，7，8，11，13，16，20，21，22，24，25，28，29，30 章を中心に構成しても良い．

　本書の特徴として，各章末には，当該の章で引用した引用文献の他に，引用はしていないがその章に関連

して重要ないし参考になると思われる文献を関連文献として記載した．そのため，その章の内容についてさらに詳しく知りたい方は，是非，関連文献もご覧いただきたい．

　本書を作成するにあたり，カリキュラム，知識体系，教材としてのスライド群（http://curricula.csis.u-tokyo.ac.jp/slide/）の執筆に関わった多くの方々にお世話になった．ここに記して感謝を申し上げたい．本書が地理情報科学教育の発展に寄与できればと，編者・執筆者一同願っている．

　　　　浅見泰司，矢野桂司，貞広幸雄，湯田ミノリ

【引用文献】

貞広幸雄・太田守重・佐藤英人・奥貫圭一・森田 喬・高阪宏行 編 2012. 地理情報科学の知識体系．http://curricula.csis.u-tokyo.ac.jp/report/bok201206.pdf

地理情報システム学会 編 2004. 『地理情報科学事典』朝倉書店．

AAG 2006. *Geographic Information Science and Technology Body of Knowledge*. (http://www.aag.org/galleries/publications-files/GIST_Body_of_Knowledge.pdf)

Longley, P. A., Goodchild, M. F., Maguire, D. J. and Rhind, D. W. 2001. *Geographic Information Systems and Science*, Chichester: John Wiley & Sons, Ltd.

Longley, P. A., Goodchild, M. F., Maguire, D. J. and Rhind, D. W. 2005. *Geographic Information Systems and Science, 2nd Edition*, Chichester: John Wiley & Sons, Ltd.

Longley, P. A., Goodchild, M. F., Maguire, D. J. and Rhind, D. W. 2011. *Geographic Information Systems and Science, 3rd Edition*, Chichester: John Wiley & Sons, Ltd.

目　次

はじめに ·· i

1 地理情報科学 ·· 1
1.1 実世界とその概念モデル ··················· 1
1.2 地理情報と地理データ ······················ 2
1.3 地理情報科学 ······································ 3
1.4 地理情報科学の研究内容 ··················· 5
1.5 地理情報科学の関連研究分野 ············ 6

2 地理情報システムと地理情報科学の歴史 ·· 8
2.1 世界のGISの歴史 ······························ 8
 2.1.1 創始期（1950年代・1960年代） ······ 8
 2.1.2 拡大・成長期（1970年代・1980年代） ··· 10
 2.1.3 発展・成熟期（1990年代） ·········· 11
2.2 日本のGISの歴史 ···························· 13
 2.2.1 創始期（1970年代） ····················· 13
 2.2.2 拡大期（1980年代） ····················· 14
 2.2.3 発展期（1990年代） ····················· 14

3 空間的思考とGIS ································ 16
3.1 空間的思考と関連する概念 ·············· 16
3.2 空間的思考の構成要素 ····················· 17
 3.2.1 空間的概念 ··································· 17
 3.2.2 空間的表現（表現ツール） ·········· 18
 3.2.3 空間的推論（推論過程） ·············· 18
3.3 空間的思考の応用 ···························· 19
3.4 空間的思考の教育とGIS ·················· 19
 3.4.1 学校教育における空間的思考の指導 ··· 19
 3.4.2 空間的思考の指導におけるGISの役割 ·· 20
 3.4.3 GIS教育における空間的思考 ······ 20
3.5 おわりに ·· 21

4 空間事象のモデル化と形式化 ············ 22
4.1 空間事象の認知 ································ 22
4.2 モデルの記述 ···································· 23
4.3 モデルの形式化 ································ 24
4.4 UML ··· 24
4.5 空間情報のためのメタモデル ·········· 25
4.6 平面上の空間スキーマ ····················· 26
4.7 一般地物モデル ································ 27
4.8 応用スキーマ ···································· 28
4.9 インスタンスモデル ························ 28
4.10 まとめ ··· 29

5 測量 ·· 30
5.1 地上測量 ·· 30
 5.1.1 水準測量 ······································· 30
 5.1.2 トラバース測量 ··························· 31
5.2 GNSS測量 ·· 31
 5.2.1 単独測位 ······································· 32
 5.2.2 干渉測位 ······································· 32
5.3 写真測量 ·· 33
 5.3.1 3次元計測の原理 ························ 33
 5.3.2 単写真標定 ··································· 34
 5.3.3 相互標定 ······································· 34
5.4 レーザ測量 ·· 35

6 リモートセンシングとその解析 ·········· 36
6.1 センサとその観測波長帯 ·················· 36
6.2 プラットフォーム ···························· 38
6.3 画像のカラー合成と強調 ·················· 38
6.4 画像の幾何補正 ································ 39
6.5 可視・近赤外リモートセンシングデータの解析 ··· 39
6.6 熱赤外リモートセンシングデータの解析 ·· 39
6.7 合成開口レーダによって得られたデータの解析 ··································· 40
6.8 データの入手 ···································· 40

7 既存データの地図データと属性データ ····· 41
7.1 国・地方自治体のGISデータ ·········· 42
 7.1.1 国土交通省のGISデータ ············ 42
 7.1.2 環境省のGISデータ ···················· 43
 7.1.3 農林水産省のGISデータ ············ 44
 7.1.4 総務省のGISデータ ···················· 44
 7.1.5 属性データを地図化するための地図データ ··································· 45
 7.1.6 地方自治体のGISデータ ············ 47
7.2 民間のGISデータ ···························· 47
 7.2.1 地図データ ··································· 47
 7.2.2 住宅地図 ······································· 47
 7.2.3 道路のGISデータ ······················· 47
 7.2.4 郵便番号区のGISデータ ············ 47
 7.2.5 施設に関する民間データ ············ 47
 7.2.6 ジオデモグラフィクス（Geodemographics） ··································· 48
7.3 デジタル化されていない地理空間情報のGIS化 ······································· 48
7.4 おわりに ·· 48

8 空間データ · 50
- 8.1 空間データの品質 · · · · · · · · · · · · · · · · · 50
- 8.2 空間データの変換 · · · · · · · · · · · · · · · · · 51
  - 8.2.1 解像度・空間構成単位の変換 · · · 51
  - 8.2.2 空間座標の変換 · · · · · · · · · · · · · · · 51
  - 8.2.3 幾何補正 · 52
  - 8.2.4 オルソ補正 · · · · · · · · · · · · · · · · · · · 52
- 8.3 ジオコーディング (Geocoding) · · · · · · · 53

9 空間データベース · · · · · · · · · · · · · · · · · 54
- 9.1 データベースシステム · · · · · · · · · · · · · · 54
- 9.2 データベース管理システム · · · · · · · · · · 55
- 9.3 空間検索と空間索引 · · · · · · · · · · · · · · · · 56
- 9.4 空間データベース言語 · · · · · · · · · · · · · · 58
- 9.5 空間データベースの現状と今後 · · · · · · 59

10 空間データの統合・修正 · · · · · · · · · 60
- 10.1 接合 (モザイク) · · · · · · · · · · · · · · · · · · 60
- 10.2 ベクタ編集 (データのエラーと修正) · · · · 60
- 10.3 欠落情報の補足 (統計的手法，補間の概念)
  · 62
- 10.4 ラスタ・ベクタ変換 · · · · · · · · · · · · · · · 63
  - 10.4.1 ラスタ (raster) からベクタ (vector) の変換
    · 63
  - 10.4.2 ベクタからラスタの変換 · · · · · · · 63

11 基本的な空間解析 · · · · · · · · · · · · · · · · 65
- 11.1 基本量の測定 · 65
- 11.2 空間オブジェクトの選択 · · · · · · · · · · · 66
- 11.3 その他の空間データの操作 · · · · · · · · · 67
- 11.4 オーバーレイ分析 · · · · · · · · · · · · · · · · · 68

12 ネットワーク分析 · · · · · · · · · · · · · · · · 70
- 12.1 最短経路探索 · 70
  - 12.1.1 ダイクストラ法 · · · · · · · · · · · · · · · 71
  - 12.1.2 ワーシャル・フロイド法 · · · · · · · 72
- 12.2 グラフ・ネットワークの用語 · · · · · · · 74
- 12.3 最大流問題 · 74
- 12.4 ネットワーク構造分析 · · · · · · · · · · · · · 77
- 12.5 プログラム例 · 78

13 領域分析 · 79
- 13.1 バッファによる領域分析 · · · · · · · · · · · 79
- 13.2 ボロノイ分割による領域分析 · · · · · · · 81

14 点データの分析 · · · · · · · · · · · · · · · · · · 84
- 14.1 視覚的分析 · 84
- 14.2 数理的分析 · 85

15 ラスタデータの分析 · · · · · · · · · · · · · · 90
- 15.1 視覚的分析 · 90
- 15.2 集計と基本統計分析 · · · · · · · · · · · · · · · 91
- 15.3 フィルタリング · · · · · · · · · · · · · · · · · · · 92
- 15.4 ラスタ演算 · 93
- 15.5 流域解析 · 93
- 15.6 コストパス解析 · · · · · · · · · · · · · · · · · · · 94
- 15.7 セル・オートマトン (cellular automaton) · · · 95

16 傾向面分析 · 96
- 16.1 傾向面分析の基礎 · · · · · · · · · · · · · · · · · 96
- 16.2 傾向面分析の適用例 · · · · · · · · · · · · · · · 97
- 16.3 残差分析 · 99
- 16.4 多項式以外への当てはめ · · · · · · · · · · · 101

17 空間的自己相関 · · · · · · · · · · · · · · · · · · 102
- 17.1 空間的自己相関分析の系譜 · · · · · · · · · 103
- 17.2 空間的自己相関に関する統計量 · · · · · 103
  - 17.2.1 バリオグラムとコバリオグラム · · · 103
  - 17.2.2 空間重み行列 · · · · · · · · · · · · · · · · · 105
  - 17.2.3 ジョイン統計量 · · · · · · · · · · · · · · · 106
  - 17.2.4 Moran's I と Geary's C · · · · · · · · · 106

18 空間補間 · 108
- 18.1 補間点近傍の観測値を用いる空間補間法 · · · 108
  - 18.1.1 距離に基づく近傍点選択 · · · · · · · · · · · 108
    - a) 最近隣法
    - b) 半径法
    - c) 四分割法・八分割法
  - 18.1.2 不整三角網 (TIN: Triangulated Irregular Network) に基づく近傍点選択 · · · · · · · · · · · · · · · 109
  - 18.1.3 逆距離加重法 (IDW: Inverse Distance Weighted)
    · 109
- 18.2 大域的な観測値を用いる空間補間法 · · · · · · 110
  - 18.2.1 補間対象の空間事象の観測値のみ用いる方法
    · 110
    - a) スプライン補間 (spline interpolation)
    - b) Akima の補間法
  - 18.2.2 補間対象の空間事象と相関を持つ空間事象の観測値を用いる方法 - クリギング (kriging) · · · 111
    - a) 通常クリギング (ordinary kriging)
    - b) 共クリギング (cokriging)
    - c) 普遍クリギング (universal kriging)
    - d) 普遍共クリギング (universal cokriging)

19 空間相関分析 ……………………… 114
19.1 空間的相関関係の計量化 ……………… 114
19.1.1 クロス バリオグラム（cross-variogram）… 114
19.1.2 空間的クロス相関（spatial cross correlation）
……………………………………… 115
19.2 空間的相関関係を組み込んだモデリング … 116
19.2.1 一般的（非空間的）な回帰分析と空間モデル
……………………………………… 116
19.2.2 空間的従属性を取り入れたモデル … 117
19.2.3 空間的異質性を取り入れたモデル … 117

20 空間分析におけるスケール ……………… 120
20.1 2つの空間スケール問題 ……………… 120
20.2 空間分析単位の問題 …………………… 122
20.3 ローカル・グローバル問題 …………… 123

21 視覚的伝達 ……………………………… 126
21.1 ビジュアリゼーションとは …………… 126
21.2 空間情報の視覚化の起こり …………… 126
21.3 視覚的伝達の意義 ……………………… 127
21.4 視覚的伝達方法の類型化 ……………… 129
21.5 錯視（オプティカル・イルージョン）… 130
21.6 視覚的分析 ……………………………… 131

22 地図の表現モデル ……………………… 132
22.1 表現モデル ……………………………… 133
22.1.1 基本図 ……………………………… 134
22.1.2 主題図 ……………………………… 134
22.2 主題図の表現方法 ……………………… 135
22.2.1 データの意味性 …………………… 135
22.2.2 記号化の基本パターン …………… 135
22.2.3 量的データの分類 ………………… 137
22.2.4 誇張と省略 ………………………… 137
22.2.5 次元操作 …………………………… 138
22.2.6 座標の対応付け …………………… 138

23 地図のデザイン ………………………… 139
23.1 表示範囲 ………………………………… 139
23.2 背景図 …………………………………… 140
23.3 地図記号の体系化 ……………………… 140
23.4 地図の整飾とレイアウト ……………… 142
23.5 出力図の作成 …………………………… 143

24 双方向環境のマッピング ……………… 145
24.1 地図の利用とマッピング環境 ………… 145
24.2 ウェブマッピング ……………………… 147
24.3 ユビキタスマッピング ………………… 148
24.4 バーチャルマップ ……………………… 151
24.5 ユビキタス空間情報社会の展望と課題 … 151

25 GISの社会貢献 ………………………… 154
25.1 地図自動作成と施設管理 ……………… 154
25.1.1 地図自動作成 ……………………… 154
25.1.2 施設管理 …………………………… 155
25.2 空間意思決定支援システム …………… 156
25.2.1 DSSの定義 ………………………… 156
25.2.2 SDSSの定義 ……………………… 156
25.2.3 SDSSの構成要素 ………………… 157
25.2.4 SDSSの応用 ……………………… 158
25.3 位置情報サービス ……………………… 158
25.3.1 LBSの定義 ………………………… 158
25.3.2 LBSの技術 ………………………… 159
25.3.3 LBSのサービスタイプ …………… 159
25.3.4 LBSの最近の動向 ………………… 160

26 参加型GISと社会貢献 ………………… 164
26.1 GISのSの意味 ………………………… 164
26.2 社会貢献としてのクライシスマッピング … 164
26.3 ハイチ地震での現地活動への貢献 …… 165
26.4 東日本大震災での取り組み …………… 165
26.5 東日本大震災以降の動き ……………… 165
26.6 クライシスマッピングの特徴 ………… 166
26.7 市民による参加型GISからGeoDesignへ … 168
26.8 まとめ …………………………………… 168

27 空間データの流通と共用 ……………… 169
27.1 空間データ基盤の開発と実践 ………… 169
27.2 流通と共用のための空間データ ……… 172
27.3 空間データの流通・共用と法制度 …… 172

28 組織におけるGISの導入と運用 ……… 178
28.1 導入に向けた計画づくり ……………… 178
28.2 GISの設計，実装 ……………………… 179
28.3 地理空間情報データの整備 …………… 180
28.4 GISの運用，人材育成 ………………… 182
28.5 地域課題の解決に向けて ……………… 183

29 GISと教育・人材育成 ･････････ 186
29.1 学校教育とGIS ･･････････････ 186
29.1.1 学習指導要領とGIS ･･････ 186
29.1.2 初等中等教育とGIS ･･････ 186
29.1.3 初等中等教育でのGIS活用における問題点とこれから ････････････ 187
29.1.4 高等教育とGIS ･･････････ 188
29.2 社会におけるGISと教育 ･･･････ 188
29.2.1 国・地方自治体による人材育成 ･･････ 188
29.2.2 企業向けトレーニング ･････････ 189
29.2.3 開かれたGISの教育の場 ･･････ 189
29.3 GISの普及を支える学協会 ･･･････ 189
29.3.1 学協会 ･･････････････････ 189
29.3.2 GIS関連の資格 ････････････ 189

30 GISと未来社会 ･････････････････ 190
30.1 高度情報通信ネットワーク ･･････ 190
30.1.1 米国 情報スーパーハイウェイ構想 ･･･ 190
30.1.2 日本の高度情報通信ネットワーク社会 ･･･････････････ 191
30.1.3 クラウドコンピューティング ･･････ 191
30.1.4 ソーシャル・ネットワーキング・サービス（SNS） ･･････ 192
30.1.5 オープンデータ ････････････ 193
30.2 クラウドセンシングと参加型センシング ･･･ 193
30.3 高度地理空間情報社会 ･････････ 196
30.3.1 地理空間情報中心で管理される社会 ･･･ 196
30.3.2 地理時空間ビッグデータと人々の流動把握 ･････････････ 197

執筆者紹介 ･･････････････････････200

1 地理情報科学

地理情報科学は，1990年代に生まれた学問である．その発端は，地理情報科学を明示的に提唱した論文（Goodchild 1992）で，その論文名もずばり「地理情報科学」であった．それ以来，地理情報科学は純粋理論から応用まで，またその対象も自然現象から社会現象までと大きく広がりつつある．現在，地理情報科学は基盤的学問として多くの研究分野の深化に貢献しているばかりではなく，地理情報科学から生み出される諸技術は，社会の基盤技術として大きく期待されている．実際，米国政府は21世紀の3大科学技術としてナノテクノロジー（nano-technology），バイオテクノロジー（bio-technology）と並んでジオテクノロジー（geo-technology）を挙げ，地理情報科学技術が多くの雇用を生み出すと予測している．一方，日本においては2007年に「地理空間情報活用推進基本法」が公布され，新たな産業の創生が期待されている．この章では，学界のみならず社会からも大きな期待がかけられている地理情報科学とは，一体どのような科学なのかについて論ずることにする．

以下1.1節では，基本的枠組みとなる実世界の概念モデルについて述べ，その枠組みの下で1.2節では，地理情報とそれに関連する諸概念について解説し，1.3節では，地理情報科学の定義を行う．1.4節では，地理情報科学の扱う主な研究内容を挙げることで地理情報科学を浮き彫りにし，最後の1.5節では，地理情報科学に関連するいくつかの研究分野について言及することにする．

1.1 実世界とその概念モデル

そもそも実証科学たるものは，実世界（real world）を抽象化したモデル，すなわち，ある視点から実世界を抽象化して表現した概念モデル（conceptual model）を構築して実世界を理解しようとする．地理情報科学もその例外ではない．実際，地理情報科学の数多い教

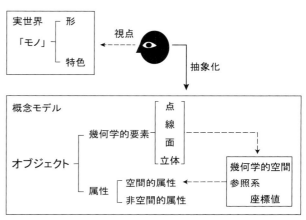

図1-1　実世界と概念モデル（オブジェクトモデル）

科書をみると，個別の議論や方法を展開する前に，一般枠組みとして概念モデルを設定している．ところが，これら多くの概念モデルを比較してみると実に多様であり，共通のモデルがあるとは言い難いことがわかってくる．しかも場合によっては，同じ用語が異なった意味に使われていることも多い．そこでこの節では，この章で使う概念モデルを手短に述べることにしておこう．なお，この本は多数の筆者で書かれているので，この章の概念モデルが他の章のそれと同じとは限らないことに留意されたい．

実世界の概念モデル構築の仕方は多様であるが，学界で多く採用されているものを紹介しよう．第1に，実世界を認識するある視点を定める（図1-1）．例えば，都市のスプロール現象を分析し，都市計画的対応策を策定したい，といった視点を定める．

第2に，その視点から実世界を見て，実世界はその視点に関わる「モノ」で構成されていると理解する（図1-1）．ここでモノとは，広い意味のモノで，例えば，家，道路，公園などに始まり，ヒートアイランド，犯罪，交通事故といった事柄まで含んでいる．地理情報科学関連の文献において，これらのモノは，地物（entities），

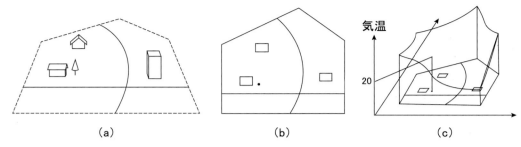

図 1-2 概念モデル (a) 実世界 (b) オブジェクトモデル (c) フィールドモデル

現象 (phenomena)，事象 (events) と言及されている．

第 3 に，これらモノの集合を数理的に表現する．地理情報科学では，そのために 2 つの概念モデルが良く採用されている．それらは，オブジェクトに基づくモデル (object-based model 以下，オブジェクトモデル) と，フィールドに基づくモデル (field-based model 以下，フィールドモデル) と呼ばれているモデルである．なお，この章で述べるオブジェクトモデルは，コンピュータ科学でよく使われるオブジェクト指向モデル (object-oriented model) とは異なることに留意されたい．オブジェクト指向モデルの観点からの概念モデルは，4 章に述べられている．

オブジェクトモデルでは，モノを離散的で，区別ができ，境界が明瞭な要素の集合で表現し，その抽象化された要素をオブジェクト (objects) と呼んでいる．文献によってはフィーチャ (features) と呼ぶ場合もあるが，フィーチャは地物を指す場合もあるので，混乱を避けるために，本章では使わない．

オブジェクトモデルでは，実世界のモノは形 (form) と特色 (characteristics) を持っていると理解し (図 1-1)，モノの形については幾何学的要素で表現する．幾何学的要素とは，点 (points)，線 (lines)，面 (areas)，立体 (solids) である (図 1-1)．例えば，都市郊外地区にある大木，道路，建物 (図 1-2(a)：実世界) を，それぞれ点，線，面で表すといった具合である (図 1-2(b))．なお，1 種類の幾何学的要素だけでオブジェクトの形を表現するとは限らず，複数種類の幾何学的要素を組み合わせて表現する場合も多い．

オブジェクトモデルでは，実世界のモノの特色を抽象化した性質で表現し，それを属性 (attributes) と呼んでいる (図 1-1)．その属性をある尺度で測ることができる場合，その値を属性値 (attribute values) と言う．1 つのオブジェクトの属性は 1 つに限られるものではなく，通常は複数の属性で表現する．例えば，公園というモノをオブジェクトで表現すると，幾何学的要素は閉じた面で，属性は国が管理し広さは 5 ヘクタールといった具合である．

フィールドモデルとは，まず実世界の地区を平面 (または球面，さらに一般的には幾何学的空間) で表現し，次に地区の全ての地点での値を，地点に対応する平面上の点に属性値として対応させる関数で表現するモデルである．例えば，都市郊外地区のあらゆる地点の気温について (図 1-2(a))，まず地区を 3 次元空間の平面に置かれた面で表現し (図 1-2(c) の五角形)，地区のそれぞれの地点の気温を (例えば図 1-2(a) の大木の位置における気温は 20 度)，対応する平面の点の縦軸の値として与えるモデルである (図 1-2(c))．地区の全ての点に対応して縦軸の値が定まるので，それらの値は 3 次元空間で曲面をなす (図 1-2(c) の曲面)．この例では，点に対し 1 つの属性値を対応させているが (スカラーフィールド)，より一般的には複数の値を対応させることも出来る (ベクタフィールド)．

以上の 2 つの概念モデルを前提にしながら，次節から地理情報科学とは何かを論じて行くことにしよう．

1.2 地理情報と地理データ

地理情報科学は，文字通りに読めば地理情報の科学であるから，地理情報科学とは何かを定義するには，地理情報とは何かということから論じ始めなければなるまい．地理情報 (geographic /geographical information) と類似した用語に，地理空間情報 (geo-spatial information)，空間情報 (spatial information) がある．日本において地理空間情報という用語は，「地理空間情報活用推進基本法」で採用され，主に国の機関で使われているが，略称である G 空間情報という用語も使われることがある．これらの用語は，ほぼ同

じような内容を指しているが，以下に述べるように微妙な差異もある．

地理情報とは，大まかに言えば，実世界におけるモノの「位置」の情報と，モノの位置以外の属性の情報の2種類の情報が対になった情報を指す．ここで位置の情報とは，緯度経度のみならず，住所，郵便番号，地名などで表現される広い意味での位置情報を含んでいる．例えば，小金井市桜町にある（位置の情報）ケーキ屋（位置以外の情報）は，地理情報である．小金井市桜町という情報だけ，またはケーキ屋という情報だけでは地理情報とならない．同様に，録音された鳥の声や盆踊りのビデオは，それだけでは地理情報でないが，録音，録画された場所が明示されていれば地理情報となる．

地理情報をオブジェクトモデルの文脈でより明確に述べてみよう．オブジェクトモデルでは，幾何学的空間（例えば平面）と参照系（例えば直角座標系）が陽にまたは陰に設定され（図1-1），幾何学的要素はその空間に配置される．従って幾何学的要素の配置は座標値群で記述される．例えば，点の場合はその座標値，線の場合は端点の座標値群，面の場合は頂点の座標値群といった具合である．

前節で述べたように，オブジェクトは幾何学的要素と属性で記述するが，その属性は空間的属性と非空間的属性に分けることができる（図1-1）．空間的属性とは，幾何学的要素の配置そのもの（より明示的には座標値群）とそれから導出される特性（例えば道路の長さ）を指し，それ以外の属性を非空間的属性と呼ぶ（例えば国道）．地理情報とは，広義には空間的属性と非空間的属性が対になった情報，狭義には，幾何学的要素を特定する座標群と非空間属性が対になった情報を指す．従って，広義の地理情報は，狭義の地理情報から導出することができる．

一方，フィールドモデルで地理情報とは，設定された幾何学的空間（多くは平面）のそれぞれの座標値と，その座標値に対応付けられた属性値の2種類の情報が対になった情報を指す．

地理情報と似た概念に空間情報がある．この2つはほぼ同じように使われているが，地理情報といった時は，地理的な世界，すなわち2次元的な地区，地域，国，地球表面といった実世界が想定されており，一方，空間情報と言った時は，地区，地域，国，地球のみならず，顕微鏡で見る世界，建物内部空間といった狭い空間や，宇宙空間といった広い空間まで，また地表のみならず地下，地上の空間が想定されていることが多い．その意味で，空間情報は地理情報を内包していると言えるが，多分に用語を使う人の専門領域や社会的背景による場合も多いと思われる．地理情報科学を提唱した Goodchild（1992）の論文は，1990年にチューリッヒで開催された Spatial Data Handling 会議の基調講演に基づいているが，その時のタイトルは，spatial information science であった．しかし論文では geographical information science に変更されており，その理由については記されていない．

地理情報，空間情報に関連する概念に地理データ，空間データがある．一般に，データとは，モノの属性を値で表現したもので，値そのものを指す．ここで値とは広い意味の値で，比例尺度（例えば体重のような尺度）や，間隔尺度（例えば温度のような尺度）のみならず，順序尺度（例えば順位や階級のような尺度）や名義尺度（例えば町や建物の名称で示す尺度）で測った値を指す．一方，情報とは，概念モデルを構築する際の視点で定まる意味が付与されたデータを指す．例えば，110というデータは，概念モデルが郵便配達の視点から構築されたものであれば，郵便番号上三桁が110の地区という情報となり，概念モデルが地形分析の視点から構築されたものであれば，標高が110メートルという情報になる．

地理データとは，大まかに言えば，実世界におけるモノの位置データと，モノの位置以外の属性値データの2種類のデータが対になったデータを指す．上記の概念モデルに則して言えば，オブジェクトモデルでは，オブジェクトの幾何要素を特定する座標値群データと非空間属性値データの2種類のデータが対になったデータを指し，フィールドモデルでは，設定された幾何学的空間を構成するそれぞれの点座標値データと，それに対応付けられた属性値データの2種類のデータが対になったデータを指す．

1.3 地理情報科学

前節で地理情報を定義したので，それを元にこの節では，地理情報科学とは何かを論じることにしよう．

ごく簡単に定義すれば，地理情報科学とは，地理情報を研究対象とする科学と言えよう．これでは茫洋と

しすぎているが，地理情報科学に限らずある特定の学問を明確に定義するのはなかなか難しい．最初に地理情報科学を提唱した Goodchild（1992）の論文を見ても，地理情報科学の明確な定義は書かれていない．Goodchild（1992）の論文に触発されて，米国の多くの大学研究者が集い，地理情報科学とは何かという議論を続けたが，1994年にその集団は地理情報科学大学連合（UCGIS：University Consortium for Geographic Information Science）という名称の連合組織を設立した．その設立時においても，地理情報科学の明確な定義はなされなかった．Mark（2000）によれば，1999年に開かれたアメリカ国立科学財団（NSF: National Science Foundation）のワークショップにおいて，十分な定義が与えられたと述べている．十分かどうかはさておき，学術組織体の最初の定義であるので引用をしておこう．

「地理情報科学とは，地理情報システムに関連する地理的概念とその利用を再検討しようとする基礎的研究領域である．また地理情報科学は，地理情報システムが個人や社会に与える影響力や，社会に与える影響を研究するものである．

地理情報科学は，認知科学や情報科学の最近の成果を取り込みつつ，伝統的空間指向の地理学，地図学，測地学といった分野の極めて重要な基礎的テーマを再検討するものである．またコンピュータ科学，統計学，数学，心理学といったような専門分野と重なりあって，それらの成果を取り込む一方，またそれらの分野の発展に寄与するものでもある．

地理情報科学は，政治学や考古学の研究を支援し，また地理情報の社会的課題に関わる研究を推進するものである．」

地理情報科学の定義の方法はいろいろありうるが，上の定義は2つの方法を示唆している．第1の定義方法は，地理情報科学を地理情報システムを媒介として定義する仕方である．上の定義の最初の段落では，この方法がとられており，このことから地理情報科学は，歴史的に地理情報システムによって触発された科学であるということが伺える．実際，地理情報システムは，2章で述べられているように，1960年代にトムリンソン（Roger Tomlinson）が森林管理のコンピュータ技術として開発したのに端を発し，1980年代には汎用的なソフトウェアが販売されて一般利用者に普及したコンピュータ技術である．地理情報システムが地理情報科学を触発したという流れは1988年に発刊された学術雑誌 International Journal of Geographical Information Systems が，1997年には International Journal of Geographical Information Science と衣替えをしていることにも現れている．

地理情報科学を地理情報システムを媒介にして定義するとなると，地理情報システム（GIS：geographic information systems）を定義しておかねばなるまい．関連文献でいろいろな定義が提案されているが，まず一番簡単な定義をしておこう．

地理情報システムとは，広義では，地理情報をコンピュータで処理するシステム群（通常，英語では systems と複数）であり，狭義では，地理情報をコンピュータで処理するソフトウェア群である．処理の具体的な内容については後述することにする．

地理情報システムと地理情報科学の関係は，アナロジーとして統計学を考えるとわかりやすいかもしれない．SPSS，SAS，エクセルといった統計処理のソフトウェアが狭義の地理情報システムに対応し，統計学が地理情報科学に対応すると言えよう．統計学の場合，ピアソン，フィッシャーといった学者らが20世紀初頭に推計統計学（統計科学）を確立したが，統計検定などのソフトウェアが販売され一般普及するようになったのは，1970年代のことであった．統計学の場合は，統計科学が統計ソフトウェアに先んじて発展したが，地理情報科学の場合は，上に述べたように逆の流れであった．この過渡期には，GISはツールか科学か，という論争が学界で起きたが，その争点は Wright et al.（1997）に詳しく述べられている．

第2の地理情報科学の定義の方法は，関連する学問を総合するものとして定義する仕方である．先の定義においては第2段落の記述がそれにあたる．地理情報科学は関連諸科学を覆う傘であるという考え方を強くとるとすると，geographical information sciences か geographical information studies となる．しかし多くの文献では science と単数にしている．これは，諸学問を統一する科学であるという意気込みの表れであろう．本章においては，1.5節で，関連学問について言及をして地理情報科学を浮き彫りにする．

第3の定義の方法は，地理情報科学が扱う研究内容を述べることによって地理情報科学を定義する仕方で

ある．地理情報科学を提唱した Goodchild(1992)では，この方法をとっており，また地理情報科学の題名を最初に冠した本(Duckham et al. 2003)の1章でも，同様な方法がとられている．この方法は，研究に直結するので，地理情報科学とは何かを具体的に理解しやすい．本章においても1.4節で地理情報科学の研究内容を述べることで，地理情報科学を規定することにする．ただし研究内容は時代によって変わるので，時代によって定義が変わってしまうことになる．

第4の定義方法は，まず地理情報システムが扱う処理プロセスを定義し，それから地理情報科学を定義する仕方である．先に地理情報システムとは，地理情報をコンピュータで処理するシステムであると述べたが，処理の内容を明示すると，地理情報システムとは，地理情報を系統的にコンピュータで構築し，管理し，分析し，総合し，伝達するシステム群であると定義できよう．この定義を元にすると，地理情報科学とは，地理情報をコンピュータで構築し，管理し，分析し，総合し，伝達する汎用的な系統的方法，およびその方法論を研究する学問であると定義できよう．この定義は一般的な操作の流れを述べているので，実際の作業を行う場合に理解しやすく，時代によって定義の変化が変わることも少ないという特色をもっている．

1.4 地理情報科学の研究内容

米国において地理情報科学が扱うべき研究内容は，UCGIS の下で 1996 年より Geographic Information Science and Technology Body of Knowledge の編纂が始められ，2006 年に完成をした(DiBiase et al. 2006)．日本においては，1997 年に出版された科研費報告書『地理情報科学の深化と研究教育組織に関する研究』(代表：西川治)に地理情報科学が扱うべき研究内容が述べられている．その後，科研費による組織的な研究が進められ，2005 〜 2007 年度には「地理情報科学標準カリキュラムの開発研究」(代表：岡部篤行)，2005 〜 2008 年度には「地理情報科学の教授法の確立」(代表：村山祐司)，2009 〜 2013 年度には「地理情報科学標準カリキュラムに基づく地理空間的思考の教育方法・教材開発研究」(代表：浅見泰司)のプロジェクトが遂行され，地理情報科学の扱う研究内容が確立して行った．この本は，これらの成果を踏まえて編纂されたものである．

先に言及したように地理情報科学を提唱した Goodchild (1992) は，直接的な定義をせずに8つの研究内容を示すことで，地理情報科学を規定した．それらは，データ収集と測定，データ取得，空間統計，データモデル化と空間データの理論，データ構造・アルゴリズム・処理，表示，分析ツール，制度・運営・倫理問題である．

その後，UCGIS が系統的な研究を行い，2006 年には総括をして，地理情報科学の 10 の研究内容大項目を挙げている(DeBiase et al. 2006)．それらは，分析的方法，概念的基礎，地図学と視覚化，デザインの諸相，データのモデル化，データの操作，地理的計算，地理空間データ，地理情報科学・工学と社会，組織的制度的諸相である．大項目は，いくつかの細項目から成り立っているが，それらについては前述の文献を参照されたい．

日本においては，先に述べた一連の科研研究で，地理情報科学の研究内容が検討され，最終的に，『地理情報科学の知識体系』(以下，『体系』と言及)として以下のようにまとめられている(貞広ほか 2012)(この本で扱われている章を( )で記す)．

①実世界のモデル化と形式化 (4 章)
　モデルの形式表現　一般地物モデルと応用スキーマ　地物インスタンスの表現　空間スキーマ　時間スキーマ　参照系　被覆スキーマ　モデルの信頼性

②空間データの取得と作成 (5 〜 10 章)
　測量　リモートセンシング　主題属性の収集　既存データの地図データと属性　データの利用例　既存データの検索と取得　データの修正　空間データの品質

③空間データの変換と管理 (8 〜 10 章)
　空間データの変換　ジオコーディング　空間データベース　ラスタ・ベクタ変換

④空間解析 (11 〜 20 章)
　基本的な空間解析　ネットワーク分析　領域分割　点データの分析　ラスタデータの分析　傾向面分析　空間的自己相関　空間補間　空間相関分析　空間分析におけるスケール

⑤空間データの視覚的伝達 (21 〜 24 章)
　視覚的伝達　地図の表現モデル　地図のデザイン　出力図の作成　双方向環境のマッピング

⑥ GIS と社会　（25 章〜30 章）
　　GIS の社会貢献　空間データの流通と共有　組織における GIS の導入と運用　GIS 教育・人材育成　GIS と未来社会
　1.3 節で述べた第 3 の定義のように，地理情報科学とは，これらの研究内容を研究する学問であると定義することもできる．なおこの本は，この研究内容構成に従って編纂されている．

1.5 地理情報科学の関連研究分野

　地理情報科学は，その名からすると地理学と情報学の融合が想像される．地理学とは，地球表面上で生起する現象の空間に渡る変容を研究する学問，すなわち，どれほど，そしてなぜ，地球表面の場所，場所でモノが異なるかを研究する学問である．これは地理情報科学の研究内容で言えば，空間分析に対応するが，空間分析を行うためには，多かれ少なかれ地理的実世界の概念モデル化，地理データの取得，地理データの管理，地理的分析結果の表示を行わなければならず，『体系』に挙げられている内容と変わりがない．異なるところは，地理学がどちらかと言うと分析結果の地理的固有性に焦点を当てているのに対し，地理情報科学は，分析を含む一連の汎用的方法に焦点を当てていると言えよう．その意味で，地理情報科学は一般地理学と呼べるかもしれない．

　地理情報は情報の中の特定の情報である．そう理解すると，地理情報科学は，情報科学の特定分野と位置づけることもできる．教科書的には，情報科学とは，情報の発生，収集，組織化，保存，検索，解釈，伝達，変換，活用の知識体系であると定義されている．この定義の「情報」という用語を「地理情報」に置き換えると，地理情報科学の定義となりえる．実際，この定義の要素項目は『体系』に挙げられている要素項目にほぼ対応付けることができるので，1.3 節で挙げた地理情報科学の 4 つの定義の仕方に加えて，第 5 の定義の仕方であると言えよう．ただし，地理情報科学を情報科学の特定分野であるという見方は，地理情報科学の学界で比較的少ないように見受けられる．それは，情報のなかでも地理情報は，地理学で育まれた独自な概念から形成された情報で，地理情報科学は，その独自概念に重きを置いているからであろう．

　地理情報の独自性というのは，古典的な情報科学が扱った情報がコンピュータ処理しやすい数値や文字で表せる非図形的情報であったのに対し，コンピュータの処理が難しかった幾何学的情報であるところにある．この難問を解いたのが計算幾何学（computational geometry）で，その成果が地理情報システムの飛躍的な発展を生み出した．この点で，地理情報科学は，計算幾何学，さらにはそれを含む計算科学と研究領域を共有している．しかし，計算幾何学が扱うのは，『体系』の「空間データの変換と管理」「空間解析」に限られる．一方，計算幾何学の適用範囲は地理情報科学に限られたものではないので，地理情報科学の研究対象とは大きく異なる．

　地理情報というと，その一表現手段である地図を思い浮かべることが多いであろう．地理情報を図化して伝える方法を研究する分野が地図学（cartography）である．地理情報科学は，従来，『体系』の「空間データの視覚的伝達」において地図学と研究内容を共有してきたが，近年，地理情報科学と地図学はその研究内容をそれ以上に共有するようになってきた．その傾向は The American Cartographer という学術誌が 1990 年に Cartography and Geographic Information Systems と名前を変え，さらに 1999 年には Cartography and Geographic Information Science と衣替えしたことからも伺えよう．地理情報学と地図学は多くの研究内容を共有しているが，前者が分析方法に重きがあるのに対して，後者は分析結果を含む地理情報の図的表現に重きがある点に違いがみられる．

　古代エジプト時代に端を発する伝統的な測量学や測地学は，地理情報の取得には欠かせない．測量学（surveying）とは，地表の地点群の位置関係や距離・角度の測定方法を研究する分野であり，測地学（geodesy）とは，地球の大きさや形状の測定方法を研究する分野である．近年に至り人工衛星などを利用したリモートセンシング学（remote sensing）が発達してきた．リモートセンシング学とは，遠いところから対象物に直接触れずに，対象物の性質やその環境を感知する方法を研究する分野である．これらの学問と地理情報科学が共有する部分は，主に『体系』の「空間データ取得と編集」という分野に限られている．

　地理情報科学の概念モデルでは，物理的世界を相似的にユークリッド空間に表現することが多かった．しかし人間が日常に把握する主観的空間は，物理的空間

と異なることが解明されてきた．その解明に貢献しているのが認知心理学（cognitive psychology）である．地理情報科学でその重要性を喚起したのは，Duckhum et al.（2003）であろう．スマートフォンによる道案内が普及してくるにつれ，その重要性は増してきた．この研究内容については，この本の3章で扱われている．

　1.3節で地理情報科学と地理情報システムの関係を説明する際，統計学と統計ソフトウェアの類比をしたが，近年のコンピュータ科学の発達に伴って，統計データ科学（statistical data science），さらにはデータ科学（data science）と発展しつつある．地理データはデータの一種類なので，地理情報科学はデータ科学の一分野と言えなくもないかもしれない．しかしデータ科学という科学の登場は21世紀に入ってからであるから，その歴史は地理情報科学の歴史より新しい．伝統的統計学との関係では，空間統計（spatial statistics）が，地理情報科学と研究内容を共有している．具体的内容は，『体系』の「点データの分析」，「傾向面分析」，「空間的自己相関」，「空間補間」，「空間相関分析」であり，それぞれはこの本の14, 16〜19章で説明されている．

　この他，地理情報科学の関連分野に，地理情報システムの適用される研究分野を加えると，その分野は極めて多くなる．全てを列挙することはできないが，主なものに，考古学，歴史学，文化人類学，犯罪学，公衆衛生学，地域研究，都市・地域経済学，都市計画，交通工学，森林学などがある．

　これらの適用範囲をみると，地理情報科学は，諸学問の基盤科学ということができよう．今後，地理情報科学は，ますます諸学問の発展や深化に寄与してゆくことであろう．

【引用文献】

DiBiase, D., DeMers, M., Johnson, A., Kemp, K., Luck, A.T., Plewe, B., and Wentz, E.,2006. *Geographic Information Science & Technology Body of Knowledge*, Washington, D.C.: Association of American Geographers.

Duckham, M., Goodchild, M.F. and Woyboys, M.F.（eds.）2003. *Foundation of Geographic Information Science*. London: Taylor & Francis.

Goodchild, M.F. 1992. Geographical information science. *International Journal of Geographical Information Science*, 6, 31-45.

貞広幸雄・大田守重・佐藤英人・奥貫圭一・森田　喬・高阪宏行 編 2012.『地理情報科学の知識体系』科学研究費補助金基盤研究（A）「地理情報科学標準カリキュラムに基づく地理空間的思考の教育方法・教材開発研究」．

Mark, D.M., 2000. Geographic information science: critical issues in an emerging cross-disciplinary research domain, *Journal of Urban and Regional Information Systems Association*, 12, 45-54.

Wright, D.J., Goodchild, M.F. and Procter, J.D.1997. Demystifying the persistent ambiguity of GIS as "tool" versus "science", *Annals of Association of American Geographer*, 87, 346-362.

【関連文献】

Longley, P.A., Goodchild, M.F, Maguire, D.J. and Rhind, D.W. 2005. *Geographical Information Systems and Science*. Chichester: John Wiley.

野上道男・岡部篤行・貞広幸雄・隈元　崇・西川　治 2001.『地理情報学入門』東京大学出版会．

地理情報システム学会編 2004.『地理情報科学辞典』朝倉書店．

2
地理情報システムと地理情報科学の歴史

オーバーレイ（重ね合わせ），バッファリング（バッファ生成），カルトグラム（変形地図）など地図を用いた各種の技法は，すでに19世紀には考案され，それ以降さまざまな実証研究に用いられてきた．しかし，これらユニークな技法がコンピュータ上で操作可能になるのは，地理情報システム（GIS）が誕生した1950年代以降のことであった．本章では，1950年代から1990年代までの半世紀を対象に，GISの歴史を概説する．最初にGIS研究を主導してきた欧米を中心に世界のGISの歩みをたどり，ついで日本のGIS研究を振り返る．

2.1 世界のGISの歴史

2.1.1 創始期（1950年代・1960年代）

GISは軍事技術から始まり，発展したとされる．1950年代の中頃，レーダ上の飛行物体を識別する対話型コンピュータ・グラフィックス（SAGE: Semi-Automatic Ground Environment）がアメリカ空軍によって開発された（図2-1）．MITのリンカーン研究所（MIT Lincoln Laboratory）で実用化に向けた試作研究が進められ，1958年にIBMによって製品化された．このSAGEがGISの起源といわれている．

大学では，1950年代末からGISの嚆矢となる研究が開始された．その拠点は，計量革命（quantitative revolution）でその名を知られるワシントン大学（米国シアトル市）である．当時大学院生であったトブラー（Waldo Tobler）は，登場したばかりのXYプロッタを用いて地図を描き，自動作図の技法を考案した．この先駆的な試みは地図投影変換やコンピュータ・マッピング技術の礎となり，1960年代における分析的地図学の発展に大きな影響を及ぼした．また，ベリー（Brain Berry）は，行に場所，列に属性を配置した地理行列（geographical matrix）を用いた地域分析法を提案し，実証研究に応用した．この地理行列の概念は，

図2-1 SAGE（GISの起源）
出典：http://en.wikipedia.org/wiki/Image:SAGE_control_room.png

ジオリレーショナル・データベース構築のヒントになった．さらに，ワシントン大学のホーウッド（Edgar Horwood）は，交通の数理モデルの構築に精力を注ぐ一方，ジオコーディング概念を体系化し，地図出力ソフトウェアを開発した．ホーウッドは，都市・地域情報システム研究の組織化にも尽力し，都市地域情報システム学会（URISA: Urban and Regional Information Systems Association）の創設（1963年）に重要な役割を果たした．

ジオコーディング研究の源流は，スウェーデンでもみられる．1950年代中葉に，ルンド学派のリーダー，ヘーゲルシュトラント（Torsten Hägerstrand）は，地物（住居，工場，公共施設，農地など）の位置情報をXY

座標でコード化し，属性情報（地目，面積，固定資産税，人口など）と結びつけて空間参照を可能にすれば，行政の業務や地域計画に役立つと説いた（中村・寄藤・村山編 1998）．このアイディアの実現をめざして，1950年代末から60年代にかけて，ルンド学派は，建物・土地中心点の取り方，デジタイジングなどの研究を進め，アドレスマッチングの基礎を築いた．

1960年代に入ると，国や地方の行政機関が業務の効率化をめざし，GISの開発に取り組み始めた．世界で初めて稼働した業務用GISはCGIS（Canada GIS）で，1964年のことであった．国土資源の管理を目的にカナダ土地目録局（Canada Land Inventory）が構築したこのシステムは，データの入力・編集・保存を行うとともに，検索やオーバーレイ分析なども可能であった．CGISはやがてCLDS（カナダ土地データシステム）と呼称される汎用GISへ引き継がれ，国・州・市レベルの資源管理，地域計画に欠かせないツールになる．開発責任者であるトムリンソン（Roger Tomlinson）は，今日，GISの父と呼ばれている．

米国では，1960年代中葉に，地方自治体の業務を支援する都市情報システム（Urban Information System）が生まれ，米国の諸都市で運用されていった．その1つ，ワシントンD.C.近郊のアレキサンドリア市では，市内約2万の土地区画と60項目の社会経済的属性を対象に，小地域統計を分析するGISが構築された（久保 1980）．この種の都市情報システムは，その後カナダやオーストラリアなどでも実用化されていった．

米国統計局は，センサス（国勢調査）業務の効率化をめざし，1967年にDIME（Dual Independent Map Encoding）を発表し，「1970年センサス」調査に利用した．DIMEは，道路名，郵便番号，住所，基本単位区などをキーにジオコーディングが可能で，街路の交差状況や街区の関係位置を把握できた（図2-2）．位相構造化されたデータベース設計は「1980年センサス」そして「1990年センサス」に引き継がれ，オンライン・データベース機能を有するTIGER（Topologically Integrated Geographic Encoding and Referencing）へと成長を遂げる（村山 2005）．

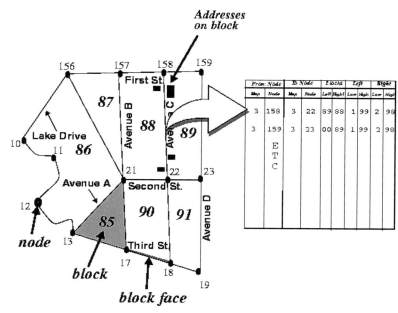

図2-2　DIMEのデータ構造
出典：http://www.geog.ucsb.edu/~kclarke/G128/Lecture04.html

1960年代後半から1970年代にかけて，GISの発展に重要な役割を果たしたのは，ハーバード大学のコンピュータ・グラフィックス空間分析研究所（LCGS: Laboratory of Computer Graphics and Spatial Analysis）であった．この研究所は，フォード財団から資金援助を受けて，1965年にLCG（Laboratory of Computer Graphics）の名で設立されたが，その後，1968年に名称がLCGSへ変更された．ノースウェスタン大学からハーバード大学に移籍したフィッシャー（Howard Fisher）は，この研究所の初代ディレクターに就任するや精力的にGISの開発に取り組み，かねてから暖めていた自動作図のプログラム（SYMAP：SYnagraphic MAPping）を完成させた．このソフトウェアは，ラインプリンタによる重ね打ちにより等値線図やコロプレスマップを描くだけでなく，傾向面図や回帰分析に基づく残差図などを作成する機能も備えていた（図2-3）．1970年当時，SYMAPは，地図学や地理学の補助教材として大学の講義や演習に活用され，正規ユーザは世界で500を超えた．SYMAPはその後改良を重ね，より汎用性の高いソフトウェアへと発展する．SYMAPが引き金となって，地図解析のソフトウェア

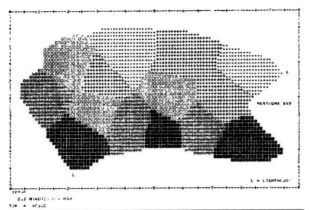

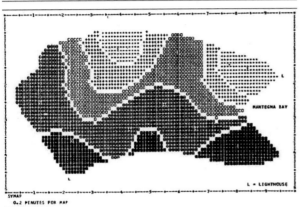

図 2-3　SYMAP による地図出力（ラインプリンタによる重ね打ち）
出典：http://www.esri.com/esri-news/arcnews/summer13articles/

が次々と生み出された．3次元表示が可能な SYMVU，ドットマップを作成する DOTMAP，メッシュ分析を行う GRID，自動作画に長けた CALFORM，オーバーレイ機能が充実する POLYVRT など枚挙に暇がない．

2.1.2 拡大・成長期（1970年代・1980年代）

1970年代には，汎用大型機で作動する統計ソフトウェア（BMDP, SPSS, SAS など）が普及し，大量の空間データの処理が可能になった．これらの統計ソフトウェアには作画機能が付加され，シームレスに解析結果を地図化できるようになった．例えば，SAS では，「統計地図ファイル」に郡（カウンティ）や国勢統計区（センサス・トラクト）などの図形情報が格納され，ユーザは SAS/GRAPH と呼ばれるグラフィック機能を用いて難なく主題図や3次元図を描けた．大学では，社会工学や地理学，地域経済学などの授業で活用され，多変量解析（重回帰分析や因子分析，クラスタ分析など）を用いた地域分析が広がった．

ハーバード大学の LCGS は，SYMAP で培った技術を土台にして，より汎用性を高めた GIS の開発に乗り出す．ダットン（Geoffrey Dutton）やモアハウス（Scott Morehouse）らが本格的なベクタ型 GIS を完成させ，1970年代末に ODYSSEY の名で公表した．ODYSSEY は，地図データの入力・検索・解析などを行うとともに，11種類の地図投影法を有し，多様な地図変換を自在に行うことができた．ODYSSEY は，SYMAP をはじめ LCGS が開発したソフトウェアと親和性が高く，米国の多くの大学で導入された．特にセンサス・ファイルを容易に取り込めたことがユーザの支持拡大につながった．

1970年代には，画像処理の技術が発達した．1972年にアメリカ航空宇宙局（NASA）によって LANDSAT 衛星が打ち上げられ，リモートセンシングと GIS の技術を結びつけた新しい方法論が台頭した．LANDSAT では，地表面からの太陽反射光が赤外線などいくつかの波長帯で取得され，このデータに GIS を適用して土地利用・被覆，気温分布などの可視化が行われた．衛星画像の利用が身近になり，地域環境や地球環境を明らかにする実証研究が増えていった．

1980年代になると，米国の ESRI 社，インターグラフ（Intergraph）社，シナコム（Synercom）社などが，ワークステーションで作動する汎用 GIS を相次いで市場に投入した．そのなかで，1982年に ESRI 社が発売した ARC/INFO（ODYSSEY を改良したベクタ型のソフトウェア）は特に評価が高く，世界標準のベストセラーに成長していく．ESRI 社は，かつて LCGS に所属していたデンジャモンド（Jack Dangermond，現社長）が創設した企業で，GIS のマーケットでは，今でも世界一のシェアを誇る．ARC/INFO では，ARC で地図（図形）情報が，INFO（米国の HENCO 社が開発）で属性情報が管理されており，隣接・連結・包含などの空間的関係（位相概念）が処理できた．ARC/INFO のデータ構造（リレーショナル・データベース）は，1980年代中頃になると，INFOMAP（米国のシナコム社），CARIS（カナダのユニバーサル・システムズ（Universal Systems）社）でも採用された．相互互換性が高まり，ARC/INFO は公共公益企業の施設管理や自治体の日常業務，さらにはエリアマーケティングやナビゲーションなどのビジネス分野でも利用されていった．このほか，GRASS, SIS, MapInfo といった汎

用GISもユーザの支持を獲得し，販路を伸ばした．

ラスタ型GISでは，ERDAS IMAGINE，IDRISI，GRASSLAND，MAP Ⅱなどが世界的に高い評価を受けた．特に人気を博したのはクラーク大学（米国）が開発したIDRISIである．この時期，IDRISIはラスタ型GISで世界シェアの4割を占めた．IDRISIは多彩な機能を持つ高性能GISにもかかわらず，開発元が非営利団体であるため，販売価格が低く設定されていた．ARC/INFOとも親和性が高く，ベクタ型への容易なデータ変換も人気の一因であった．

英国では，GISは社会的な追い風を背景に国家政策の1つに位置づけられた．サッチャー政権は，情報産業としてのGISの将来性に注目し，1980年代末から1990年代初頭にかけて，全国8カ所に地域研究所（RRL：Regional Research Laboratory）を設置した．それぞれの地域でGISを普及させ，GISビジネスを活性化させる狙いがあった．大型プロジェクトが立ち上がるや，政府機関，自治体，情報関連企業が次々とRRLに業務や研究調査を委託し，サッチャー政権は地場産業としてのGIS企業の育成に成果をあげた．大学が第三セクタとして設立したベンチャー企業も，業績を順調に伸ばした．例えば，リーズ大学地理学部が立ち上げたGMAP社は，多店舗展開する小売業を中心に多くの顧客を獲得し，エリアマーケティングのコンサルティング・サービスで成功を収めた．空間可視化の研究も進み，エジンバラ大学はマッピングに優れたGIMMS（Geographic Information Mapping and Management System）をリリースし，ロンドン大学のECU（Experimental Cartographic Unit）は高精密な自動作図システムを公開した．

1980年代には，GISを駆使した空間分析が興隆した．1980年代初頭に，空間統計学を包括的に解説したリプレの著作（Ripley 1981）が出版される．空間的サンプリング，点分布パターン，空間補間（内挿・外挿），サーフェース，ランダム閉集合（random closed set），空間回帰，ステレオロジー（stereology）などを体系的に論じたこの書物は，GIS研究者から高い評価を受けた．この時期，計算幾何学（computational geometry）の発達もめざましかった．トポロジー（隣接・交差・包含関係など）の処理が容易になり，GISの操作性は大幅に向上した．1980年代後半には，地球統計学（geostatistics）が発展した．これは統計解析手法や確率理論を駆使して，地表面で生起する空間現象の法則性やメカニズムを探究する分野である．クリギング（最適内挿法），バリオグラム（variogram）など，地球科学（土壌学や地質・鉱物学など）に有用な技法が開発され，鉱物資源探査などに活用されていった（村山2006）．

GIS研究の深化を背景に，データの収集，データベースの構築，空間分析，可視化，情報伝達にかかわる汎用的な方法を探究する学問としてGISを位置づけようとする動きが北米で活発化する．1984年，アメリカ国立科学財団（NSF）の会員に推挙されたアブラ（Ronald Abler）は，GISを核としたビッグサイエンスの到来を予期し，GIS研究を体系的に推進する国家的センターの設置をNSFに提案した．この働きかけが実って，1988年に国家地理情報分析センター（NCGIA：National Center for Geographic Information and Analysis）が，カリフォルニア大学サンタバーバラ校，ニューヨーク州立大学バッファロー校，メイン大学からなるコンソーシアムとして設立された．カリフォルニア大学とニューヨーク州立大学では地理学科が，メイン大学では空間情報科学・工学科が活動の中核を担った．本部はカリフォルニア大学サンタバーバラ校に置かれ，グッドチャイルド（Michael Goodchild）がディレクターに就任した．NCGIAのスタッフには，地理学，情報科学，測量学，地図学，デザイン学，教育学をはじめ幅広い分野から多彩な人材が集められた．このセンターの開設にあたって，次の5項目が推進すべきタスクとして掲げられた．(1) 空間分析と空間統計，(2) 空間関係とデータベース構造，(3) 人工知能とエキスパートシステム，(4) 可視化，(5) 社会的・経済的・制度的諸課題．NCGIAはGIS研究をリードし，世界的ネットワークの結節点となった．NCGIAが主催する国際シンポジウムや国際ワークショップには，世界各地から第一線の研究者が集まった．1980年代末から1990年代前半にかけて，NCGIAにはNSFから平均すると年間500万ドルの研究費が配分された（村山2008）．

2.1.3 発展・成熟期（1990年代）

1990年代に入ると，GISを単なる技術や道具ではなく学問として捉え直す動きが加速化する．NCGIAのグッドチャイルドは，GISystem（地理情報システム）は実世界を理解するためのツールであり，GIScience

（地理情報科学）は地理情報技術の発達を支える普遍的なサイエンスであるとし，この学際的な学問を組織的に推進することが重要と訴えた．

学術世界に地理情報科学が浸透するにつれ，GIS関連の学術雑誌のなかには，名称を変更して，タイトルにサイエンスを掲げるジャーナルも現れた．GISの草分け的な存在である International Journal of Geographical Information Systems は，1997年から International Journal of Geographical Information Science へと誌名を変えた．The American Cartographer は，1990年から Cartography and Geographical Information Science に，Mapping Science and Remote Sensing は2004年から GIScience & Remote Sensing に変わった．学術雑誌の創刊も相次いだ．1994年には Journal of Geographical Systems，1996年には Transactions in GIS，さらに1997年には GeoInformatica と Geographical and Environmental Modelling が発刊された．地理情報科学の国際会議も組織化されていく．2000年には GIScience と名付けられた国際会議が米国ジョージア州のサバンナ市で開催された．以後隔年開催され，今日に至っている．地理情報科学の学際的な性格を反映し，この国際会議には人文社会科学から理学，工学まで幅広いGIS研究者が多数参加している．

GIS研究の裾野を広げるには，隣接分野にGISを浸透させ，デシプリンの共有化を図っていくことが大切である．NCGIAは，1999年に空間統合社会科学センター（CSISS：Center for Spatially Integrated Social Sciences）を設置し，社会科学や行動科学におけるGIS研究の体系化と普及に取り組んだ．CSISSが重点的に推進した研究は，GISを駆使した空間分析手法の開発であった．

地理情報システムから地理情報科学へGISが発展するのに伴って，大学では地理情報科学を効果的に教授するカリキュラムが組まれていく．大学におけるGIS教育を推進するため，NCGIAは，1990年に「地理情報システムのコアカリキュラム」（The NCGIA Core Curriculum in GISystems）を，2000年にはこれを改訂し「地理情報科学のコアカリキュラム」（The NCGIA Core Curriculum in GIScience）を公表した．2000年版では，GISをツールではなく学問として捉え直している．

GIS教育の推進には，米国のUCGISも重要な役割を果たした．UCGISは地理情報科学の研究と教育の推進を目的としたコンソーシアムである．全米の50の大学・研究機関が参加して1995年に結成された．UCGISは，GISに関する情報交換，コアカリキュラムの策定，ワークショップ・セミナー開催などを通じて，大学間・大学内の連携強化に取り組んだ．一方，ヨーロッパでは，1998年にAGILE（The Association of Geographic Information Laboratories for Europe）が結成された．各国の研究組織や行政団体を束ねて，GISを普及させGISコミュニティを強化するのがAGILEの目的であった（村山 2008）．

米国では，1993年に提唱した情報スーパーハイウェイ構想に続き，1994年4月，クリントン政権が全米空間データ基盤（NSDI: National Spatial Data Infrastructure）に関する大統領令を出した．これは，デジタル地図，衛星画像，地域統計など各種の空間データを21世紀の社会生活に不可欠な情報インフラとみなし，その整備と流通を促進させる施策であった．実務を担当したのが連邦空間データ委員会（FGDC: Federal Geographic Data Committee）である．連邦政府や州政府あるいは民間が保有する空間データの相互利用をいかに推進するか，汎用性の高い空間データをだれがどのように作成し管理・提供するかなど，空間データ基盤の仕組みやあり方がここで具体的に検討された．FGDCはメタデータを整備し，連邦・州政府，大学，研究所，企業と協力して空間データの流通促進を図った．米国地質調査所（USGS）には，クリアリングハウスが置かれた．1994年には，地理情報の標準化，相互運用の向上，システム間インターフェイスの構築などを目的に，OGC（Open GIS Consortium）が創設された．なお世界的レベルでは，1994年にノルウェーを議長国とする国際標準化機構（ISO）の数値地理情報専門委員会（ISO/TC211）が設置された．ここでメタデータおよび空間データに関する国際的な標準化が推進された．

1990年代には，コンピュータのダウン・サイジングが加速し，GISの大衆化が進んだ．これまではGISの利用は大学や研究・行政機関，企業に所属するGIS専門家にとどまっていたが，1990年代に入るとPCで作動するGISソフトウェアが増え，学生や一般人が難なくGISを使えるようになった．技術の躍進もめざましい．ラスタ型GISとベクタ型GISの統合・融合が進み，またレイヤ構造と比べて空間処理が柔軟なオブジェクト指向GISが発展した．GPS（全地球測位

システム）や RS（リモートセンシング）の技術を取り入れた新しいタイプの GIS ソフトウェアが製品化された．通信技術の向上によりモバイル GIS が普及し，参加型 GIS が台頭した．民間レベルでは，インターネットを通して地図情報を発信する WebGIS や位置情報を提供する LBS（Location Based Service）が，ビジネスとして興隆した．空間データの整備が進み，集計データのみならず非集計データのデジタル化が進展した．これに呼応し，空間データマイニングの研究が活発になった．1990 年代末になると，ビッグデータに関する萌芽的な研究もスタートした．

1990 年代は，GIS が私たちの生活を支援するツールとして社会に浸透するとともに，GIS 研究が学問として花開いた時代であった．

2.2 日本の GIS の歴史

2.2.1 創始期（1970 年代）

日本で GIS の開発が始まったのは，欧米よりも 10 年ほど遅れて，1970 年代であった．GIS の実用化を主導したのは，欧米と同じく，行政機関（中央官庁）である．

旧総理府統計局は，1970 年から，煩雑なセンサス業務を軽減するため，小地域情報システムの開発に取り組んだ（岡部 2008）．これは，今日のセンサス・マッピング・システム（CMS）のベースを築いた先駆的なプロジェクトであったが，残念ながら，概念設計にとどまり，実装には至らなかった．技術的問題に加え，システムの運用形態や秘匿（プライバシー）の問題をクリアできなかったからである．この時期，標準メッシュ体系が JIS 規格化され，メッシュを活用したデータの整理や分析手法の開発は学術的に注目を集めた．

旧建設省は，1973 年から，都市計画や政策決定を支援する都市情報システム（UIS：Urban Information Systems）の構築を進めた．特に道路管理，建築確認，固定資産といった業務の効率化をめざして，西宮市や北九州市などでパイロット・スタディが行われた．これと並行して，旧建設省の下に「地理的情報システム研究委員会」（委員長：伊理正夫東大教授）が設置され，GIS の基礎理論に関する研究が始まった（岡部 2008）．この研究会では，グラフ理論やネットワーク分析，計算幾何学的手法などを駆使して国土空間をグラフ構造化する研究が行われ，世界的にみても独創的な成果が生み出された．

1970 年代末になると，旧国土庁は，計画策定の支援，国土情報の提供サービスなどを目的に，国土数値情報を一元管理する ISLAND（Information System for LAND）を稼働させた．ISLAND は，リレーショナル・データベースの構造を有し，データの検索・加工・分析・地図出力をシームレスに行うとともに，メッシュマップ，ゾーンマップ，鳥瞰図，等値線図，統計地図を自在に描画できた．このため庁内業務にも重宝された．

この時期，民間企業も業務用 GIS の開発に取り組んだ．最初に実用化にこぎ着けたのは，施設の管理・維持に膨大な人件費を費やしていた公共公益企業であった．なかでも，㈱東京ガスが 1977 年から手がけた TUMSY（Total Utility Mapping SYstem）は，効率よく導管網を管理でき，施設管理システムとして高い評価を得た．その後バージョンアップを重ね，今日でも TUMSY は関連企業で稼働している．

大学では，GIS の理論的研究や概念設計を重視した研究が進められた．慶應義塾大学の高橋潤二郎は，1977 年から 1979 年にかけて旧文部省科学研究費補助金総合研究（A）の補助を受け，大学では最初の GIS「都市計画コンピュータ・グラフィックス・システム」を構築した．東京大学の久保幸夫は，このシステムを発展させ，1978 年に汎用大型機で作動する ALIS（Area Land Information System）と呼ばれるラスタ型 GIS ソフトウェアを公開した（久保 1980）．ALIS は，濃淡表示による分布図，3 次元図，多色地図，メッシュ地図の作成機能を備え，傾向面分析，エントロピー計算，空間的自己相関分析などができた．当時としては画期的なシステムであった（図 2-4）．

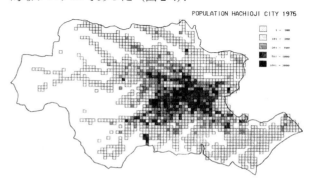

図 2-4 ALIS により出力されたメッシュ図（八王子市の人口分布，1975 年）
出典：久保（1980）

2.2.2 拡大期（1980年代）

1980年代初頭，大学では，コンピュータ・マッピングやGISを用いた実証分析が盛んになった．1970年代に欧米を席巻したSYMAPをはじめ，CALFORM，SYMVU，ASPEX，DOTMAP，GRID，POLYVRTなどが日本に移入され，汎用大型機を用いた地域分析が進展した．筑波大学の中山和彦氏らは，1981年，これらのパッケージのマニュアルを日本語に翻訳し，コンピュータ・マッピングの普及に努めた．ハーバード大学で開発されたODYSSEYは，大学では筑波大学や立正大学などに導入され，研究や教育に活用された．

地方自治体，大学，研究所をはじめ一般企業でも，GISは役に立つツールとして認識されはじめた．この動きをとらえ，コンピュータ・メーカは，国産GISの原型となるコンピュータ・マッピング・システムの開発に乗り出した．各社とも概念設計や仕様構成に大きな差異はみられなかった．㈱日本IBMは地理設備情報システム（GFIS），㈱日本電気は地理情報システム（WING），㈱日立製作所は汎用地図情報処理システム（HMAP），㈱東芝は地図利用情報管理システム（MINDS），㈱富士通は地理情報管理システム（ARISTOWN）や対話型計画管理情報処理支援システム（PLANNER）を開発し，自社のメインフレームやワークステーションに組み込んで販売した．これらのソフトウェアは各種のモジュール群で構成された．例えばPLANNERでは，市町村境界や都道府県地図はPLANNER/MAPDATAに格納された．主題図や3次元図などはPLANNER/MAPPING（地図出力支援システム）で作成された．メッシュについては，80×80キロの第1次地域区画から100×100メートルの第6次地域区画までサポートされた．多彩なメッシュ分析が可能になった．

前述したように，UISは地方自治体に根付かなかったが，この苦い経験をふまえ，旧建設省は，1984年から第二世代の都市政策情報システム（UIS-II）の実用化に乗り出した．UIS-IIでは，街区，町丁目界，建物，筆界，道路，道路中心線などの白地図（図形）と，交通施設（道路や鉄道），公共施設（学校や図書館，公園），水路（河川や運河）などの地物情報が，リレーショナル・データベースで関連づけられた．このため，入力・編集・更新・検索・解析・可視化などがシームレスに処理できた．このプロジェクトで培われた技術は，自治体GISを進化させ，1990年代に全庁システム，さらには2000年代に統合型GISとして結実していく．

2.2.3 発展期（1990年代）

大学におけるGIS研究に大きな影響を与えたのは，立正大学の西川治が代表者を務めた科研費・重点領域研究のプロジェクト「近代化による環境変化の地理情報システム」（1990-1993年）であった．100名を超える研究者が一堂に会し，GISをプラットフォームに，日本の近代化がもたらした環境変化とそのインパクトの研究を集中的に行った．この研究組織は，専門分化して対話が希薄になりがちであった地理学やGIS関連諸分野を結びつけ，研究者を結集させるのに大きな役割を果たした．

地理情報システムという用語は，これまで一般にはなじみが薄かった．GISは，地域情報システム，空間情報システム，地図出力装置，コンピュータ・マッピング，デジタル・マッピングなどと呼称されることが多く，日本において，「GIS＝地理情報システム」として定着するのは，1990年代に入ってからである．上述した「近代化による環境変化の地理情報システム」のプロジェクトが成功を収めたことに加え，GISA（Geographic Information Systems Association）が1991年に創設され，地理情報システム学会と命名されたことが，この用語を定着させたと考えられる．この学会の設立によって，GISは，単に空間データベースの維持・管理や地図出力の道具ではなく，地理情報を駆使し地域政策や都市計画に，あるいはビジネスに役立てる意思決定支援ツールであるとの認識が深まった．地理情報システム学会には，地理学，都市工学，測量学，地図学，農学，林学，公衆衛生学，考古学，歴史学など多様な分野の研究者が参画した．当学会は，機関誌「GIS－理論と応用」，さらに講演論文集や用語事典を刊行し，GISの学術的発展および社会的普及に努めた．

1995年に発生した阪神・淡路大震災は，大スケールのデジタル地図を体系的に整備することの重要性を社会に認識させた．地理情報システム学会は，その指針づくりを担い，政府に進言した．1995年3月には，国会議員有志が「国土空間データ基盤整備推進議員連盟」を立ち上げ，各省庁が連携し官邸のリーダーシップのもと空間データ基盤の整備を急ぐよう提言した．これを受けて同年9月，各省庁にまたがる「地理情報システム（GIS）関係省庁連絡会議」が組織された．

さらに民間レベルでは，同年10月にはGIS関連企業40社が参加して，国土空間データ基盤推進協議会（NSDIPA）が発足した．国土地理院は，1996年から数値地図2500（国土空間データ基盤）の整備を開始した．レイヤ構造を有した電子地図は，GISの普及に大きく貢献した．1999年には，国土空間データ基盤標準および整備計画が策定された．

1998年には，東京大学に空間情報科学研究センター（CSIS : Center for Spatial Information Science）が創設された．このセンターでは，地理情報科学を，「空間的に位置や領域を明示した自然・社会・経済・文化的な属性データを系統的に構築→管理→分析→総合→伝達する汎用的方法と，その汎用的方法の諸学問への応用を探究する学問」と位置づけ，地理情報科学の研究と教育を推進した．行動指針として，1）地理情報科学の創生・深化・普及，2）研究用空間データ基盤の整備，3）産官学共同研究の推進，が掲げられた．

1990年代末にはWebGISが台頭した．地図の拡大・縮小，属性・空間検索，オーバーレイなどがWeb上で操作可能になった．特に民間サイドでWebGISの開発が活況を呈し，ASPビジネスなども登場した．行政では，自治体GISが広がりをみせた．共用空間データが整備され，総合的な行政効率化と住民サービスの向上が図られた．しかし，GISが社会に浸透し，行政の日常業務や人々の生活に広がるには21世紀を待たねばならなかった．

付記　本章を作成するにあたって，地理情報科学教育用スライド『世界のGISの歴史（矢野桂司作成）』および『日本のGISの歴史（岡部篤行作成）』を参考にした（http://curricula.csis.u-tokyo.ac.jp/slide/）．

【引用文献】
岡部篤行 2008. 日本における1970・80年代のGIS開発－日本のGISの曙－. 地学雑誌 117: 312-323.
久保幸夫 1980. 地理的情報処理の動向. 人文地理 32: 328-350.
中村和郎・寄藤　昂・村山祐司編 1998.『地理情報システムを学ぶ』古今書院.
村山祐司 2005. GISの発展. 村山祐司編『地理情報システム』1-30. 朝倉書店.
村山祐司 2006. 空間分析とGIS. 岡部篤行・村山祐司編『GISで空間分析』1-17. 古今書院.
村山祐司 2008. GIS －地理情報システムから地理情報科学へ－. 村山祐司・柴崎亮介編『GISの理論』1-16. 朝倉書店.
Ripley, B. D. 1981. *Spatial Statistics*. New York: John Wiley & Sons.

【関連文献】
Foresmam, T. W., ed. 1998. *The History of Geographic Information Systems*. Upper Saddle River, NJ: Prentice Hall PTR.

3
空間的思考と GIS

　地理情報科学では，今世紀に入ってから空間的思考（spatial thinking）に対する関心が高まっている．その1つのきっかけは，初等中等教育における空間的思考の指導における GIS の有効性を説いた，アメリカ学術会議（NRC）のレポート『空間的思考を学ぶ』（NRC 2006）の出版である．空間的思考の意味するところについて明確なコンセンサスは得られていないが，本稿ではこのレポートにならって，「空間的概念に基づいて，空間的表現ツールを駆使しながら行われる空間的推論の過程」（NRC 2006: 25）と定義する．それは，日常生活，仕事場，研究活動など様々な場面で利用される思考様式である．例えば日常生活では，荷物のパッキング，部屋の家具の配置換え，外来者への道案内などの場面で，無意識に空間的思考が使われている．仕事場では，タクシー運転手の乗務や建造物の設計など，地図や図面を使う専門的業務において，特に空間的思考が重要になる．科学的研究では，例えばワトソンとクリックによる DNA の二重らせん構造の発見は，彼らが2次元の X 線結晶解析画像から3次元構造を推理したことによるといわれている．

　この章のねらいは，空間的思考の概念と構成要素，およびそれが GIS の利用や教育にどのように関わっているのかを理解してもらうことにある．

3.1 空間的思考と関連する概念

　空間的思考に関連する用語として，空間的リテラシー（spatial literacy），空間的能力（spatial abilities），グラフィカシー（graphicacy）なども用いられてきた．これらの用語間の関係は，図 3-1 のように図示することができる．

　空間的リテラシーは，読み書き算盤に次ぐ4つめのリテラシーとして提示されたもので，空間的思考を適切な仕方で行うための能力や態度を指す上位概念である．グラフィカシーは，イギリスで

図 3-1　空間的思考と関連する用語の関係

読み書き算盤に次ぐ教育の基本事項として提示されたもので，地図やグラフを理解して利用する能力を指すが，これは空間的リテラシーの一部に含まれる．一方，空間的能力は，空間的思考の基礎となる認知的スキルで，視覚化（visualization），定位（orientation），空間的関係把握（spatial relation）の3要素で構成される（Golledge and Stimson 1997）．

　視覚化は，2次元・3次元の視覚刺激を心的に操作する能力で，例えば平面に描かれた展開図から立体図にした姿を想像する場面で使われる（図 3-2（a））．その下位能力には，空間的配置を認識し，記憶して想起することなどが含まれ，対象物の幾何学的構造を理解するのに不可欠である．

　定位は，視覚刺激の要素を理解して別の視点からの見え方を想像する能力を指し，いくつかの異なる視点からの対象物の見え方を理解するときなどに使われる（図 3-2（b））．これは，地図を読み取ったり空間を移動する際に必要な能力で，方向感覚の善し悪しにも影響する．

　空間的関係把握は，空間的パターンや形状，空間的配置，連結関係，空間的自己相関，階層性，地域区分，距離減衰傾向，近隣関係などを分析する能力で，高度

な地理学的技能を測るのには重要な項目になる．その例として図3-2(c)には点分布パターンの識別を示しているが，こうした機能の多くは，GISの解析機能にも組み込まれている．

3.2 空間的思考の構成要素

空間的思考には様々な要素が含まれるが，大別すると空間的概念，空間的表現，空間的推論の3つから構成されると考えられている（NRC 2006）．

3.2.1 空間的概念

空間的概念は，空間を対象化して理解することによって成立し，空間的思考の基礎をなす．その場合，空間はデータを統合し，関連づけ，構造化する概念的・分析的枠組みになる．空間を構成する距離・座標系・次元などの幾何学的性質には様々なものがあるが，それに応じて異なる空間的概念が形成される．例えば，空間認知の発達に関するモデル（ハート・ムーア 1976）では，幼児期から青年期にかけて段階的に空間的概念が獲得され，空間表象（認知地図）の型はルートマップからサーヴェイマップへと移行すると考えられてきた（図3-3）．ここで，ルートマップとは，ある地域を地上で移動した経路を心的に辿って構成される表象で，サーヴェイマップとは，ある地域の事物相互の全体的配列を上空から捉えた表象を指す．

知能の発達で感覚運動的時期に相当する幼児期（0歳〜2歳頃）の子どもは，自己中心的な定位と前表象的活動が卓越するため，イメージや対象の永続性は理解できても，幾何学的空間関係は把握できない．つまり，この段階では空間が対象化されないため，空間的概念そのものが成立しない．

これに続く前操作的時期に当たる未就学期（2歳〜7歳頃）の子どもは，固定的参照系による定位やルートマップ型の表象が形成でき，構成される空間は位相的空間から射影空間へと移行する．

そして，具体的操作の時期と呼ばれる児童期（7歳〜12歳頃）には，サーヴェイマップ型の表象が形成され，構成される空間も射影空間からユークリッド空間へと移行する．

最後に，形式的操作の時期に相当する青年期（11歳

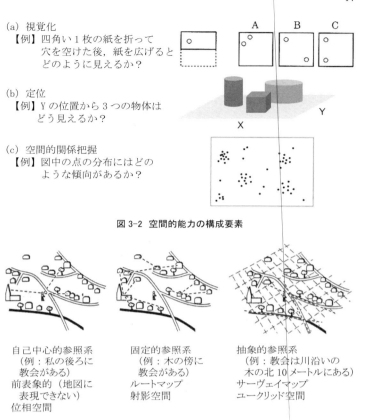

図3-2 空間的能力の構成要素

図3-3 空間的位置を捉える枠組みからみた空間的概念の発達
Walmsley and Lewis (1993) をもとに作成

頃〜）では，抽象的（相互協応的）参照系を使った形式的思考が可能になる．

特に，GISが対象にする地理的空間が他の空間と異なるのは，一目で見渡せない大規模な地表面であるという点にある．つまり，人間が知覚によって一度に全貌を捉えきれない地理的空間は，空間移動や地図などの道具を通して初めて理解される対象なのである．そのため，成人でも未知の環境を学習する際には，ルートマップからサーヴェイマップへと認知地図が質的に変化すると考えられている．ただし，それら2種類の表象は段階的に切り替わるのではなく，併存しながら必要に応じて使い分けられるとみるべきである．

例えば，東京駅から新宿の東京都庁まで鉄道と徒歩で移動する際の道案内を考えてみよう．東京駅から新宿駅までの経路は，「東京駅でJR中央線の新宿方面行き快速電車に乗り，新宿駅で下車」という案内で十分である．この場合，移動中の経路は駅間のつながりだけを理解すれば目的地にたどり着けるため，位相空

表 3-1 Golledge らが示した空間的概念の類型

空間的概念の類型	事例
空間的プリミティブ	同一性, 位置, 大きさ, 時間
一次派生概念	配列, 分布, 線, 形状, 境界, 距離, 参照枠, 連続
二次派生概念	隣接関係, 角度, 分類, 座標, 格子パターン, 多角形
三次派生概念	バッファ, 連結性, 傾斜, 断面, 表象, スケール
四次派生概念	地域の結びつき, 内挿, 地図投影, 主観的空間, 仮想現実

Golledge et al. (2008) などをもとに作成.

間として鉄道網を理解すればよい．一方，新宿駅から都庁までの徒歩の区間は，「新宿駅の西口の中央改札口を出て左に曲がり，降車場のあるロータリーを右に見ながら地下通路を直進すると，動く歩道があります．それに沿って 5 分ほど歩くと地下通路が途切れて外に出ます．その先を 3 分ほど直進して，見えてくる 2 本の塔が並んだ高層ビルが都庁です」という案内になる．この場合，「西口」というのは絶対方位を用いた抽象的参照系，「降車場のあるロータリーを右に」は固定的参照系というように，異なる参照系が混在している．また，「5 分」という時間距離は，メトリックなユークリッド空間を暗示している．このように，日常生活の中で人々は，様々な空間的概念を無意識のうちに使い分けているのである．

Golledge et al. (2008) は，あらゆる空間的概念を導き出す元になる空間的プリミティブ（spatial primitive）として，同一性，位置，大きさ，時間を挙げている．プリミティブとは，これ以上分けられない幾何的最小単位を指すが，そこから派生する概念として，配列，分布，線，形状，境界，距離，参照枠，連続がある．さらに二次派生概念としては，隣接関係，角度，分類，座標，格子パターン，多角形があり，三次派生概念にはバッファ，連結性，傾斜，断面，表現，スケール，四次派生概念には地域の結びつき，内挿，地図投影，主観的空間，仮想現実などが含まれる．これらの空間的概念は，人間の発達とともに，空間的プリミティブから複雑な派生概念へと段階的に獲得されると考えられる（表 3-1）．これらのほとんどは，GIS に解析機能として組み込まれているが，そうした機能を使用する際には空間的概念の理解が前提となる．

3.2.2 空間的表現（表現ツール）

空間的表現とは，情報を貯蔵，分析，理解，伝達するために，空間的に構造化して内的・外的に表現したものである．内的な空間的表現は，対象についての空間的イメージを形成し，それを心的に操作することを指す．この場合，情報の視覚化，空間内での定位，空間的関係の理解などに関わる空間的能力が必要になる．これに対して外的な空間的表現とは，地図，写真，グラフなどを利用して情報を空間的に構造化し，理解し，伝達することである．したがって，地図作成や様々な視覚化の技法は，空間的表現の有効なツールになる．そうして表現される対象は，地理的空間だけでなく非空間的な対象も含まれる．例えば，表形式の統計データをグラフで表現すれば，直感的にデータの構造を理解したり伝達したりするのが容易になるし，心に浮かんだアイデアや抽象的な概念を図に表現すれば，理解や伝達の助けになる．

また，空間的表現は視覚的形態だけに限定されず，触覚，運動感覚，聴覚などの他の感覚様相による形態も含まれる．例えば，触覚を使って読む触地図は，点字プリンタや点字ディスプレイ，3D プリンタを使えばコンピュータから出力できるし，聴覚を用いた空間的情報伝達は，カーナビで地図を補完するための音声ガイドなどで実用化されている．こうしたデジタル化が生み出したマルチメディア媒体は，多様な形態をとる空間的表現を可能にしている．GIS もまた，地図をはじめとして地理空間情報を視覚的に表現する機能を持っている．

3.2.3 空間的推論（推論過程）

空間的推論は，既存の情報から未知の事柄を推し量ることによる問題解決や意思決定のための高次の認知過程で，構造化された情報を操作し，解釈し，説明する方法を提供する．例えば，等高線から地形面の起伏を推定したり，経路探索の際に通行止めの区間で迂回路を探したりする場面では，こうした推論が用いられる．これは，感覚や記憶からの想起によって情報を集め，推論に必要な知識を獲得する「入力レベル」，獲得された情報を分析し，分類し，説明し，比較する「処理レベル」，評価，一般化，創造の過程を通して，新しい知識を生み出す「出力レベル」に分けることもできる（Jo and Bednarz 2009）．

一般的な推論・問題解決モデルには，演繹と帰納とがあるが，GIS を用いた問題解決には，経験的データから仮説を構築するアブダクション（abduction；仮説的推論）が用いられることが多いという見方がある

(Couclelis 2009).なぜなら，地理空間情報を対話的または視覚的に処理して，現実世界での問題解決を探っていくような GIS の利用法は，アブダクションに適していると考えられるからである．GIS の様々な空間解析機能は，こうした空間的推論を支援するツールとしての役割を果たす．

3.3 空間的思考の応用

空間的思考は，日常生活のみならず仕事場を含めた様々な場面における問題解決に利用されてきた．19世紀のロンドンで流行したコレラの感染源をフィールドワークと地図によって突き止め，行政当局に汚染源の井戸の使用を止めるよう進言したスノー(John Snow)の功績は，空間的思考を現実の問題解決に応用した典型例として，しばしば取り上げられる．つまり，スノーが行った作業は，①コレラ患者の居住地と井戸の地点データの取得，②患者の分布の中心と井戸の位置の対応関係に関する空間データ分析，③水道ポンプによるコレラ流行の拡大という仮説の形成，④感染源と考えられる水道ポンプの使用停止という意思決定から成っている（中谷ほか 2004：14）．これはアブダクションに基づく空間的推論の典型例であり，また④を可能にしたのがコレラ患者と井戸の分布を重ね合わせた空間的表現としての地図（図 3-4）であった．ちなみに，スノーが描いた地図には数種類のものがあるが，2番目に作成した地図には井戸から等距離線を描いた一種のボロノイ図が書き込まれていたという（ジョンソン 2007: 206）．つまり，スノーは単なる分布図の作成にとどまらず，空間解析も手がけていたのである．

学術研究においても，理工系の諸分野では空間的思考の果たす役割が大きく，とりわけ地球科学は空間的思考が最も必要とされる分野と言えるだろう．この分野の研究過程に含まれる空間的思考には，次のものがある（Kastens and Ishikawa 2006）．
①2次元または3次元の形状，内部構造，物体の向きや位置，特性，作用について観察，記述，記録，分類，認識，想起，伝達すること．
②形状，構造，向きあるいは位置を回転，変換，変形などによって心的に操作すること．
③物体，特性，作用が特定の形状，構造，向き，位置を持つようになった理由を解釈すること．
④観察される形状，内部構造，向き，位置からその意

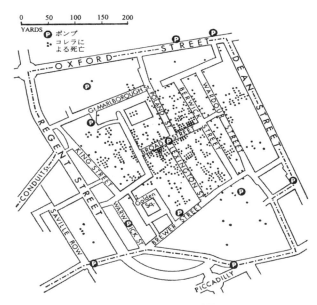

図 3-4 スノーのコレラ地図
出典：スタンプ（1967）『生と死の地理学』

味するところを予測すること．
⑤非空間的次元での作用や特性について考えるために空間的思考の方略を用いること．

一方，社会科学の分野でも「空間論的転回（spatial turn）」とも呼ばれるように，空間的思考の重要性が増してきており，アメリカ合衆国の UCSB（カリフォルニア大学サンタバーバラ校）には，1999 年から社会科学分野での空間的思考のための分析ツールの共有を促進するプロジェクトとして CSISS（Center for Spatially Integrated Social Science）が設立された（Goodchild and Janelle 2004）．その Web サイト（http://www.csiss.org/）には，社会科学の諸分野で空間的思考が貢献した古典的事例が「CSISS Classics」として紹介されている．

3.4 空間的思考の教育と GIS

3.4.1 学校教育における空間的思考の指導

江戸時代の寺子屋教育でもみられたように，昔から「読み書き算盤」は初等教育で習得すべき基礎的技能とみなされてきたが，英語圏でもこれに相当する 3R（Reading, Writing, Arithmetic）の学習が学校教育で重視されている．Balchin（1976）は，これに続く4つめの R として，地図・写真・概念図などの空間的表現を理解し活用する能力を指す「グラフィカシー（graphicacy）」という概念を提示した（志村 2006）．Goodchild（2006）もまた，ICT の発達につれて多種多

様な空間情報が氾濫する現代では，4つめのRとして空間的リテラシーの重要性が増大していると指摘している．すでに述べたように，グラフィカシーにせよ空間的リテラシーにせよ，いずれも空間的思考と密接に関連する技能である．

空間的思考の要素と学校教育との関係を日本の学習指導要領や教科書を手がかりに検討すると，それらは初等教育の算数，理科，社会（地理）などの複数の教科にまたがって習得されることがわかる．それらの教科間の関係をみると，基礎的な空間的概念については主として算数の空間図形の単元で習得され（狭間2002），それを応用した空間的表現や空間的推論に関わる内容は，理科や地理に多く含まれていることがわかる．このため，空間的思考の育成には，理数系の教科教育と地理教育との連携がいっそう求められるであろう．これらの教科の中で地理は，空間的思考を現実世界に即して応用する技能を修得するのに重要な役割を担うことになるだろう．

3.4.2 空間的思考の指導におけるGISの役割

NRC（2006）は，空間的思考の教育に対するGISの有効性を説くことに1つのねらいがあった．実際，大学生を対象に空間的思考力テストの成績をGIS履修の前後で比較すると，履修後の方が高まったという報告（Lee and Bednarz 2009）もある．そのため，2013年度から導入された高等学校学習指導要領（地理歴史科）でも，地図などを使った地理的技能を高めるために，GISを活用した指導が推奨されている．

しかし，「ミニマルGIS（minimal GIS）」を提案したGolledgeら（Golledge et al. 2008）は，様々なレベルの空間的概念を，初等中等教育の学年進行に合わせて段階的に習得させるためには，単にソフトの操作を理解するのでなく，GISを通して空間的思考や推論の仕方を学ぶことが重要だという．これは，GISソフトの利用が空間的思考をPCのキーボード操作とモニター画像の知覚に置き換えてしまい，必ずしも思考力を高めることにつながらない恐れがあるからである．そのため，低学年では高機能のGISソフトを使うよりも，ローテクの紙と鉛筆による作業の方が有効になるであろう．ただし，最近の日本の教育現場ではタブレット端末の導入が進行しており，新しいデバイスを用いたGIS教育の方法も検討する余地がある．

一方，空間的思考は学校教育だけで習得されるわけではない．学校外での生活経験においても，空間的思考を必要とする折り紙やコンピュータゲームなどを通して身につく面もあり，家庭環境による影響も少なくないという報告がある（Newcombe 2010）．いずれにせよ，GISを空間的思考に有効に利用するには，GISを用いた作業過程を詳しく検討して，そこでどのような空間的思考が行われているかを調べてみることが重要になる．

3.4.3 GIS教育における空間的思考

UCGISが2006年に発表した「地理情報科学の知識体系」（以下，BoKと略称）は，高等教育や専門的技術者が習得すべきGISの知識体系を示したものであるが，そこには空間的思考との関係は明示されていない．

そこで，改めて空間的思考の3要素と日本版BoK（2012年6月版：http://curricula.csis.u-tokyo.ac.jp/report/bok201206.pdf）との対応関係を整理すると，表3-2のようになると考えられる．つまり，地理情報科学の知識体系のほぼ全体が，何らかの形で空間的思考に関わっていると言える．

そのため，英語圏ではGIS教育に関連した空間的思考の内容に関わる検討が多方面で進められている．例えば，Spatial@ucsb（http://www.spatial.ucsb.edu/index.php）は，空間的思考の研究・教育を支援するためにUCSBに2007年から設置されたWebサイトで，これに関連するTeachSpatial.org（http://www.teachspatial.org/）では，空間的思考のカリキュラムに関する種々の資料が提供されている．一方，イギリスのSPLINT（http://www.le.ac.uk/gg/splint/index.html）では，3つの大学が連携した高等教育での空間的リテラシー向上プロジェクトが進められてきた．これとは別に，アメリカの心理学者を中心にした空間的思考に関する大学間連携プロジェクトとし

表3-2 空間的思考要素とBoK（日本版）の関係

BoK（日本版）の項目	空間的思考要素		
	空間的概念	空間的表現	空間的推論
1）実世界のモデル化と形式化	○	△	△
2）空間データの取得・作成	○		
3）空間データの変換・管理	○		
4）空間解析			○
5）空間データの視覚的伝達		○	
6）地理情報科学と社会			△

○：関係がある，△：やや関係がある．

て，SILC（Spatial Intelligence and Learning Center）（http://spatiallearning.org/）があるが，そこでは主として理工系の分野（STEM discipline）における空間的知識や技能の応用に焦点を当てた共同研究が行われている．

3.5 おわりに

以上のように，GISと空間的思考は密接に結びついていると言えるが，そこには2つの側面から検討すべき課題が残されている．1つは，様々な分野や教科における空間的思考の教育にとってGISの利用がどのような役割を果たすかである．もう1つは，GISを利用するのに必要な空間的思考とは何かである．言い換えると，前者はGISで（with GIS）空間的思考を学ぶこと，後者はGISを（of GIS）学ぶのに空間的思考を用いることに，それぞれ関係している．これらの課題について，心理学や教育学などの知見をふまえながら，さらなる理論的・実証的な検討が求められる．

最近では，ビジネス分野でも図的に表現することの効用が注目を集めたり，種々のデータの視覚化ツールも増加してきた．その結果，空間的思考への関心は地理情報科学にとどまらず，より広い分野で高まる可能性もある．したがって，現代人にとっての空間的思考は，様々な領域に転移可能で汎用性の高い能力（ジェネリック・スキル generic skill）の1つと言えるかもしれない．

【引用文献】

志村 喬 2006. 英国地理教育におけるグラフィカシー概念の書誌学的検討. 地図 44（2）: 1-12.
ジョンソン, S. 著・矢野真千子訳 2007.『感染地図』河出書房新社.
スタンプ, L. D. 著・別技篤彦・中村和郎訳 1967.『生と死の地理学』古今書院.
中谷友樹・谷村 晋・二瓶直子・堀越洋一編著 2004.『保健医療のためのGIS』古今書院.
ハート, R. ムーア, G. 吉武泰水監訳 1976. 空間認知の発達. ダウンズ,R.M.・ステア,D. 編『環境の空間的イメージ』266-312, 鹿島出版会.
狭間節子編著 2002.『こうすれば空間図形の学習は変わる－＜小・中・高＞算数・数学的活動を生かした空間思考の育成』. 明治図書.
Balchin, W.G.V. 1972. Graphicacy. *Geography* 47: 185-195.
Couclelis, H. 2009. The abduction in Geographic Information Science: transporting spatial reasoning to the realm of purpose and design. *Lecture Notes in Computer Science* 5756: 342-356.
Golledge, R.G., Marsh, M. and Bettersby, S. 2008. A conceptual framework for facilitating geospatial thinking. *Annals of the Association of American Geographers* 98: 285-308.
Golledge, R.G. and Stimson, R.J. 1997. *Spatial Behavior: A geographic perspective*. Guilford: New York.
Goodchild, M.F. 2006. The fourth R?: Rethinking GIS education. *ArcNews* 28（3）: 1,11.
Goodchild, M.F. and Janelle, D.G. eds. 2004. *Spatially Integrated Social Science*. New York: Oxford UP.
Jo, I. and Bednarz, S.W. 2009. Evaluating geography textbook questions from a spatial perspective: using concepts of space, tools of representation, and cognitive processes to evaluate spatiality. *Journal of Geography* 108: 4-13.
Kastens, K.A. and Ishikawa, T. 2006. Spatial thinking in the geosciences and cognitive sciences: a cross-disciplinary look at the intersections of the two fields. *Geological Society of America, Special Paper* 413: 53-76.
Lee, J. and Bednarz, R. 2009. Effects of GIS learning on spatial thinking. *Journal of Geography in Higher Education* 33: 183-198.
Newcombe, N.S. 2010. Increasing math and science learning by improving spatial thinking. *American Educator* Summer 2010: 29-43.
NRC（National Research Council）2006. *Learning to think spatially*. The National Academies Press: Washington D.C.
Walmsley,D.J. and Lewis,G.J. 1993. *People and Environment: Behavioral approaches in human geography*. Longman: Harlow, UK.

【関連文献】

村越 真 2013.『なぜ人は地図を回すのか：方向オンチの博物誌』角川書店.
村越 真・若林芳樹編著 2008.『GISと空間認知：進化する地図の科学』古今書院.
若林芳樹 1999.『認知地図の空間分析』地人書房.

4
空間事象のモデル化と形式化

私たちは地球及びその周辺で生起・消滅する物事を空間事象という．この章では，空間事象をモデル化し，情報システムに入出力できる標準的な方式を使って形式化して，データとする方法を解説する．空間事象を単純化したモデルを作成するには，物事がもつ多くの性質から，特に必要な性質を選択すること，つまり抽象化を行う．また，モデルを異なる情報システムでも入出力できるデータにすること，つまり形式化を行う．

今日，地図提供サイトや位置情報サービスなど，インターネットを介して多くの地理空間データが流通しているが，異なるソフトや，異なるメーカーの機器を使用しても同じサービスが受けられるのは何故であろうか．それは，標準化された形式でデータが伝送されるので，個々の情報システムへのデータ翻訳が容易になり，アプリケーションも作りやすくなるからである（図 4-1）．しかし，標準的な形式の開発をうまく行うためには，様々な空間事象をどのようにモデルとして記述するか，またそれをどのように形式化すればよいか，事前に考えなければいけない．

そこでここでは，まず人間は実世界の物や事をどのように捉えて，自らの知識とするかについて考える．

次に，その知識を，他者にもわかるモデルとして表現し，それを伝達する基本的な方法を紹介する．さらに，そのモデルを形式化し，異なる情報システム間で交換を可能にするデータの記述について，その基本を述べる．

4.1 空間事象の認知

人間は，実世界の物事を感覚器官で感知し，脳で解釈し，知識として蓄えて知能を発達させる．この一連の行為は認知と呼ばれる．スイスの心理学者であるピアジェ（Jean Piaget, 1896 - 1980）は均衡化説と呼ばれる説を提唱した．ピアジェによれば，人間は何かを感知すると，自分の知識と比較し，解釈し，新たな知識としてこれまでの知識の体系の中に配置する．この過程を同化（assimilation）という．また，過去に同化した知識と関連する物事に遭遇したときは，その知識を調整して補強する．この過程を調節（accommodation）という．彼は，同化と調節によって，発達する知識体系の整合性を目指す持続的な行為を均衡化（equilibration）といった．

それでは，脳に蓄えられる知識はどのような構造をもつのだろうか．古代ギリシャの哲学者アリストテレス（Aristotle, 前 384 - 前 322）は，まず，実世界の物事を，文の主語になる第一実体と，述語になる第二実体として捉えた．例えば「あれは橋だ．」という文において「あれ」は実世界に存在する個物（individual）を指し，「橋」はその個物が属する普遍的な類概念である普遍者（universal）を示す．ここで普遍者は，どこかに実在するわけではなく，個物がもつ性質なのだとアリストテレスは考えた．個物のもつ固有の性質（属性）は他にもあり，彼は第二実体である普遍者も含め，以下に示す 10 種類の属性を考えている．

普遍者（universal）：個物が属する類概念
量（quantity）：第一実体がもつ，量で示される属性

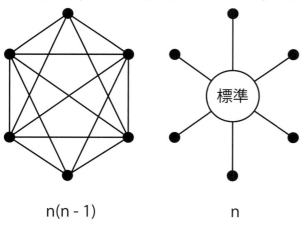

図 4-1 標準化の意義

質（qualification）：第一実体がもつ，質で示される属性
関係（relative）：他者との関連性
どこ（where）：第一実体が存在する場所
いつ（when）：第一実体が存在する時間
姿勢（being-in-a-position, attitude）：ある場所にあって，寝ている，立っているなどの姿勢
保持（having）：主語になる実体が持っているもの
能動（doing）：他者に対して何かをすること
受動（being-affected, affection）：他者から何かをされること

このような考え方は，今日でも行われている．例えば，あれ（個物）は橋であり（普遍者），玉川大橋という名称（質）をもち，大田区にあり（どこ），延長300m（量），吊り橋（質）で，1987年に竣工した（いつ）．国道1号線が通っており（関係），夜になるとイルミネーションが点灯する（保持）．という具合である．以上2つの説を認めるとすれば，人間は同化と調節によって知能を発達させ，知識は，互いに関係する個物の集まりという構造をもち，さらに個物は固有の属性をもつ，と考えられる．

ちなみにアリストテレスの先生であるプラトン（Plato, 前427 - 前347）は，普遍者をイデアといい，それはどこかに実在すると考えた．むしろ個物はイデアの不完全なコピーで，イデアの影のようなものと考えたそうである（実在論）．プラトンは，私たちは不完全な存在なので，イデアを見ることはできないが，想起することはできる，と考えた．この考えがヨーロッパで疑問視されるようになるのは，12世紀になって，アリストテレスの著作がアラビアからもたらされてからのことである．「橋」という言葉は実在するが，理想の橋がどこかにある訳ではないというアリストテレス流の立場（唯名論）が，その後，優勢になる．

4.2 モデルの記述

与えられた問題に関わる，重要な属性の系統的な記述を含む，個物の表現をモデルという．個物がもつ属性は，問いつめればいくらでもあると考えられるが，特定の問題を考えるときは，その問題に関係する有限の属性の集まりに絞り込まなければ，言い換えれば抽象化しなければ，何も考えることはできない．これらの属性を系統的，つまり互いの関連性も含めて構造化して記述すると，モデルになる．例えばアリストテレスの考えを言い換えると，実世界の事象である個物は，類概念（第二実体），属性（どこ，いつ，量，質，姿勢，保持），関係，そして振る舞い（能動，受動）で説明することができる．そして，与えられた問題に対応する個物の種類を特定し，それぞれの種類ごとに属性を選択し，可能な振る舞いを列挙し，他者との関係を示すことによって，モデルを記述する．前節で述べた橋の説明は以下のように，やや形式的に表現することができるが，これは，「あの橋」のモデルの記述である．

個物：玉川大橋
属性：類（普遍者）：橋，延長（量）＝300m，形式（質）＝吊り橋，場所（どこ）＝大田区，竣工年度（いつ）＝1987年，付属物（保持）＝イルミネーション，道路（関係）＝国道一号線

しかし，私が，あの橋，つまり玉川大橋のモデルを上のように記述したとしても，あなたが玉川大橋を見て同じように記述するとは限らない．むしろ，何も言われなければ異なる記述をすると考える方が自然であろう．同じ対象でも，複数の人が調査して，調べた結果を報告するとき，調査する人が勝手に調べると，このようなことが起きる．そこで，これを防ぐために，調査を指示する人は，調査の目的，範囲，調査項目などを調査員に説明し，同じ基準で調査が行われるようにする．言い換えれば，モデルを記述するための規則を共有してもらう．

一般的には，関わる人々が共有する問題の範囲を論議領域（universe of discourse）という．そして論議領域に含まれる個物の種類ごとに，調査対象とする属性，関係，振る舞いを定義する．これはモデルを記述するためのモデルであり，メタモデルと呼ばれる．上記の例の場合，

個物の種類：橋
属性：名称，延長，形式，場所，竣工年度
関係：道路名称，付属物

がメタモデルであり，このメタモデルに従って，調査員は調査結果となるモデルを記述する．

さて，個物の振る舞いはどのように記述するであろうか．例えば，橋は，上に通っている車の量が増えると，その荷重でたわむであろう．その量を推定するには，橋の上の車の重さを初めとして，計算に必要な属性を引数（独立変数）として，橋の中心位置の沈み込みの深さを戻り値（従属変数）とする関数があるとよ

い．この関数は，橋の振る舞いと考えることもできる．
一般的にこのような関数やアルゴリズムは数理モデルと呼ばれるが，アリストテレス流に考えれば，これらは，個物を説明するモデルの部品である．

4.3 モデルの形式化

さて，前記のようなメタモデルが示されれば，モデルは誤解なく記述できるであろうか．例えば前の例には，延長という属性があるが，測定する長さの単位が示されていなければ，値を決めることはできない．また，場所はどの程度の詳細さで記述すれば良いだろうか．東京都と神奈川県の県境にある場合，両方の場所の記述が必要だろうか．しかも，調査結果を情報システム用のデータにする場合は，種別のコード化や，数字を整数にするか実数にするか，なども決めるべきである．つまり，より詳細な取り決めが必要になる．しかも，多くの人々が利用するモデルの場合，その取り決めは，できるだけ多くの人々が理解でき，合意したものにすべきである．

このような要請に答え，厳密な規則（メタモデル）に従って記述したモデルのことを，形式的なモデル記述という．さらにメタモデルを，形式的な記述方式で表現するとスキーマ（schema）と言われる．厳密性を担保しつつスキーマを作成するには，形式記述用の特別な言語を使用することが多い．その例として，ここではUML (Unified Modeling Language) を紹介する．

4.4 UML

UMLはスキーマ言語ないしモデリング言語と呼ばれ，モデルの記述規則を規定し，それを関係者が共有することを目的として開発された，グラフィック言語である．他にも同様の言語はあるが，地理情報を交換するための国際規格であるISO 19100シリーズやその国内版であるJIS X 7100シリーズではUMLを使用していることが，ここで紹介する理由である（27章参照）．言語というと，文字で書いた言葉の列を思い浮かべるかもしれないが，他者と情報を交換する手段と考えれば，それは図形でもよい．例えば非常口やトイレを示すピクトグラムとか，地図などがこれにあたる．UMLもこれらと同様に，主に図形を使用して，他者と情報交換を行う．それ自体の仕様はかなり大きいのだが，ここでは空間情報の記述に最低限必要な，

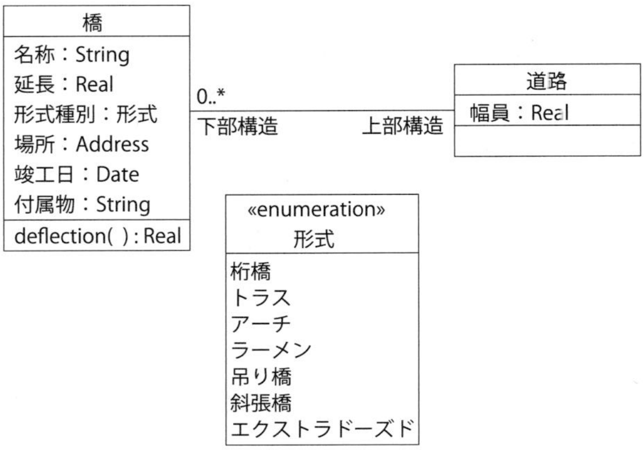

図4-2 橋のUMLクラス図

UMLクラス図の表記法を紹介する．

クラスとは，アリストテレス的に言えば第二実体，つまり個物の類概念を示す言葉である．個物のモデルはクラスの要素で，オブジェクトないし，インスタンスとよばれる．UMLではクラスは長方形で示され，その長方形は3つのセクションでできている（図4-2）．

最上位のセクションはクラスの名称，つまり個物の類概念を示す言葉が入る．前に示した例では「橋」及び「道路」である．

中段では属性が規定される．前記の「橋」の場合，名称，延長，形式種別，場所，竣工日，そして付属物である．また属性は主に，その名称と属性値が従うデータ型の対で定義される．データ型は，名称なら文字列，延長なら実数というように，属性がとる値の種類をさす．基本的には，整数，実数，文字列，ブール値などになるが，それらを組み合わせた複合的なデータ型をとる場合もある．その中には幾何図形，時間，画像，映像，そして音声なども入る．

下段では操作が規定される．操作とは個物の振る舞いのことである．「橋」の例の場合は，例えば，たわみを求める関数が操作になる．この操作は橋の延長，重量，そして，橋上における最大自動車重量を推定するための車道幅を引数とし，橋の中央部分のたわみ量を戻り値とする，と考えられる．

さて，図4-2の例では「橋」の上には道路が通っている．つまり，橋は道路と関連する．UMLクラス図では，2つのクラス間の関連は，それ自体がクラスであると考える．ただしUMLの文法では，関連クラス

を示す図形は，関連クラスが属性や操作を持たない場合は省略できる．そして，たわみ量を求める操作（deflection）は，この関連性を利用して，道路の属性を引数として利用することができる．ところで，関連先のクラスには役割名という特殊な名前を付けることができる．橋にとって道路は，橋自体の上部構造になるので「橋は道路を上部構造とみなす」ということを役割名「上部構造」で示す．一方，道路は下部構造として橋を利用することがある．また，1つの道路には複数の橋が含まれる可能性がある．つまり，道路に関連する橋は0個以上，複数個（クラス図中，複数個は*で示す）あると考えられる．

ところで，橋も道路も，人間が作る人工的な構造物である．従って両者ともに，人工構造物ならもっている属性をもっているはずである．このような，より抽象度の高い，上位のクラスがもっているプロパティ（属性，操作，及び関連）を引き継ぐことを継承という．例えば，人工の構造物であれば，名称をもつので，これは橋と道路に継承される．これによって，橋や道路のクラスには明示的に示されないが，両者ともに，名称を属性として保持することになる．

UML クラス図には更に細かい規則があるので，興味のある人はファウラー（2005）などを読むことをお勧めする．

4.5 空間情報のためのメタモデル

今日，UML クラス図は，個物のモデルを記述する方法として様々な分野で使用されているが，この表記法だけでは，空間情報のための仕様を規定することは困難である．例えば，橋は形状をもつであろう．仮にその形状をコンピュータディスプレイなどで見ることができるようにするために，細長い多角形で表現したいとする．それでは，多角形はどのように表現したらいいであろうか．まず，単純に複数の点の列で表現することが考えられる．しかし，これでは多角形の内側は，点列の右側なのか，左側なのかがわからない．また，多角形が他の多角形と隣接するとき，境界線になる部分は，両者が共有するということをどのように表現したら良いだろうか．つまり，単純に多角形と言うだけでは，多角形を定義したことにならないのである．そこで，空間情報固有の属性や操作などを記述するための規則がメタモデルとして必要になる．ここでは，そ

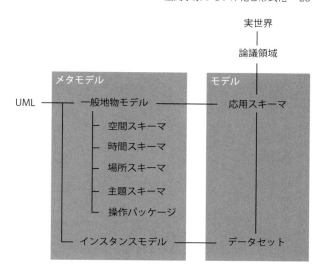

図4-3 個物と概念のモデリング

のメタモデルについて解説する（図4-3）．

まず，実世界に生起消滅する現象の抽象概念は地物（feature）とよばれる．地物は地物型または地物インスタンスとして表現される．型とは第二実体，つまりクラスのことであり，インスタンスは第一実体としてクラスに規定される個物のモデルである．インスタンスはオブジェクトとも言われる．地物などと言わないで，事象とか現象とか言う言葉で充分と思われるかもしれないが，空間情報は「地球とその周辺に起きる」という特殊性をもつ現象の情報なので，単に現象と言わずに「地物」という．しかし「物」という言葉に違和感があるとする向きがあるかもしれない．物というと，形があって目で見える存在と思うかもしれない．しかし例えば，「彼はものの道理がわかった人間だ」という文で使われる「もの」は，物体というよりは事柄や状況をあらわしている．つまり，「もの」という概念にはもともと「こと」が含まれているのである．これは，アリストテレスが，属性の中に能動や受動を含めたこと，そして，クラスが静的な属性だけではなく，操作をもつことに通じるのではないだろうか．

さて，地物の記述にとって特に重要な属性には，空間属性，時間属性，場所属性，そして主題属性がある．

空間属性（spatial attribute）は，地物の位置と形状を示す属性であり，例えば2次元の平面では，点，線及び面などのデータ型をとる．点は座標をもち，線の始点又は終点（境界）になることがある．線は，単純には自己交差しない座標列で表現でき，その境界は点で

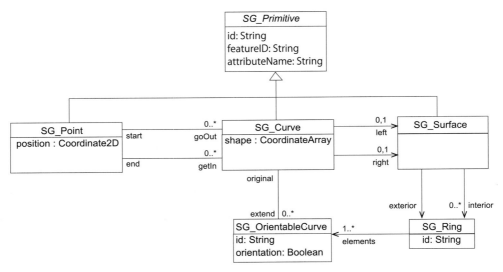

図 4-4 平面上の空間スキーマ

ある．また，線の両サイドは面になることがある．面は輪で区切られた，平面の一部であり，輪は複数の向きをもった線の列で記述できる．輪の向きは反時計回りとする．

時間属性（temporal attribute）は，地物の時間的な性質（時点，継続期間）を示す属性であり，1次元の時間幾何空間では，瞬間（instance），期間（period）がこれにあたる．瞬間は期間の始点又は終点になることがあり，期間は始点及び終点になる時点の対で示される．

場所属性（location attribute）は，非計量な空間中の位置を示す．例えば住所，郵便番号，地番のような仕組みは，個々のコード同士に距離の概念がない非計量な（もしくは互いに識別のみが可能な字句の）空間である．住所のように，地理的な空間を非計量な空間と考えて，その中の場所を一意に特定するコードは地理識別子（geographic identifier）と呼ばれる．また，Webの仮想空間に，計量的な位置はないが，それに代る場所の識別子として URI（Uniform Resource Identifier）がある．私たちは，例えば HTML で，
<a href="http://www.****.com/e.html">市ヶ谷ビル</a>
の様に表現することがあるが，これは，個物の識別子が <a> タグの要素になり，個物（この場合は市ヶ谷ビル）を説明するコンテンツの，仮想空間中の場所を示す識別子が URI になっていると考えることができる．ところで，距離空間中の位置（position）と非計量空間中の場所（location）の上位概念は place といい，これは「任意の空間中の識別可能な部分」と定義される．

主題属性（thematic attribute type）は，情報の意図や題目などを示す属性を指すが，ここでは，その地物を端的に示す属性という意味でとらえる．つまり空間，時間，場所以外の，その地物を端的に示す属性は主題属性と呼び，名前，サイズ，色，材質など，論議領域によって，様々な主題属性が地物に与えられる．

さて，ここで解説してきたメタモデルは，属性のデータ型を示すが，それぞれのデータ型は UML クラス図のクラスとして定義できる．このようなクラス図はデータ型を定義するスキーマであるが，例えば空間属性のスキーマは「空間スキーマ」とよばれる．時間属性の場合は「時間スキーマ」，場所属性の場合は「場所スキーマ」である．以下，2次元空間（平面）のための空間スキーマの例を紹介する．

4.6 平面上の空間スキーマ

地物の空間的な特性を記述する空間属性（図 4-4）は，平面上では，大きく点（SG_Point），曲線（SG_Curve）及び曲面（SG_Surface）に分類される．これらは抽象データ型 SG_Primiive のプロパティを継承する．この抽象型は，それ自体の id をもち，必要に応じて，幾何属性が含まれる地物インスタンスの id とその幾何属性の名前をもつ．なお，SG_ という接頭辞は Spatial Geometry の略である．曲線というと，曲率が連続的に変化する滑らかな線を思い浮かべるかもしれないが，図 4-4 に示すスキーマで扱う曲線は，座標間を直線で補間する折れ線である．また，曲面は多角形になる．

ただし，複数の中抜けがあってもよい．

曲面の境界は向きをもつ曲線，つまり有向曲線（SG_OrientableCurve）である．もともと曲線は始点から終点への方向をもつが，左側にある面によっては正の方向になり，右側の面にとっては，その曲線は負の方向をもつことになる．従って，曲面の境界である輪（SG_Ring）の構成要素となる個々の曲線は有向曲線になる．ところで，平面上の曲面は外部境界と内部境界をもつ．内部境界は，島の中に湖があるような場合，陸部は内側にも境界をもつので，あると便利である．

さて，地物の空間属性はあくまでも点，線，面である．有向曲線や輪は面の部品として使われるものであり，通常，それ自体は属性にはならない．念のために追記するが，ここで示した空間スキーマは日本工業規格『JIS X 7107 地理情報−空間スキーマ』を簡略化し，初学者向きにアレンジしたものである．

4.7 一般地物モデル

前記のような属性のメタモデルを使用して，任意のアプリケーションのために，地物及び地物同士の関係を定義するスキーマを設計すると，それは応用スキーマ（application schema）とよばれる．応用スキーマの作成にはUMLが使用されるが，地物とその関係を対象としてUMLクラス図の表記法をどのように使用するか定めたメタモデルを，一般地物モデル（GFM: General Feature Model）という．

一般地物モデルは，ISO 19109として国際標準化機構（ISO）が制定した国際規格になっている．また，この規格に整合する日本工業規格 JIS X 7109 が制定されている．従って，これらの規格に準拠してUMLクラス図を記述すれば，標準化された表記法で，他者に理解できるように空間情報用のスキーマを記述することができる．しかしこれらの規格で規定されている一般地物モデルは初学者にとっては複雑なので，ここでは簡略化したモデルを解説する（図4-5）．

まず，応用スキーマ（Application Schema）は，地物型（Feature Type）と関連型（Association Type）の集ま

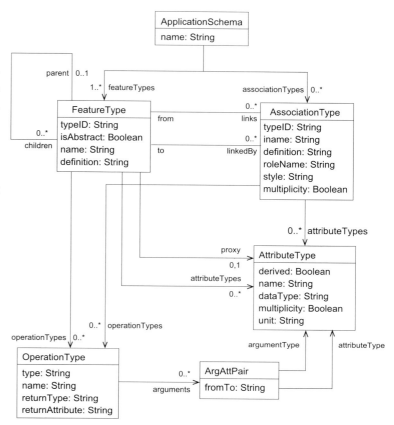

図4-5 一般地物モデル（GFM）の例

りである．地物型は，地物インスタンスを規定するクラスである．一方，関連型は2種類の地物インスタンスを関連元から関連先に結びつける関連インスタンスを規定するクラスである．

地物型はより抽象度の高い地物型と親子，つまり継承の関係をもつことがある．そして地物型は複数の属性型をもつ．属性型は地物インスタンスがもつ属性の名前と，データ型を規定する．一般地物モデルのクラス図には明示されていないが，選択されるデータ型は空間スキーマ，時間スキーマ，場所スキーマ，そして主題属性の場合は単純データ型（文字列，整数，実数，ブール値）の集りである主題スキーマから選ばれる．なお，インスタンスを持たないクラスは抽象クラスという．例えば，橋，道路，建物などの上位クラスとして人工構造物といったクラスを想定することができるが，これはインスタンスを持たない抽象クラスである．

さて，一般の地理情報システム（GIS）では，ディスプレイに表示された地図の要素である図形を，例え

ばマウスカーソルで選択し，その図形が代表している地物インスタンスの他の属性を表示させることができる．このような空間属性を，ここで説明しているGFMではproxyと呼んでいる．

　地物型は操作型をもつこともできる．操作型は，地物インスタンスができる能動，受動の振る舞いを記述する規定を示す．操作のインスタンスは，実際にはプログラムであり，一般地物モデルでは既存の操作を実行させて戻り値を得るためのシグネチャ（signature）を記述する．応用スキーマの設計者は，あらかじめ定義されている操作パッケージから必要な操作を選択する．シグネチャは，操作の名前，引数の名前とデータ型の対からなる．一方，既存のプログラムを使用するにあたっては，プログラム側で定義されている引数と，地物がプログラムの実行のために提供する属性を対応させなければいけない．例えば，曲線の長さを求めるプログラムの引数の型は曲線（SG_Curve）であるが，仮に引数がcvという名前をもっているとする．これに対する地物が道路だった場合，その中心線であるcenterLineがSG_Curveであれば，cvに対応する曲線がcenterLineであることを示せば，延長の計算をすることができる．図4-5に示す一般地物モデルでは，この対応関係はArgAttPairのインスタンスが実現する．

　ところで，あらかじめ存在する操作パッケージに適当なものがない場合は，ユーザは独自にプログラムを作成してパッケージに追加することになる．

4.8 応用スキーマ

　任意の目的のために，GFMに従って作られるスキーマのことを，応用スキーマという．従って，応用スキーマは，主にUMLクラス図のかたちをとり，論議領域に含まれる地物とその構造を記述する．例えば，道路の沿道に存在する建物を調べ，道路の幅を両側に拡幅したとき，影響がでる建物を抽出したいとする．そのような論議領域が設定されたとき，応用スキーマはどうなるだろうか．

　まず，道路については，その中心線から両側に拡幅の長さが設定されているとする．次に建物については，地上の位置を座標とする多角形として，形状が把握できるとする．その形状を構成する座標のうち，道路の中心線からの距離が拡幅の長さ以下になれば，その建物は影響を被ることになる．つまり，道路と建物の間

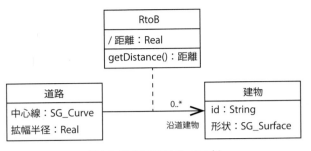

図4-6　簡単な応用スキーマの例

には関連があり，その関連は距離を属性とし，その距離を求めるための操作をもつとよい．このような構造を応用スキーマとして表現すると以下のようになるであろう（図4-6）．

4.9 インスタンスモデル

　一般地物モデルは応用スキーマを記述するための規則であったが，インスタンスの記述をするための規則はインスタンスモデルという（図4-7）．インスタンスは他と区別するためのidをもち，地物インスタンスと関連インスタンスがある．地物インスタンスは属性値の集まりをもち，他の地物インスタンスとは関連インスタンスを介して結びつくことがある．関連インスタンスは関連元から関連先への地物同士の結びつきを記述し，関連に付属する属性値の集まりをもつことができる．属性値の集まりは，属性名をキーとする連想配列（添字に数以外のデータ型も使える配列）で表現できる．地物インスタンスは，上位のクラスから継承してきた属性の値ももつ．地物インスタンスと関連インスタンスの集りは一般的にデータセットとよばれる．

　ところで，インスタンスは，操作はもたない．その代わり，応用スキーマ中の対応する地物型や関連型を参照するので，もしそこで操作が定義されていれば，応用システムの中で，インスタンスはそれを実行できる．

　さて，属性値が整数や文字列等，単純なデータ型をとる場合は，連想配列（図の例の場合はDictionary型）の要素の値として記述されるが，空間属性のように，複合的なデータ型をとる場合は，別に用意する属性値のリストに入っているデータを間接的に参照することで，属性の保持を表現する．なぜこのようなことが求められるかというと，例えば，1つの点のオブジェクトが，地物の属性や，曲線の境界など，複数のオブ

ジェクトから参照されることがある．そのような場合，どのオブジェクトの属性になるか，特定できないので，空間属性，場所属性などは，データ型ごとに作られるリストに，保存される．

データセットのインスタンスはXML文書の形式で流通されることが多いが，情報の流通については，27章で解説するので，この章と合わせて読まれることをお勧めする．

4.10 まとめ

本章では，地球とその周辺に生起する事象をモデル化する方法を紹介した．実世界の現象は，個物として現れるが，それらは類概念で分別され，固有の性質をもつ．それは，静的な属性と，動的な操作に分けることができ，属性は空間属性，時間属性，場所属性，そして主題属性に分類することができる．その構造は，それぞれの属性を規定するスキーマと，地物や関連の構造を示すGFMで示される．そして，論議領域の範囲で，GFMに従う応用スキーマとして，対象となる世界の概念構造が形式化される．一方個物のモデル，つまり空間データセットは，この概念構造と，インスタンスモデルに従って記述される．インスタンスには地物インスタンスと関連インスタンスがあり，属性値は属性の名前をキーとする連想配列に入れられるが，属性のデータ型が複合データ型の場合は，それぞれの属性型ごとに作られる属性リストに属性値を保存し，地物インスタンスや関連インスタンスは，idで間接的に属性値を参照する．

このような方法は，ISO/TC 211などの国際組織が標準化している方法であり，多くの国々で採用されている方法である．日本でも，それらに準拠する日本工業規格を制定し，さらにその規格に準拠するより実用的な仕様が国土地理院から提示されている．ここでは，

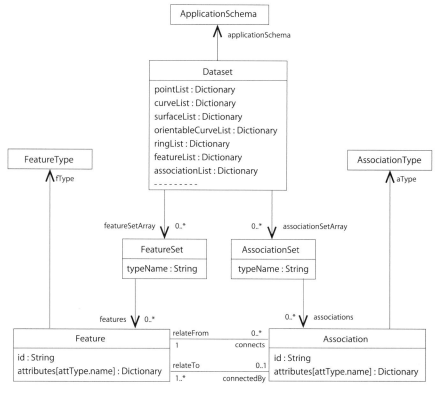

図 4-7 インスタンスモデルの例

このような規格の背景にあるアイディアを解説することに努めた．従って規格そのものというより，それらを簡略化した内容になっている点を留意して欲しい．

【引用文献】

ブランギエ，J.C. 著，大浜幾久子訳 1985.『ピアジェ晩年に語る』国土社．

Miller, F.P., Vandome, A. F., and McBrewster, J.（Ed.）, *Categories*（*Aristotle*）2011. Alphascript publishing.

ナヴィア，L.E. 著，富松保文訳 2002.『哲学の冒険，第六章 現実とは何か』武蔵野美術大学出版局．

ファウラー，M. 著，羽生田栄一訳 2005.『UMLモデリングのエッセンス第3版（Object Oriented Selection）』翔泳社．

太田守重 2013. GIT教育支援ツール（gittok）の開発．地理情報システム学会第22回学術研究発表大会論文集（CD-ROM）．

太田守重 2014. 地理空間情報技術の学習支援ツールの設計と開発．GIS-理論と応用 22（2）:13-23．

日本工業標準調査会 2005.『JIS X 7107:2005 地理情報−空間スキーマ』日本規格協会．

日本工業標準調査会 2009.『JIS X 7109:2009 地理情報−応用スキーマのための規則』日本規格協会．

5
測量

測量とは，位置の基準に基づいて，地物の位置関係や形状等を求め，また，その結果を数値や図で表現し，それらを基に分析処理を行う一連の技術である．本章では，主に地物の位置関係や形状を計測する技術に関して述べる．

測量は，一般には，他の測量に際して基準となる座標既知点を決定する基準点測量，および，それらの基準点に基づいて局地的な地形や地物の位置を定める細部測量などで構成される．基準点測量は，距離測定，角測定，高低差測定に基づく地上測量や，衛星測位に基づく GNSS（Global Navigation Satellite System）測量により行われる．ここでは，地上測量に含まれる水準測量とトラバース測量，および GNSS 測量を扱う．一方の細部測量は，立体視の原理に基づく写真測量や，レーザ光での距離測定に基づくレーザ測量などにより行われる．以上の測量では，基本的な計算手順として，幾何学的条件から観測方程式を定式化し，観測値に基づき最小二乗法により誤差調整を行い，未知量の最確値を推定する．観測方程式とは，幾何学関係を観測値と未知量で数式表現したモデルと，観測値に加えるべき補正量（誤差）との間に成り立つ式である．また，最小二乗法では，誤差の二乗和を最小化するという考えのもと，未知パラメータを推定する手法である．以下では，地上測量，GNSS 測量，写真測量，レーザ測量の具体的手法を示す．

5.1 地上測量

基準点測量は，既知点から新たな基準点（新点）を設置し，その平面位置や標高を決定するための測量である．本節では，特に，高低差測定，距離測定，角測定に基づく地上測量による，標高および平面位置の決定方法について解説する．

5.1.1 水準測量

水準測量とは，高低差を測量して標高を求めること

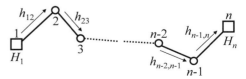

図 5-1 水準測量網の例

である．わが国における標高は，東京湾平均海面を基準としている．東京湾平均海面は，等重力ポテンシャル面であるジオイドの一部である．後述する GNSS により得られる高さは，地球を近似した楕円体である準拠楕円体からの高さ（楕円体高）であり異なるため，注意が必要である．水準測量には，レベル（水準儀）を用いて，直接高低差を読み取る直接水準測量と，角や斜距離などを測定してそれにより高低差を求める間接水準測量が存在する．間接水準測量には，2点間の水平距離，あるいは斜距離と，鉛直角を測り，三角法により高低差を求める三角水準測量などがある．

直接水準測量では，2地点に標尺をたて，その中間にレベルを水平に設置し，後方の標尺の目盛（後視）および前方の標尺の目盛（前視）を読み取り，その差から高低差を求める．これを順次繰り返し，標高が既知の2点をつなぎ，誤差調整を行う．例えば，両端点は水準点などが設置され標高が既知（標高 H_1, H_n）であり，全 n 点の測点（標高 h_i）がある単路線の場合を考える（図5-1）．各測点間の高低差を h_{ij}（読み取り値の差：前視−後視），誤差項を ε_i とすれば，その観測方程式は，

$$
\begin{aligned}
h_{12} &= h_2 - H_1 + \varepsilon_1 \\
h_{23} &= h_3 - h_2 + \varepsilon_2 \\
&\vdots \\
h_{n-2,n-1} &= h_{n-1} - h_{n-2} + \varepsilon_{n-2} \\
h_{n-1,n} &= H_n - h_{n-1} + \varepsilon_{n-1}
\end{aligned}
\tag{5-1}
$$

となる．これを最小二乗法により，未知量である各点の標高の最確値を求める．この際，測点間距離に反比例して重みを設定し，重み付き最小二乗法により調整計算を行う．結果は，標高既知の2点間の高低差と観

測値による 2 点間の高低差との差である閉合差を，各測点間の距離に比例して分配した補正値となる．

5.1.2 トラバース測量

基準点測量において，平面位置を決定する基本的な方法はトラバース測量（多角測量）である．トラバース測量では，既知点と新点を含む測量網の設定後，トータルステーションなどにより，点間距離および隣接辺のなす角を測定し，新点の平面位置を求める．これを平面位置が既知の点から順次繰り返し，別の既知点までつなぎ，誤差調整を行う．ここでは，調整計算として，簡易調整法を紹介する（中村・清水 2000）．

例えば，水準測量で例示したものと同様に，両端点は三角点などが設置され平面位置が既知（座標（X_1, Y_1），（X_n, Y_n））であり，全 n 点の測点（座標（x_i, y_i））がある単路線の場合を考える（図 5-2）．各点における測角は，隣接辺のなす夾角を観測しているため，平面直角座標の X 軸（北向き）からの方向角である座北方位角に変換する．後視から右回りに測角した場合，観測角 α_i から座北方位角 θ_i へは，

$$\theta_i = \theta_{i-1} + \alpha_i - 180° \tag{5-2}$$

の関係から求めることができる．各点間の距離を S_i，先に求めた座北方位角を θ_i，X 方向と Y 方向の誤差項をそれぞれ $\varepsilon_{i,x}$，$\varepsilon_{i,y}$ とすれば，測点間の座標値の差（緯距，経距という）を表す観測方程式は，

$$\begin{aligned}
S_1 \cos\theta_1 &= x_2 - X_1 + \varepsilon_{1,x} \\
S_2 \cos\theta_2 &= x_3 - x_2 + \varepsilon_{2,x} \\
&\vdots \\
S_{n-2} \cos\theta_{n-2} &= x_{n-1} - x_{n-2} + \varepsilon_{n-2,x} \\
S_{n-1} \cos\theta_{n-1} &= X_n - x_{n-1} + \varepsilon_{n-1,x} \\
S_1 \sin\theta_1 &= y_2 - Y_1 + \varepsilon_{1,y} \\
S_2 \sin\theta_2 &= y_3 - y_2 + \varepsilon_{2,y} \\
&\vdots \\
S_{n-2} \sin\theta_{n-2} &= y_{n-1} - y_{n-2} + \varepsilon_{n-2,y} \\
S_{n-1} \sin\theta_{n-1} &= Y_n - y_{n-1} + \varepsilon_{n-1,y}
\end{aligned} \tag{5-3}$$

となる．これを緯距と経距のそれぞれに対して最小二乗法を適用し，未知量である各点の座標値の最確値を求める．ここでも，水準測量と同様に，測点間距離に反比例して重みを設定し，重み付き最小二乗法により調整計算を行う．結果も同様に，座標既知の 2 点間の座標差と観測値による 2 点間の座標差との差である閉合差を，各測点間の距離に比例して分配した補正値となる．なお，角の閉合差を事前に調整する場合には，

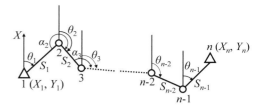

図 5-2 トラバース測量網の例

角観測の重みが等しいとすれば，角の閉合差を各角に等しく分配した補正を行えばよい．

5.2 GNSS 測量

GNSS 測量は，人工衛星を用いた測位システムによる測量である．地球を周回する衛星から送信される電波を地上の受信機で受信することにより，衛星から受信機までの距離を算出し，受信機の 3 次元位置を計算する．前節で説明した相対的な位置を決定する地上測量と異なり，直接絶対位置座標を取得できることが特徴である．わが国では，GNSS により連続観測を行っている電子基準点を全国に約 1,300 点（2014 年 12 月時点）設置している．

GNSS 測量では，測点間の見通しを必要とせず，また電波を利用するため天候や作業時間の制約がなく，さらに機器設置などの初期作業以外ほとんど自動的に測定を行うことができるなどの利点が挙げられる．もともとは，アメリカ合衆国による GPS（Global Positioning System）を用いたものであったが，近年，他国の衛星も利用可能になり，総称として GNSS と呼ばれるようになった．わが国においても，GNSS として準天頂衛星システム（QZSS: Quasi-Zenith Satellite System）の整備が進められている．GNSS は，基準点測量だけでなく，地殻変動観測，情報化施工，ナビゲーションシステムなど，その応用も多岐にわたる．

衛星からの電波は，搬送波と呼ばれる電波を，各衛星独自のパターンをもつ疑似雑音コードによって位相変調したものである．この位相変調により，複数の衛星からの電波が混信せずに受信できる．このコードは，電波の発信時刻を伝える時刻信号としての機能もあわせもつ．GNSS 測量では，このコードにより衛星からの電波伝搬時間を計測する単独測位や，搬送波の位相を計測する干渉測位がある．本節では，単独測位，および干渉測位における測位の原理について解説する（中村・清水 2000）．

5.2.1 単独測位

単独測位では，GNSS 衛星の電波を，測点に設置した 1 台の受信機で受信し，測点の 3 次元座標を求める．衛星の位置は，航法メッセージなどから既知である．電波の発信時刻と受信時刻との差を，疑似雑音コードから読み取り，それに光速をかけることにより，衛星・受信機間の距離（疑似距離と呼ばれる）が得られる．衛星には原子時計が搭載され，極めて正確な時刻を得ることができる．一方の受信機の時計は，その精度が劣るため，時計の誤差も未知量とする．すなわち，受信機の 3 次元座標 (X, Y, Z) と時計誤差の 4 変数を未知量として扱う．そのため，最低 4 衛星からの電波を受信する必要がある．なお，ここでの高さ Z は，前述の通り，楕円体高であり，標高に変換するためにはジオイドを利用する必要がある．ここで，各衛星の位置を (X_i, Y_i, Z_i) とし，測定で得られた衛星電波の伝搬時間を τ_i，受信機の時計誤差を δ，光速を c とすれば，測点・衛星 i 間の距離は，

$$\sqrt{(X_i - X)^2 + (Y_i - Y)^2 + (Z_i - Z)^2} = c(\tau_i + \delta) \quad (5\text{-}4)$$

となる（図 5-3）．時計誤差の距離への影響 $c\delta$ を除いたものが疑似距離 $c\tau_i$ であるため，疑似距離を観測量，X, Y, Z, δ を未知量とする観測方程式とみることができる．そこで，5 衛星以上を用いて最小二乗法を適用し，最確値を求める．この観測方程式は非線形のため，非線形最小二乗法を適用する．まず，非線形の観測方程式を，未知量の近似値周りでテイラー展開して線形化し，近似値の補正量を新たな未知量とする．この線形化された方程式に対して，最小二乗法を収束す

るまで繰り返し適用する．

測位の誤差要因として，電離層や対流圏での電波遅延が挙げられる．この誤差を除去するために，2 台の受信機で受信し，2 点間の相対的位置関係である基線ベクトルを求める方法がある．これを，ディファレンシャル測位と呼ぶ．ディファレンシャル測位は，位置が既知である受信機を基準局とし，その点で電波遅延による測定誤差を決定し，補正値として測点の受信機（受信局）に送信することにより，系統誤差を消去して受信局の測位精度向上を図るものである．なお，この測位方法では，基準局と受信局の距離が短く，最低 4 衛星の電波を共通利用する必要がある．

5.2.2 干渉測位

干渉測位では，衛星電波を 2 台の受信機で受信し，その基線ベクトルを求めることにより，測点の 3 次元座標を決定する．単独測位のように，疑似雑音コードから疑似距離を求めるのではなく，搬送波の位相を測定し，位相差を利用して受信機間の基線ベクトルを求める．位相の測定は，波長の約 1/100 に近い分解能で可能であるため，高精度の測位が実現される（例えば，搬送波 L1 帯の波長は 19cm）．

受信機では，搬送波位相が検出されてからの，小数部を含めた波数の変化分である位相積算値を観測している．基準局と受信局において，共通の衛星から受信した位相積算値の差を用いれば，衛星側の誤差を除去することができる．この位相積算値の差を一重位相差と呼ぶ（図 5-4）．また，この一重位相差を用いれば，衛星から基準局の距離と衛星から受信局の距離との

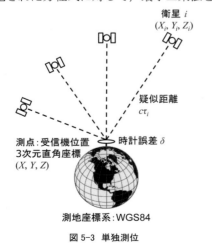

図 5-3 単独測位

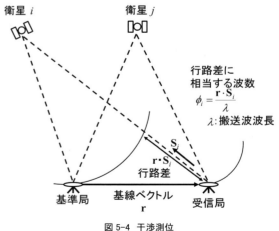

図 5-4 干渉測位

差（行路差）を知ることができる．しかしながら，位相積算値は端数としての位相しかわからないため，受信機間の行路差には搬送波波長の整数倍の相違が生ずる．これを整数値バイアスと呼ぶ．また，受信機の誤差に起因する位相差も存在するため，複数衛星に対する一重位相差の差である二重位相差（図5-4）をとり，受信機側の誤差を除去する．いま，受信機から衛星iをみる方向の単位ベクトルをS_i，行路差に相当する波数をϕ_iとし，基線ベクトルを$\mathbf{r}$，搬送波の波長をλとすれば，二重位相差による観測方程式は，

$$\phi_i - \phi_j = \mathbf{r} \cdot \frac{(\mathbf{S}_i - \mathbf{S}_j)}{\lambda} \quad (5\text{-}5)$$

となる．基線ベクトルは3次元ベクトルであるため，未知量は3変数となり，独立な二重位相差を4組以上（5衛星以上）与え，最小二乗法を適用して最確値を求めることになる．

二重位相差によって決定される面は，衛星位置を焦点とする双曲面であるが，整数値バイアスにより複数存在するため，双曲面群が構成されることになる．双曲面群の交点である3次元の格子点が解の候補となるため，未知点座標は一意に定まらない．これを多重解と呼び，多重解の中から真の解を求める方法により，干渉測位の方式が異なる．最も精度が良いとされるスタティック測位の場合には，一定時間の連続観測（一般には1時間程度）により不動点を解析し，基線ベクトルと整数値バイアスを同時に確定する．これは，衛星の移動に伴い，多重解の格子も変形するが，真の解においては，その交点は移動しないことによるものである．また，実時間での整数値バイアスを確定する方式としてリアルタイムキネマティック測位（RTK GNSS: Real Time Kinematic GNSS）も多用されている．

5.3 写真測量

写真測量とは，立体視の原理に基づき，被写体の位置や形状を計測する技術である．特に，人間の近づき難い場所でも観測でき，効率的に作業を進めることができるという利点を有する．写真測量では，写真が中心投影であることから，地物の高さ（航空写真の場合），あるいは奥行（地上写真の場合）が写真上では平面的なずれとして表現されることに基づいて3次元計測を行う．これは重複部分をもつ2枚の写真であるステレオ写真から，三角測量の前方交会の原理により計測を行うものである．本節では，この3次元計測の原理，および標定に関して解説する（森2002）．

5.3.1 3次元計測の原理

簡単のため，ステレオ写真が平行である平行撮影の場合を考える（図5-5）．3次元の対象点P(X, Y, Z)と，写真上の像点$\mathrm{p}_1(x_1, y_1)$，$\mathrm{p}_2(x_2, y_2)$，さらにカメラの中心O_1，O_2（投影中心）などから構成される三角形の相似関係から，対象点の3次元座標を求めることができる．ここで，左右写真の投影中心間の距離（基線長）をB，両写真上の像点座標のずれである視差をp（$=x_1-x_2$），画面距離（レンズの中心点から写真面までの距離）を$-c$とすれば，対象点の3次元座標は，

$$X = \frac{B}{p}x_1 = B + \frac{B}{p}x_2$$
$$Y = \frac{B}{p}y_1 = \frac{B}{p}y_2 \quad (5\text{-}6)$$
$$Z = -\frac{cB}{p}$$

から求めることができる．

ここでは，x視差のみ存在する平行撮影の場合を示したが，実際には，カメラは傾きをもって撮影される．そのため，カメラの位置と傾きがわかれば，平行撮影に変換でき（偏位修正と呼ぶ），3次元計測が可能となる．カメラの位置と傾きを求めることを標定と呼ぶ．このカメラの位置と傾きを外部標定要素，カメラ固有の画面距離やレンズ歪みなどを内部標定要素という．標定理論においては，単写真の幾何学に基づくもの（単写真標定）と，複数写真の幾何学に基づくもの（相互標定）があり，以下にそれらを解説する．

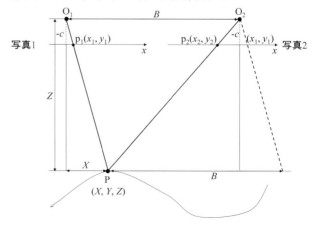

図 5-5 ステレオ写真による3次元計測

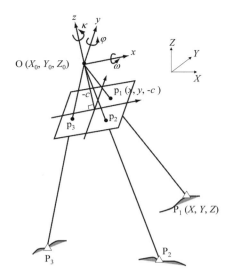

図 5-6　共線条件と単写真標定

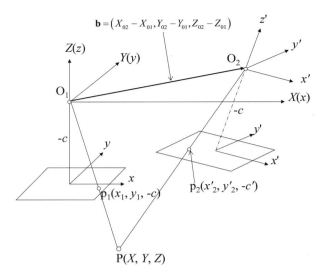

図 5-7　共面条件と相互標定

5.3.2 単写真標定

単写真標定は，単写真における写真座標と地上座標（実3次元座標など）の関係に基づき，外部標定要素を求める方法である．写真は物体の反射光をCCDセンサなどにより記録したものである．光線は理想的な状態では直進するため，ある被写体を撮影した場合，対象点 $P_1(X, Y, Z)$（地上座標），その像点 $p_1(x, y)$（写真座標），および投影中心 $O(X_0, Y_0, Z_0)$（地上座標）は，同一直線上に存在しなくてはならない（図5-6）．この条件を共線条件と呼ぶ．共線条件は，数学的には，

$$x = -c\frac{l_1(X-X_0)+m_1(Y-Y_0)+n_1(Z-Z_0)}{l_3(X-X_0)+m_3(Y-Y_0)+n_3(Z-Z_0)}$$
$$y = -c\frac{l_2(X-X_0)+m_2(Y-Y_0)+n_2(Z-Z_0)}{l_3(X-X_0)+m_3(Y-Y_0)+n_3(Z-Z_0)}$$
(5-7)

と表現される．ここで，l_i，m_i，n_i は，写真座標と地上座標間の回転行列の要素である．

この共線条件式から，外部標定要素を求めることとする．点 P_i とその像点 p_i を考えれば，これらが作る光線は，誤差がない場合には，投影中心の1点で交わらなければならない．これを後方交会と呼ぶ．すなわち，全ての点が，上記の共線条件を満足するように外部標定要素を決定すればよい．単写真標定においては，この共線条件式が観測方程式となる．ここで，写真座標と地上座標の両者とも既知である基準点を用いる．いま求めたい外部標定要素は，位置と傾き（3軸周りの自由度3）の6変数である．一方で，1基準点あたり2つの共線条件式を得ることができるため，4点以上の基準点を用いて最小二乗法を適用する．共線条件式は非線形であるため，非線形最小二乗法により，未知量である外部標定要素の最確値を求める．なお，共線条件式を複数写真に同時に適用し，外部標定要素に加え，被写体の未知の3次元座標の最確値を同時に推定する手法をバンドル調整と呼び，現在，最も利用されている方法である．

5.3.3 相互標定

写真測量では，ステレオ写真など，複数の写真を連続して取得する．そこで，本項では，複数の写真座標間の幾何学的関係を示す．その関係に基づき外部標定要素を求める方法が相互標定である．

いま，ある被写体をステレオ写真で撮影したとする．先の共線条件から，その点 $P(X, Y, Z)$，左写真上の像点 $p_1(x_1, y_1)$，および投影中心 $O_1(X_{01}, Y_{01}, Z_{01})$ でつくる光線と，点 $P(X, Y, Z)$，右写真上の像点 $p_2(x_2, y_2)$，および投影中心 $O_2(X_{02}, Y_{02}, Z_{02})$ の光線は点Pで交わるはずである．これは，4点 O_1，O_2，p_1，p_2 は，同一平面上に存在しなくてはならないことを意味する（図5-7）．この条件を共面条件と呼ぶ．共面条件は，ベクトル O_1p_1，O_2p_2，および基線ベクトル O_1O_2 の3ベクトルで張られる平行四面体の体積（三重積）が0になる（面になる）ことから，数学的には，

$$\begin{vmatrix} X_{02}-X_{01} & x_1 & x'_2 \\ Y_{02}-Y_{01} & y_1 & y'_2 \\ Z_{02}-Z_{01} & -c & -c' \end{vmatrix} = 0 \quad (5-8)$$

と表現される．ここで，式中の $|\cdot|$ は，行列式を表す．

この共面条件式を観測方程式とみることにより，外部標定要素を決定することができる．いま，左写真の座標を任意座標系に固定すれば，右写真の X 方向の移動は，交会条件（共面条件が成り立つこと）とは無関係であるため，適当な値（例えば $X_{02}-X_{01}=1$）に固定する．ここで，左右写真の両者に撮影されている点であるパスポイントを用いる．求めたい外部標定要素は，右写真において X 座標を除く位置と傾きの 5 変数である．一方で，1 パスポイントあたり 1 つの共面条件式を得ることができるため，6 点以上のパスポイントを用いて，非線形最小二乗法により未知量の最確値を求める．

相互標定では，前述の通り，X 方向の移動は，交会条件とは無関係であったため，得られる結果は，被写体と相似な 3 次元モデルとなる．実座標にあわせるためには，基準点を用いて，平行移動，回転，縮尺変換の座標変換を行う．この座標変換においても，最小二乗法により，未知量である平行移動量，回転角，縮尺の最確値を求める．この方法を絶対標定と呼ぶ．

5.4 レーザ測量

近年では，レーザ光により直接的に 3 次元計測を行うレーザ測量が普及している．ここでは，レーザ測量について，ごく簡単に触れることにする．

レーザ（LASER: Light Amplification by Stimulated Emission of Radiation）とは，誘導放射による光の増幅を意味する．これは，電子のエネルギー状態の変化に基づくものである．分子において，低エネルギー状態（基底準位）にある電子に，光が入射することにより，電子は高エネルギー状態（励起準位）になる．さらに，この電子が入射光と同じ位相の光を増幅させて放出して，再び基底準位に戻る．これを複数の分子で繰り返すことにより，レーザ光が作成される．そのため，レーザ光は，波長が単一であり，位相が一致しており，光が拡がりにくいという特徴を有している．

レーザ測量では，多数のレーザパルスを対象物に照射し，その反射波を観測し，位相差から対象物との距離を計測する．レーザスキャナは，レーザパルスを 1 秒間に数千〜数万回照射することにより，3 次元座標をもつ点群を，面的に観測することができるものである．現在では，地上据え置き型から車両搭載型や航空機搭載型まで，対応するプラットフォームも様々である．車両搭載型や航空機搭載型においては，GNSS と IMU（Inertial Measurement Unit）により，センサの位置と姿勢を求め，それに基づき，3 次元計測を行っている．精度の高さや，点群密度の高さの優位性から，構造物計測，災害観測，文化財計測など，その応用も多岐にわたる．また，現在では，航空レーザ測量による 5m メッシュ標高データが国土地理院より公開されている．

【引用文献】

中村英夫・清水英範 2000.『測量学』技報堂出版.
森忠次 2002.『測量学 改訂版 応用編』丸善.

【関連文献】

田島稔・小牧和雄 1996.『最小二乗法の理論とその応用 改訂版』東洋書店.
Anderson, J.M. and Mikhail E.M. 1998. *Surveying: Theory and Practice*. Boston: McGraw-Hill.
測量用語辞典編集委員会編 2011.『測量用語辞典』東洋書店.
McGlone, J.C. Ed. 2004. *Manual of Photogrammetry*. Maryland: American Society for Photogrammetry and Remote Sensing.

6
リモートセンシングとその解析

　リモートセンシングとは，広義には対象物に接触せずに遠方から計測する技術一般をさす．ただし，宇宙空間を含んだ上空から，地表面を観測する手法の総称として狭義に用いられることも多い．

　ここでは陸域を観測するリモートセンシングをとりあげる．リモートセンシングで得られるデータのなかでも，陸域を画像として観測したデータは，地理情報科学に大きく寄与する．可視光域を用いて広域を一度に面的に観測した画像からは，地形，土地利用などの情報を瞬時によみとることができる．地図が整備されていない地域でも，リモートセンシングで観測された画像があれば，地物の情報を抽出することができる．地図が整備されている日本でもリモートセンシングで観測された画像は，地図情報の更新に用いられている．データ解析によって，土地被覆分類図の作成や標高情報の抽出も可能である．熱赤外波長域を観測した画像からは，地表面の温度などがわかる．マイクロ波で観測したデータを画像化する合成開口レーダによって取得されたデータからは，地震や地盤沈下などによる地表面の動きを知ることもできる．時系列のデータの比較から，経時・経年変化を調べることもできる．また，緊急災害時に被害地域の最新の様子を知る手段としても用いられている．

　リモートセンシングで得られる画像データは，ラスタデータである．空間データのベクタ型とラスタ型の違いについては，詳しくは7章を参照されたい．ラスタデータはベクタデータと重ね合わせての表示が可能であり，リモートセンシングによる画像は，個々の地物を示すベクタデータの背景図として用いられることも多い（図6-1）．なお，リモートセンシングやそのデータ解析全般についての詳しい解説は，関連文献を参照されたい．レーザ測量については5章に譲る．

6.1 センサとその観測波長帯

　対象物からの電磁波を観測する機器をセンサという．センサとは外部からの情報をとりこむしくみであり，人間の目も可視光を感知する視覚センサであると言える．地表面を観測するリモートセンシングでは，可視光からより波長の長い赤外線，さらに波長の長いマイクロ波までを取り扱い，それぞれを観測するセンサがある．図6-2および表6-1に地球を観測するリモートセンシングで用いられる電磁波の波長帯を示す．

　リモートセンシングで用いられるセンサは受動型と能動型に大きく分けられる．光源を太陽光などの外部とするセンサを受動型センサと称する．可視光・近赤外域や中間赤外・熱赤外域を観測するセンサは受動型センサである．カメラも受動型センサの一種である．地表面を画像としてとらえる能動型センサには合成開口レーダ（SAR: Synthetic Aperture Radar）などがある．

ベクタ画像
国土地理院数値地図 2500

ラスタ画像
ALOS PRISM 画像

重ね合わせ

図6-1　ベクタ画像とラスタ画像（リモートセンシング画像）との重ね合わせ（東京都千代田区）

図 6-2　電磁波の波長帯による呼称

表 6-1　電磁波の波長帯による呼称

電磁波の呼称		波長
ガンマ線	Gamma rays	＜ 0.03 nano m
X 線	X-rays	0.03 〜 30 nano m = 0.03 µm
紫外（線）	Ultraviolet (UV)	0.03 〜 0.4 µm
可視光（線）	Visible	0.4 〜 0.7 µm
赤外（線）*	Infrared (IR)	0.7 µm 〜 (0.1 または 1) mm
近赤外	Near IR	0.7 〜 1.3 µm
短波長赤外	Short wave IR	1.3 〜 3 µm
中間赤外	Middle IR	1.3 〜 8 µm
熱赤外	Thermal IR	8 〜 14 µm
遠赤外	Far IR	8 µm 〜 (0.1 または 1) mm
反射赤外	Reflected IR	0.7 〜 3 µm
放射赤外	Radiative IR or Emissive IR	3 µm 〜 (0.1 または 1) mm
電波	Radio wave	＞ (0.1 または 1) mm
マイクロ波	Microwave	(0.1 または 1) mm 〜 1m

*赤外（線）の区分はまちまちである．ここでは日本リモートセンシング学会 (2011) に基づく．

　空中写真を撮影するカメラは，レンズを通過した画像を，デジタルカメラの場合 CCD（Charge Coupled Device）などの撮像素子が，銀塩フィルムカメラの場合フィルムが記録する．カラー画像を撮影する場合，デジタルカメラでは光をカラーフィルタにより赤・緑・青の三原色に分解して記録する．銀塩フィルムでは感光色素が赤・緑・青それぞれを感知する．

　可視光・近赤外線を観測するセンサは，光学センサと総称されている．光学センサでは地表面からの電磁波を走査光学系および集光光学系でとりこみ，フィルタなどの分光器で各波長帯（バンド）に分解し，検出器で電気信号として記録する．人間の目で感知するのと同じ波長帯を観測していることから，画像から地物を直感的に判読でき，地理情報システムにおいては背景図としてしばしば用いられる．光学センサには，観測バンドがひとつだけのパンクロマチックセンサと，複数の観測バンドをもつマルチスペクトルセンサがある．マルチスペクトルセンサのなかには，ひとつのバンドの観測波長帯（波長分解能）を細かく設定し，多数のバンドを一度に観測するハイパースペクトルセンサもある．日本が開発中の衛星搭載ハイパースペクトルセンサ HISUI（Hyperspectral Imager SUIte）では，可視・近赤外光域での波長分解能は平均 10nm 以下とされている．ハイパースペクトルセンサは，地表面の対象物のスペクトル情報を詳細に取得することから，植生や岩石の種類などの分類への活用が期待されている．

　人工衛星に搭載された光学センサは高分解能化が進んでいる．2 地点を独立した 2 点として区分できる能力を空間分解能（解像度）という．1972 年に打ち上げられた LANDSAT 1 号に搭載されたセンサ MSS では分解能 80m であった．1982 年に打ち上げられた LANDSAT 4 号が搭載したセンサ TM は 30m の分解能であった．なお，日本が 1992 年に打ち上げた JERS-1（ふよう 1 号）の光学センサは地表分解能約 20m であった．その後 1999 年に米国・スペースイメージング社（当時）が打ち上げた IKONOS のパンクロマチックセンサの直下分解能は 0.82m であった．さらに，2014 年に打ち上げられた米国・デジタルグローブ社（当時）による WorldView-3 のパンクロマチックセンサの直下分解能は 0.3m である．

　光学センサには，立体視によって高さ情報を得るために，ほぼ同時に多方向からの観測が可能であるように設計されたセンサもある．例えば，ALOS に搭載された PRISM は，進行方向から直下・前方・後方の三方向の画像を同時に取得できる．

　熱赤外の波長帯を利用するリモートセンシングでは，地表面からの放射を観測している．ヒートアイランド現象などの都市の熱環境や，火山の火口の温度を調べるのに活用されている．

　合成開口レーダはマイクロ波を自ら地表面に照射し，その跳ね返りを受信するセンサである．光学センサと異なり，昼夜・天候によらず地表面を観測することができる．1978 年に，合成開口レーダを搭載した人工衛星 SEASAT が海洋観測を目的としてはじめてアメリカから打ち上げられた．1990 年代に入り，ヨーロッパの ERS-1,2，日本の JERS-1 など，合成開口レーダを搭載した衛星が相次いで打ち上げられ，データの利用が広がった．

6.2 プラットフォーム

センサを搭載した移動物体をプラットフォームという．地球を観測するリモートセンシングでよく用いられるプラットフォームは，人工衛星と航空機である．人工衛星はいちど打ち上げられたあとは同じ軌道で周回し，広範囲を繰り返し観測する．航空機による観測では，飛行計画をそのつど設定して観測をおこなう．人工衛星よりも低高度からの観測になり観測範囲は狭まるが，観測コースや範囲を自由に設定できる．

地球を観測する人工衛星の軌道は静止軌道と極軌道の2つが主である．静止軌道衛星は，高度約36,000kmを地球の自転周期とおなじ周期で公転しているので，地上からみると一点に静止しているようにみえる．代表的な静止軌道衛星には，気象衛星の「ひまわり」などがある．極軌道衛星は高度200～1,000kmで地球を1周約100分で周回しながら観測している．南北の極付近を通過し，赤道に対してはほぼ直行する軌道をとることから極軌道とよばれる．「LANDSAT」や「ALOS」など，地上を分解能数10mで観測する人工衛星は極軌道衛星である．表6-2におもな陸域観測を目的とする人工衛星を示す．近年では同一仕様の機体を同時に複数運用する衛星コンステレーションによる観測もおこなわれ，時間分解能の向上が進んでいる．特に超小型衛星とよばれる100kg以下の機体を多数軌道に投入することにより，多くの画像が取得されるようになってきている．

航空機は通常高度500～6,000mから地上を観測する．航空機リモートセンシングではプラットフォームの位置と姿勢を計測・制御する必要があるが，近年では精度が向上している．高度500m以下の低空を飛行し，地上から遠隔操作できかつ自律飛行が可能な人航空機（UAV：Unmanned Aerial Vehicle）による撮像の普及も進んでいる．UAVはドローンとよばれることも多い．

6.3 画像のカラー合成と強調

コンピュータのディスプレイでは，光の三原色である赤（Red）・緑（Green）・青（Blue）にそれぞれ通常0～255までの値をもたせ，それぞれの色の値の大きさを変化させることによってカラー画像を表示する．色の値の大きさは画像の濃淡として表現され，この濃淡の変化を階調という．つまりディスプレイは赤・緑・

表 6-2 陸域観測を主目的としたおもな地球観測衛星（RESTEC(2013)をもとに編集）

打ち上げ年	衛星名	搭載センサ	打ち上げ年	衛星名	搭載センサ
1972	LANDSAT-1(ERTS-1)(米)	MSS	2007	TerraSAR-X(独)	SAR(Xバンド)
1975	LANDSAT-2 (ERTS-B)(米)	MSSなど		WorldView-1(米)	*2
1978	LANDSAT-3(米)	MSSなど		RADARSAT-2(カナダ)	SAR(Cバンド)
1982	LANDSAT-4(米)	MSS, TM	2008	TecSAR(イスラエル)	SAR(Xバンド)
1984	LANDSAT-5(米)	MSS, TM		Geoeye-1(米)	*1,*2
1986	SPOT-1(仏)	*1,*2		RapidEye(ドイツ)	Multi-Spectral Imager
1990	SPOT-2(仏)	*1,*2		Cosmo-SkyMed-3(伊)	SAR(Xバンド)
1991	ERS-1(欧)	SAR(Cバンド)	2009	WorldView-2(米)	*1,*2
1992	JERS-1(ふよう1号)(日本)	SAR(Lバンド), OPS		DEMIOS-1(スペイン)	SLIM6
1993	SPOT-3(仏)	*1,*2		UK-DMC-2(英)	SLIM6
1995	RADARSAT-1(カナダ)	SAR(Cバンド)	2010	Cosmo-SkyMed-4(伊)	SAR(Xバンド)
	ERS-2(欧)	SAR(Cバンド)		TanDEM-X(独)	SAR(Xバンド)
	KOMPSAT-1(韓国)	EOCなど	2011	Thaichote(THEOS)(タイ)	PAN, MS
	IRS-1C(印)	PANほか		ZY-1-2C(中国)	HRPC-2など
1996	ADEOS(みどり)(日本)	AVNIRなど		ZY-3A(中国)	TACなど
1997	IRS-1D(印)	PAN	2012	SPOT-6(仏)	*1,*2
1998	SPOT-4(仏)	*1,*2		KOMPSAT-3(韓国)	*1,*2
1999	LANDSAT-7(米)	ETM+		RISAT-1(印)	SAR(Cバンド)
	IKONOS(米)	*1,*2		LANDSAT-8(米)	OLIなど
	Terra(米)	ASTERなど	2013	VNREDSat-1A(ベトナム)	マルチバンドイメージャ
2000	EO-1(米)	ALI, Hyperion		Skysat-1(米)	*1,*2
2001	Quickbird(米)	*1,*2	2014	ALOS-2(日本)	SAR(Lバンド), OPS
2002	ENVISAT(欧)	ASARなど		Sentinel-1A(欧)	SAR(Cバンド)
	Aqua(米)	AIRSなど		ASNALO-1(日本)	*1,*2
	SPOT-5(仏)	HRGなど	2015	LAPAN-A2(インドネシア)	*1
2003	RESOURCESAT-1(印)	LISS-3など		Sentinel-2A(欧)	MSI
2004	FORMOSAT-2(台湾)	*1,*2		Dove(米)	*2
2006	ALOS(だいち)(日本)	PRISM, AVNIR-2, PALSAR(Lバンド)	2017	FORMSAT-5(台湾)	*1,*2
	KOMPSAT-2(韓国)	*1,*2	2018	ICEYE X1(フィンランド)	SAR(Xバンド)
2007	Cosmo-SkyMed-1, 2(伊)	SAR(Xバンド)		ASNALO-2(日本)	SAR(Xバンド)

センサの呼称が不明な場合は *1 パンクロマチックセンサ *2 マルチスペクトルセンサとした．

青それぞれを 256 (=2^8) 階調で表現する.

リモートセンシングで得られた画像をコンピュータでカラー表示するときには，観測されたバンドから3つを選択し，赤・緑・青にわりあてる．それぞれのバンドのデータは，地表面からの信号を記録した画像であり，その強さは画素ごとに異なる．赤・緑・青にどのバンドを選択するかによって表示される色合いはかわってくる．なお，赤・緑・青に同じバンドをわりあてれば白黒表示になる．

画像の階調を変化させることによって，見やすく表示することを階調変換もしくはコントラスト変換という．階調変換では，地表面からの信号の強さとディスプレイ上の0〜255までの値との対応を規則性をもって変化させる．

疑似カラー表示（シュードカラー表示）は，白黒濃淡画像の階調をいくつかの段階に区切って仮想的な色をわりあて，見やすくカラー表示する手法である．例えば 6.5 節で述べる正規化植生指標は疑似カラーを用いて表示されることが多い．

パンクロマチックセンサとマルチスペクトルセンサで同時に同じ場所を観測する場合，一般的にパンクロマチックセンサのほうが分解能が高いことが多い．カラー情報をもつマルチスペクトルセンサ画像と分解能のよいパンクロマチックセンサ画像を合成することをパンシャープン処理という．代表的な手法である HSI 変換では，赤・緑・青で構成されるカラー画像（RGB 画像）を色相（Hue），彩度（Saturation），明度（Intensity）に変換し，うち明度の情報をパンクロマチック画像といれかえて，再度 RGB 画像に変換する．

6.4 画像の幾何補正

リモートセンシングで得られた画像を地理情報システムで利用するためには，歪みを補正して地図に重ね合わせる必要がある．この処理を幾何補正という．画像に含まれる幾何学的な歪みの要因には，センサ，プラットフォーム，地形の起伏などが挙げられる．

自分で画像を地図に重ね合わせたい場合には，目視で地図座標と対応する画像上の点，すなわち地上基準点（GCP: Ground Control Point）をさがし，変換式にあてはめて補正する．対象を鉛直方向に正射投影し，標高や建物の高さによる歪みを除去して真上から見たように補正した画像をオルソ画像という．オルソ画像を作成するためのオルソ補正には，標高の情報である数値地形モデルが必要になる．

製品として提供される画像では，処理レベルに応じてそれぞれの歪みが除去されていることが多い．地理情報システムで，画像を解析せずにそのまま地図に重ね合わせて用いるならば，オルソ補正までおこなわれた高次処理製品を利用すればよい．自分で解析をおこなう場合には，観測された値を保持している低次処理製品を利用し，必要に応じて解析後の画像を幾何補正して地図に重ね合わせることが多い．

6.5 可視・近赤外リモートセンシングデータの解析

土地被覆分類図はよく用いられる主題図のひとつである．マルチスペクトルセンサで得られた画像は地表面のそれぞれの対象物のスペクトル強度に対応していることから，分類処理によって土地被覆分類図が作成できる．画像分類処理は教師つき分類と教師なし分類にわけられる．図 6-3 は ALOS 搭載のセンサである AVNIR-2 の観測データによる「高解像度土地利用土地被覆図」の例である．

正規化植生指標（NDVI: Normalized Difference Vegetation Index）の計算は，しばしばおこなわれる可視・近赤外リモートセンシング画像の解析方法である．植生指標を利用すると，地表面の植物の分布を空間的にわかりやすく表示することができる．これは，バンド間演算のひとつであり，赤と近赤外の2つの観測波長帯をもちいている．正規化植生指標は，植生の反射率は赤の観測波長帯ではクロロフィルの吸収によって低く，近赤外では大きくなることを利用している．

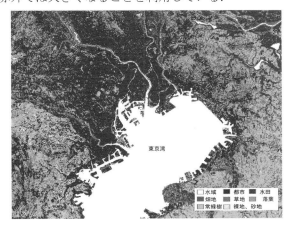

図 6-3 東京湾周辺の土地被覆分類図の例
（ALOS AVNIR-2 高解像度土地利用土地被覆図）

6.6 熱赤外リモートセンシングデータの解析

　地表面温度の推定は，熱赤外の波長帯を観測した画像を解析する目的のひとつである．衛星で観測された値を補正し，変換式にのっとって換算することによって輝度温度が得られる．輝度温度とは，対象とする物体の熱放射と同じ輝度をもつ黒体の温度である．ただし，こうして得られる輝度温度は大気や地表面放射率の影響を含む．最近の熱赤外観測をおこなう人工衛星リモートセンシングでは，これらを補正した地表面温度の画像を配布元からプロダクトとして入手できる．

6.7 合成開口レーダによって得られたデータの解析

　合成開口レーダで観測されたデータは，地表面からのマイクロ波の跳ね返りの情報を記録しており，直観的な地物の判読は，空中写真や可視・近赤外リモートセンシングセンサの画像よりも難しい．しかしながら，線構造をよくとらえていることから地形の判読には適しており，また観測データは，ほかのセンサでは得られない多様な情報を含んでいる．特に同じ場所を観測した2つのデータを干渉させることによって位相差を抽出し，地表面の高度や変動について知ることができる干渉SAR（インターフェロメトリックSAR）技術は，地震による地表面の変位を面的にセンチメートルオーダーでとらえる手法として活用されている．図6-4は東日本大震災に伴う地殻変動を干渉SAR技術によってあらわした画像である．画像は疑似カラーで表示されており，白黒の濃淡は約12cmの衛星と地表面の距離の変化に相当する．また，多偏波観測によって地表面の散乱過程の違いから対象物について調べる技術（ポーラリメトリックSAR）や，多偏波観測と干渉SAR技術を組み合わせることにより，樹高を推定する技術（ポーラリメトリック・インターフェロメトリックSAR）の開発も進んでいる．

6.8 データの入手

　一般財団法人日本地図センターが日本国内の空中写真を販売している．インターネットを介した検索・注文も可能である．また2021年2月現在においては，国土地理院による「地理院地図（電子国土Web）」からも空中写真・衛星画像の閲覧が可能である．このほか，林野庁や民間会社などでも空中写真の取り扱いがある．

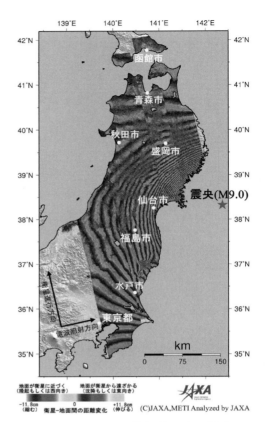

図6-4　リモートセンシング（干渉SAR）で捉えた東日本大震災に伴う地殻変動

　人工衛星による観測データは民間会社，財団法人，大学などの配布機関から有償ないしは無償で入手できる．分解能10m程度の観測データはインターネットを介して無償で提供されていることが多い．分解能1m以下の高分解能衛星の画像は，国内で販売権をもつ民間会社などから有償で配布されている．多くの衛星のデータ検索はインターネットを介して可能である．

　また，衛星データをダウンロードせずにクラウド上で解析をおこなうシステムとして米国・Google社のGoogle EarthEngine，2019年には日本のTellusなどのプラットフォームが開発されている．

【引用文献】
一般財団法人リモート・センシング技術センター（RESTEC）衛星総覧．http://www.restec.or.jp/knowledge/satellite/index_term.html（最終閲覧日：2021年1月27日）

【関連文献】
日本リモートセンシング学会編 2011．『基礎からわかるリモートセンシング』理工図書．

7
既存データの地図データと属性データ

　GISで扱うことのできる地理空間情報の最も基本的なGISデータは，デジタル化された地図データと地理的位置の情報をもった属性データである．属性データは，地物についての記述的特徴に関する情報である主題属性からなる．

　地図データは，ラスタ形式とベクタ形式に大別される（図7-1）．ラスタ形式の「ラスタ」とはラテン語で熊手のことで，テレビの画面をなぞった走査線がラスタと呼ばれ，そのような形のデータはラスタ形式と称されるようになった．ラスタ形式のGISデータは，地表面の矩形の範囲を同じサイズの画素で敷き詰めたもので，その画素のサイズと縦方向と横方向の画素数，さらにその画素に蓄えられる情報量で定義される．

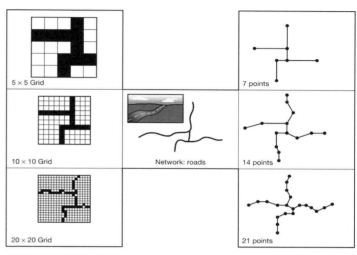

図7-1　ラスタ形式とベクタ形式の違い
出典：http://www.indiana.edu/~gisci/courses/g338/lectures/introduction_vector.html

　一方，ベクタ形式は，経緯度を頂点とした座標値をもつ，点（ポイント），線（ライン），面（ポリゴン）で表現されるもので，それらフィーチャに属性データを連結させることによって，主題図が描かれることになる．線は2つ以上の点から，面は始点と終点が一致する線として構成され，点の数が多いほど，GIS上で地図として描かれる線は滑らかに表現される．空間スケールにもよるが，施設は点で，道路や鉄道は線で，市区町村境域は多角形で表現され，それぞれのフィーチャの持つ属性によって，階級区分図やシンボルマップなどの主題図を描くことができる．

　GISで表示することのできる地図は，経緯度や投影法が特定されているなど，ジオリファレンスされている必要がある．なお，GIS革命以降のボーン・デジタル（最初からデジタルデータとして作成されたもの）なGISデータ（デジタル地図と統計データベースなど）と，紙地図や過去の冊子体の統計表，さらには現地調査などから得られる主題属性のアナログなGISデー

タを区別することは重要である．なぜならば，後者のものをGISソフトで利用するためには，何かしらの方法で主題属性をデジタル化し，位置情報を付加させなければならないからである．

　主題属性をもった地理空間情報は，基本的には現地調査によるもので，観察，実測，聞き取り調査，試料採取とその分析，を通して収集される．かつては，紙地図をもって位置を確認しながら，フィールドノートとカメラなどを用いて主題属性を記録していた．しかし，デジタル技術が進んだ現在では，GPSで位置と時間の情報を取得しながら，デジタルカメラやデジタルビデオ，ボイスレコーダなどにより，デジタル記録が可能となり，GPSの位置情報からそれらを容易に地図化できるようになった．また，最近では，GPS内蔵のカメラやビデオが一般的になってきている．

　現地調査以外にも，空中写真や衛星画像などのリモートセンシングから，地表面の情報を面的に取得することもできる．また，過去の空中写真や衛星画像を

用いれば，過去の地表面の情報を取得できる．その場合，目視判読と衛星画像の光学センサの分析がある．目視による空中写真判読では，土地被覆の様子や，ステレオ画像判読で高さの情報も取得することができる．衛星画像の分析では，光学センサの情報から，土地被覆分類や植生指標，地表面温度などのデジタル地図化を可能とする．それらは，基本的にラスタデータであるが，ベクタデータに変換することも可能である．

以上のように研究者らが自ら作成するGISデータ以外にも，さまざまな機関から，無償あるいは有償で提供されるGISデータが多数存在する．特に，2007年の地理空間情報活用推進基本法の施行以降，国や地方自治体の地理空間情報は，Webを通して無償で提供されることが多くなった．こうした動向は，現在のオープンデータの流れに沿うものである．

また，GoogleがGoogleマップやGoogle Earthを公開するなど，無償のGISデータやGISソフト（Webベースのものも含む）も多く現れるようになった．以下では，代表的な既存のGISデータを紹介することにする．

なお，GISで扱う地理空間情報はGISソフトに大きく依存する．一昔前までは，GISソフトとGISデータが不可分のものも多く，あるGISソフトで利用できるGISデータを別のGISソフトで利用する場合は，データの変換などに膨大な労力を要することが多々あった．現在では，多くのGISデータは，データの標準化が進み，メタデータなども公開され，変換ツールも充実しており，異なるGISソフト間で相互に利用することが比較的容易となった．

7.1 国・地方自治体のGISデータ

国はさまざまな施策を策定するために，多くのGISデータ（地図データや統計（属性）データ）を整備し，提供している．それらは基本的に官庁ごとに提供されるが，ベースとなる地図データは主に国土交通省の国土地理院や国土政策局国土情報課のWebサイトから提供され，統計表の属性データは，「政府統計の総合窓口（e-Stat）」（http://www.e-stat.go.jp）を通して，各省庁のWebから提供されている．

特に，パソコン側にGISソフトをインストールすることなく，ブラウザを通して，国が作製したGISデータを閲覧したり，利用者がGISデータを追加したりするシステムとして，「電子国土ポータル」が提供されている（http://portal.cyberjapan.jp/index.html）．このサイトは，GIS技術の進歩や新しいGISデータの追加により，日々改良が加えられている．なお，このサイトは2014年現在，「地理院地図（電子国土Web）」として公開されている．

7.1.1 国土交通省のGISデータ

国土交通省からは，地形図を作製してきた国土地理院の地図・空中写真と，旧国土庁の時代から引き継がれた国土数値情報が代表的なものである．かつては，GISデータは基本的に有償頒布であったが，現在では，数値地図などを除いて，ほとんどのものがWebを通して無償でダウンロードすることが可能となった．

(1) 国土地理院のGISデータ

（http://www.gsi.go.jp/index.html）

2007年に成立した地理空間情報活用推進基本法で規定され整備されてきた基盤地図情報は，電子地図における位置の基準となる情報で，皆が共通の位置の基準を用いるために不可欠なものである．基盤地図情報は，国土地理院のWebから市区町村単位で提供され，「測量の基準点」，縮尺レベル2500以上での「行政区画の境界線及び代表点，道路縁，軌道の中心線，標高点，海岸線，水涯線，建築物の外周線，市町村の町もしくは字の境界線及び代表点」「街区の境界線及び代表点」，写真測量と航空レーザ測量に基づく5mメッシュの「標高点（DEM）」が提供されている．

このほか，地図情報，オルソ画像，地名情報からなる，「電子国土基本図」がある．電子国土基本図（地図画像）は，道路，建物などの電子地図上の位置の基準である項目（基盤地図情報の取得項目）と，植生，崖，岩，構造物などの土地の状況を表す項目とを1つにまとめたGISデータで，縮尺レベル25,000の精度で国全域を覆うベクトル形式の基盤データである．この基本図は，これまでの2万5千分1地形図に替わる新たな基本図と位置づけられている．また，電子国土基本図（オルソ画像）は，空中写真を歪みのない画像に変換し，正しい位置情報を付与したもので，さまざまな地理空間情報と重ね合わせることができる．これらの電子国土基本図は，前述の「地理院地図」を通して閲覧することができる．

さらに，国土地理院が編纂しているデジタル地図として「数値地図」がある．1980年代に入り，地形図がデジタル地図として作製されるようになって，多くの

種類の数値地図が販売されるようになった．数値地図は，国土の骨格や行政界，地形，標高などの基本的な情報が収録されており，空間解析を行う上でのベースマップとして頻繁に利用される．2013年10月現在，日本地図センターからDVDやCD媒体で頒布されている数値地図は，【DVD版】数値地図（国土基本情報），電子地形図25,000（定形図郭版），【CD-ROM版】数値地図25,000（地図画像），数値地図50,000（地図画像），数値地図200,000（地図画像），数値地図2,500（空間データ基盤），数値地図25,000（空間データ基盤），数値地図25,000（行政界・海岸線），数値地図25,000（地名・公共施設），数値地図500万（総合），数値地図5mメッシュ（標高），数値地図50mメッシュ（標高），数値地図250mメッシュ（標高），数値地図10mメッシュ（火山標高），数値地図25,000（土地条件），数値地図5,000（土地利用），日本国勢地図などがある．

このほか，主題図（地理調査）として，自然現象や人文現象を特定のテーマに沿って調査した結果を表現した地図の提供も行っている．具体的には，1) 地形の特徴を知り防災に役立てることのできる，土地条件図，都市圏活断層図，火山土地条件図，治水地形分類図，航空レーザ測量，地盤高図，明治前期の低湿地データ，日本の典型地形，2) 土地の利用形態を知ることのできる，国土環境モニタリング調査や土地利用調査，3) 水辺の利用・保全に役立てるための，湖沼湿原調査，沿岸海域土地条件図，古地理調査などがある．多くは，「地理院地図」を通して，閲覧できる．

また，土地利用調査の中の細密数値情報は，宅地利用動向調査に基づくもので，宅地関連施策等の基礎資料とするため，三大都市圏（首都圏・近畿圏・中部圏）を対象に細密数値情報（10mメッシュ土地利用）として提供されている．昭和56，57年度に，宅地供給の逼迫している首都圏から1万分1の縮尺で調査を実施，58年度には近畿圏，59年度には中部圏と継続され，以後約5年周期で各圏の更新が行われてきた．平成12年度からは，5千分1の縮尺で調査が行われ，ベクタデータ（ポリゴン）形式の『数値地図5,000（土地利用）』として都市圏毎に刊行されている．

(2) 国土数値情報

　　(http://nlftp.mlit.go.jp/ksj/)

国土数値情報は，全国総合開発計画，国土利用計画，国土形成計画などの国土計画の策定や推進の支援のために，国土に関するさまざまな情報を整備，数値化したGISデータである．

全国総合開発計画等の策定の基礎となるデータを整備するため，1974（昭和49）年の国土庁発足に伴い，国土に関する基礎的な情報の整備，利用等を行う国土情報整備事業が開始され，地形，土地利用，公共施設，道路，鉄道等国土に関する地理空間情報が数値化された．メッシュ化したデータも多く，人口統計などほかの統計情報と合わせて分析することが可能で，特に，土地に関する情報は時系列的に整備されており，経年変化などの分析を行うこともできる．当初は公的機関（政府機関，地方公共団体，大学など）に無償提供されてきたが，さらに広く一般に提供するため，2011（平成13）年よりインターネットによる無償提供が開始された．ただし，国土数値情報は国土計画の策定のためのGISデータであり，小縮尺のものやデータ作製以降更新が実施されず，古いままのものも多い．

GISデータは，地理情報標準の地理情報標準プロファイル（JPGIS）と国土数値情報統一フォーマットの2種類に準拠しており，最近では，Shape形式あるいはShape形式に変換するツールを提供している．さらに，国土数値情報をブラウザ上で簡単に閲覧できる「国土情報ウェブマッピングシステム」を提供している．

国土数値情報には，指定地域（三大都市圏計画区域，都市地域，農業地域，森林地域など），沿岸域（漁港，潮汐・海洋施設，沿岸海域メッシュなど），自然（標高・傾斜度3次メッシュ，土地分類メッシュ，気候値メッシュなど），土地関連（地価公示，都道府県地価調査，土地利用3次メッシュなど），国土骨格（行政区域，海岸線，湖沼，河川，鉄道，空港，港湾など），施設（公共施設，発電所，文化財など），産業統計（商業統計メッシュ，工業統計メッシュ，農業センサスメッシュなど），水文（流域・非集水域メッシュなど）がある．施設には，交通施設の駅・鉄道データが含まれるが，過去も含め国内の駅・鉄道のGISデータや，全国のバス停やバスルートのGISデータなども新たに提供され始めた．

7.1.2 環境省のGISデータ

環境省は，国の生物多様性や自然環境に関するさまざまな情報を収集し，広く提供するために生物多様性情報システム（J-IBIS: Japan Integrated Biodiversity Information System）を構築している．このシステムは，自然環境保全基礎調査（緑の国勢調査）の成果，絶滅

危惧種に関する情報をはじめ，生物多様性や自然環境に関する総合データベースであり，環境省生物多様性センターがその管理・運営を行っている．

GISデータは，第2-6回の自然環境保全基礎調査（植生調査，河川・湖沼調査，海岸調査，藻場・干潟・サンゴ礁調査等）によって得られたデータをGIS化したものと，国立公園・国指定鳥獣保護区の区域・区分線などである．植生調査は，第2-4回が50,000分の1，第5-6回が25,000分の1である．データ形式としては，Shape形式に加え，地図をGoogle Earth上で重ねてみられるKMLファイルを，Webから直接ダウンロードすることができる．

7.1.3 農林水産省のGISデータ

農林水産省の地理空間情報は，農林業センサスである．国際連合食糧農業機関FAOが提唱した「1950年世界農業センサス要綱」に準拠した「1950年世界農業センサス」を1950（昭和25）年2月に実施し，これ以降10年ごとにFAOが策定する「世界農業センサス要綱」に基づいて「世界農業センサス」を，その中間年に日本独自の「農業センサス」を行っている．そして，1960年から，「農業センサス」と「林業センサス」を合体させて，農林業センサスと呼ぶようになった．

農林業センサスは，農林業の生産構造，就業構造を明らかにするとともに，農山村の実態を総合的に把握し，農林行政の企画・立案・推進のための基礎資料で，市区町村単位で，経営の態様，世帯の状況など，経営に関わるさまざまな調査項目が属性データとして公表されている．こうした国の統計データは，調査年月の時点での市区町村の境域の地図データがあれば，GISを用いて容易に主題図を作製することができる．

また，農林業センサスでは，市区町村よりも細かな農業集落を空間単位とした農業集落調査があり，これまでマイクロフィッシュで，属性データとなる農業集落カードが提供されてきた．1995年調査から，農業集落カードのデータ（CSV形式）が，2000年調査からは，農業集落地図データ（Shape形式）が，一般財団法人農林統計協会から頒布されている．なお，2005年，2010年農林業センサスの農業集落調査の一部の属性データと農業集落地図データは，「政府統計の総合窓口（e-Stat）」から，無償でダウンロードすることが可能である．

7.1.4 総務省のGISデータ
（1）国勢調査

国勢調査は，日本の人口，世帯，産業構造等の実態を明らかにし，国及び地方公共団体における各種行政施策の基礎資料を得ることを目的として行われる国の最も基本的な統計調査である．調査は1920（大正9）年以来ほぼ5年ごとに行われており，2010（平成22）年国勢調査はその19回目にあたる．

国勢調査の人口・世帯に関するデータとしては，第1次基本集計（人口の男女・年齢・配偶関係，世帯の構成・住居の状態等）や，第2次基本集計（人口の労働力状態別構成及び就業者の産業（大分類）別構成等），第3次基本集計（就業者の職業（大分類）別構成及び母子世帯・父子世帯数等），従業地・通学地集計などがあり，10年に1度の大規模調査では，さらに教育と移動人口に関する集計が加わる．

国勢調査の最小単位は個人と世帯であるが，それらは，全国，都道府県，市区町村などに集計され冊子体として公開されてきた．1970年から地域メッシュ統計の3次メッシュ（基準メッシュ・1kmメッシュ）によるGISデータが提供され，昭和45年国勢調査から平成2年国勢調査にかけては，都市部の市域内を細分化した「国勢統計区」が設定された．平成2年からは，街区に相当する「基本単位区」が設定され，そして，平成7年国勢調査から市区町村を町丁・字等別に細分化した「町丁・字等別集計」が提供されている．

これらの属性データの多くは，総務省統計局や「政府統計の総合窓口（e-Stat）」のホームページからダウンロードすることができる．また，「e-Stat」からは，地域メッシュ統計や小地域統計の境域データを市区町村単位でダウンロードすることもできる．ただし，境域データとともに提供される属性データは全てではなく，総務省統計局が作成した多くの属性データは，統計情報研究開発センター（Sinfonica）から頒布されている．そこでは，街区に相当する基本単位区の代表点のGISデータも提供されている．

なお，2010（平成22）年国勢調査に関しては，「町丁・字等別集計」の全ての属性データが，総務省統計局のホームページから都道府県単位でダウンロードすることができるようになった．これらのデータを用いて，全国の市町村単位の社会地図をR GIS（オープンソース・フリーソフトウェアの統計解析向けのプログ

ラミング言語RのGISモジュール）で自動的に作成したPDFをWebで公開している（Singleton 2013）．なお，地域メッシュ統計の集計などに用いられる，最小の空間単位である基本単位区に関しては，その代表点データが有償で提供されるが，対応する属性変数は少なく，男女別人口と世帯数のみが表章されている．

（2）経済センサス（事業所・企業統計調査）

2009（平成21）年経済センサス－基礎調査は，事業所及び企業の経済活動の状態を調査し，すべての産業分野における事業所及び企業の従業者規模等の基本的構造を全国及び地域別に明らかにすること，各種統計調査実施のための基礎資料を得ることを目的として実施された．そして，2012（平成24）年経済センサス－活動調査（2012年2月1日）が，日本の全産業分野における事業所及び企業の経済活動の実態を全国及び地域別に明らかにするとともに，事業所及び企業を調査対象とする各種統計調査の精度向上に資する母集団情報を得ることを目的に実施され，以降5年ごとに行われる計画である．

その結果，1948（昭和23）年から始まる事業所統計調査（平成8年からは事業所・企業統計調査）は，平成18年調査を最後に，経済センサスに統合されることになる（昭和23年調査から昭和56年調査までは3年ごと昭和56年以降は5年ごと（国や地方公共団体の事業所も含めた調査），その中間年に（民営事業所を対象とした簡易な内容の調査）が実施されている）．経済センサスの実施により，「事業所・企業統計調査」・「サービス業基本調査」・「本邦鉱業のすう勢調査」は廃止，「平成21年商業統計調査」・「平成23年工業統計調査」・「平成23年特定サービス産業実態調査」は中止となった．

経済センサス，事業所（・企業）統計調査の全国，都道府県，市区町村の属性データは，昭和56年調査以降のものが，国勢調査同様に，総務省統計局のホームページからダウンロードすることができる．

事業所（・企業）統計調査の小地域での集計単位は，1970（昭和50）年から地域メッシュ統計が，平成3年調査から町丁・大字集計，平成8年から町丁・大字集計と調査区集計（約50事業所単位）の属性データが提供されている．このうち，地域メッシュ統計の全ての属性データと，平成8，13，18年調査時の調査区別地図（境域）データは，統計情報研究開発センター（Sinfonica）から頒布されている．なお，「政府統計の総合窓口（e-Stat）」からは，平成13年調査の小地域（町丁・大字別）が，平成13，18年調査と，平成21年経済センサスの地域メッシュ統計の一部の属性データとGISデータが無償提供されている．

これまでの事業所・企業統計調査の小地域集計で公表されている事業所数，従業者数は，町丁・大字集計では産業大分類までが，そして，調査区集計では産業中分類までが表章されている．事業所・企業統計調査を活用する上での問題は，日本標準産業分類が経年的に変化することと，中分類では事業所の業態・形態を精確に特定することは難しく，小分類・細分類でのカテゴリーが必要な場合もある．

7.1.5 属性データを地図化するための地図データ

属性データから主題図を作製する場合は，都道府県，市区町村，町丁目などの行政界の境域や，基準メッシュや分割メッシュなどの地域メッシュなどの空間単位に対応した，白地図としてのデジタル地図データが必要である．これまで紹介してきた国の各種統計の属性データは，都道府県，市区町村，町丁目の名称やJISコードを用いて，そして，地域メッシュ統計の場合は，標準地域メッシュ・コードによって，地図データと関連付けることができる．

数値地図25,000（行政界・海岸線）が，日本の行政界としては代表的なものである．しかし，市区町村や町丁目などは，統廃合により経年的に変化する．そのため，属性データと対応した年月日のデジタル地図データが必要である．例えば，「Municipality Map Makerウェブ版」（桐村ほか2012）を用いることによって，任意の時点での市区町村のShapeファイルを自動生成することができる．一方，町丁目に関しては，「政府統計の総合窓口（e-Stat）」や統計情報研究開発センター（Sinfonica）（有償）から，国勢調査などの統計の調査年次に対応したものが提供されている（平成7, 12, 17, 22年）．このほか，ゼンリンのZmapTownⅡ，国際航業㈱のPAREA，北海道地図㈱のGISMAPなどがある．また，これらの民間から販売されている町丁目の地図データは，㈶国土地理協会による11桁コードや日本加除出版㈱による11桁コードに対応するが，国勢調査の「町丁・字等」の境域データにつけられた名称や11桁コードとは異なる．利用に関しては，こうした町丁目の属性レコードと地図データの関連付け

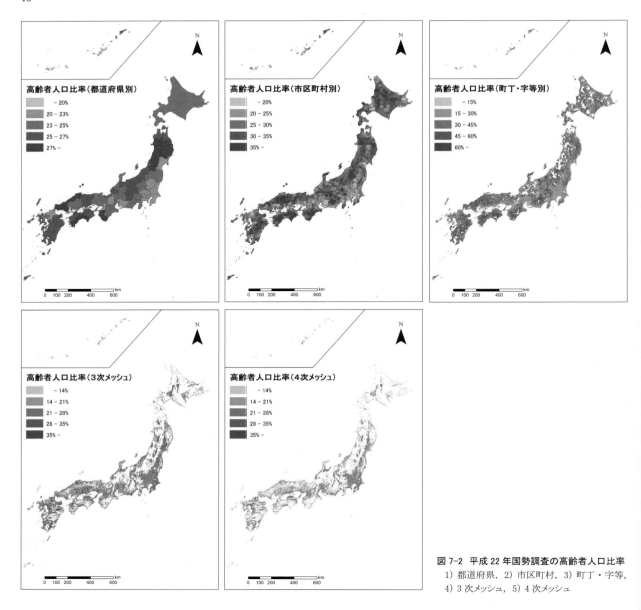

図 7-2 平成 22 年国勢調査の高齢者人口比率
1) 都道府県，2) 市区町村，3) 町丁・字等，
4) 3 次メッシュ，5) 4 次メッシュ

は，試行錯誤が必要な場合も多々発生する．

　標準地域メッシュ・コードは，一定の経線，緯線で地域を網の目状に区画する方法で，第 1 次地域区画は，経度差 1 度，緯度差 40 分で区画された範囲を指す．第 2 次地域区画は第 1 次地域区画を縦横 8 等分したもので，第 3 次地域区画は第 2 次地域区画を縦横 10 等分したものである．一般にこの第 3 次地域区画のことを「基準地域メッシュ」あるいは「3 次メッシュ」と呼ぶ．しかし，平成 14 年の改正測量法により，緯度，経度についての測地基準点成果は，準拠楕円体がベッセル楕円体の日本測地系（改正前）に基づいたものから，準拠楕円体が ITRF 座標系 GRS80 楕円体の世界測地系（測地成果 2000）へと変わった．これにより，同じ標準地域メッシュ・コードであっても，日本測地系と世界測地系で 2 つの地域メッシュが混在することになる．ArcGIS などでは，標準地域メッシュ・コードの矩形を自動生成できるツールを提供している．

　平成 22 年国勢調査の，都道府県，市区町村，町丁・字等，3 次メッシュ，4 次メッシュの高齢者人口比率を地図化すると，それぞれの空間単位の違いが理解できる（図 7-2）．

7.1.6 地方自治体の GIS データ

都道府県や市町村は独自に WebGIS を立ち上げたり，各種統計の属性データや地図データを独自に Web などで公開している場合も多い．地方自治体がもつデータとしては，住民基本台帳，都市計画図，用途地域指定，路線価などがある．これらは，Web を介して提供される場合や，窓口で頒布される場合もあるが，依然として紙で提供される場合もある．

このほか，地方自治体が独自に集計した統計表や，調査結果などを Web を通して公開している場合もある．例えば，東京都は，平成17年国勢調査東京都区市町村丁別報告として，外国人人口（国籍11区分）を独自集計して，Web で公開している．また，京都市は，平成20・21年度に実施した京町家まちづくり調査の GIS データを研究利用に対して提供している．

7.2 民間の GIS データ

民間の地図作製会社は，さまざまな地図データを有料で販売している．国がさまざまな属性データやデジタル地図データを公開していることから，民間会社は，国が作製していない詳細な地図や付加価値のつけられた GIS データを販売している．

7.2.1 地図データ

国が無償で公開している地図データは多いが，公開されている Web サイトが異なっていたり，都道府県単位や市区町村単位になっているため，全国を一括で利用するためには時間と手間がかかる．例えば，ESRI ジャパン㈱が販売している，「ArcGIS データコレクション」はその作業を行ったものである．

一方，国が作製しない住宅地図や詳細な道路地図データ，事業所の点データなどは，民間によって作製され，データの更新を頻繁に行うことによって市場を拡大している．

7.2.2 住宅地図

㈱ゼンリンから頒布されている戸別の建物情報を収録した国内最大級のデータベースとして「Zmap Town II」がある．このデータベースの特徴は，調査員が個々の建物を調査し，道路，鉄道，建物，行政界，居住者名，事業所名などが詳細に収録されている点である．ベクタ型データとしてほぼ全国で整備されており，市区町村単位での利用が可能である．ただし，2カ所以上の市区町村で分析する場合，それぞれの図幅の調査年次（データの更新年次）が異なる場合があるので注意が必要である（原則的に，利用頻度の高い大都市圏の図幅は毎年，縁辺地域は数年毎に調査され，データが更新される）．

このほか，表札名はないが，家形のポリゴン・データとしては，インクリメント P ㈱の「国内地図データ」などが販売されている．

7.2.3 道路の GIS データ

道路の GIS データに関しては，国が作製したもの以外に，民間や財団が作製しているものがある．㈶日本デジタル道路地図協会が整備・提供しているデジタル道路データベースは，2万5千分の1地形図を基に，道路網が表現されている．国道，一般都道府県道と幅員3.0m 以上の市区町村道がベクタ型データで収録しているのが特徴的である．このほか，北海道地図㈱の「GISMAP シリーズ for Road」，昭文社㈱の「MAPPLE デジタル地図データ」，国際航業㈱の「地図データベース（PAREA）」などがある．道路の GIS データには，幅員はもちろん，一方通行の情報が含まれたものもある．

7.2.4 郵便番号区の GIS データ

現在，約13万件ある郵便番号と，約20万件ある町丁目は完全に1対1に対応していない．しかし，アンケート調査などの設計や集計分析で，郵便番号区の GIS データを必要とする場合もある．町丁目と郵便番号の対応表は日本郵政㈱から公開されているが，その GIS データとしては，国際航業㈱の「地図データベース（PAREA）」の「PAREA-Zip（全国郵便番号界地図データベース）」などがある．

最近のパーソントリップ調査の地域コードには，郵便番号が用いられている．今後も，種々アンケートの位置情報として郵便番号が空間単位として活用される機会も増加するものと言える．

7.2.5 施設に関する民間データ

マーケティング GIS では，商業施設などの施設の位置情報が重要となる．NTT のタウンページの情報から点データを作製したものに，ゼンリン㈱の「テレポイント Pack!」があり，全国の電話帳に掲載されている約2,600万件のデータのうち，現在約2,400万件のデータに対して郵便番号，業種コード，住所コード，ピンポイント情報（経度・緯度）などを付与したものである．

このほか，㈱JPSでは，ダイヤモンド・フリードマン社監修のもと小売業8業種のNTTタウンページデータに，ショッピングセンターデータを加え，これを9業態に再編成，緯度・経度情報を付加し，生活協同組合，コンビニエンスストア，スーパーマーケット，バラエティストア，百貨店，ホームセンター，薬局薬店，総合スーパー（GMS），ショッピングセンター（SC）の全9業態，約16万件の小売店を網羅したリスト型ポイントデータベースの「DARMS」や，㈱商業界が発行する「日本スーパー名鑑」に地図上に表示できる位置データを付加した「日本スーパー名鑑ポイントデータ」などを販売している．後者のデータは，原則としてセルフサービスを採用する売場面積231 m²（70坪）以上，もしくは年商1億円以上の店舗で，GMS，食品スーパー，生協・農協，ドラッグストア，ディスカウントストア，ホームセンター，衣料スーパーなど，主要1,409企業の36,877店舗が収録されている．

7.2.6 ジオデモグラフィクス（Geodemographics）

人々が住む場所による人口の分析で，町丁目レベルでの地区類型であるジオデモグラフィクスは，欧米におけるGIS研究・地理情報科学の重要な研究トピックスの1つである．日本においても2006年頃に，2000（平成12）年国勢調査に基づいた日本のジオデモグラフィクスが販売された．Experian Japan（UK資本）のMosaic Japan，Gmap（UK資本）のCameo Japan，Acxiom社（USA資本）のChomonicxなどが相次いで開発され，販売されている．

7.3 デジタル化されていない地理空間情報のGIS化

過去の地形図などの紙地図や統計表の属性データをGISで活用するためには，地図や統計表のデジタル化が必要である．

紙地図の空間データ化は，デジタイジングと呼ばれる手法が用いられる．ベクタ型データを取り込む場合は，オペレータによる手入力と大型スキャナによる自動入力が想定される．オペレータによる手入力（ハンドデジタイジング法）では，デジタイザ上に入力すべき図面を貼り付けて，カーソルまたはスタイラスペンを用いて図形の輪郭をトレースする．オペレータがすべての図面を目視して作業をするため，最も信頼性の高い入力手法であるが，多大な労力を要するという欠点がある．

大型スキャナによる自動入力（オートデジタイジング法）では，完全自動で図面のスキャニングを行う．入力に要する労力は，大幅に軽減されるが，不必要な情報（例えば，文字やシンボルなど）も読み取ってしまうので手動での調整が必要となる．

ラスタ型データを入力する場合は，目視判読による入力が用いられる．データの読み取りに必要な大きなグリッドを作製し，それを地図に被せて，目視による読み取りを行う．きわめて原始的な方法であるが，より確実で簡便な方法と言える．また近年では，スキャナによる自動入力も普及しつつあり，図面をスキャニングし，その図形データを濃度や色などの情報からクラスタリング解析する方法もある（町田 2004）．

一方，これまで述べてきた国勢調査などの官庁統計は，近年，各官庁のWebや財団法人により，Excel-readyやGIS-readyのデジタルデータがWebで公開され，CDやDVD等の媒体を通じて頒布されている．しかしながら，それらの過去の遡及データの多くは，依然として冊子体やマイクロフィルムによるアナログデータである．こうしたアナログデータの場合，基本的にはユーザ自らがExcelやAccess等を利用して手入力でデジタル化する必要がある．最近は，光学文字認識（OCR）技術が向上しており，印刷された統計表をスキャンして，OCRで統計表をテキスト化し，Excelに取り込むことも可能となった．

過去の紙地図や冊子体の統計表は，近年，スキャンした画像データとして，図書館などでWebを介して提供されることが多くなった．例えば，国立国会図書館が提供する「近代デジタルライブラリー」や，「国立国会図書館デジタル化資料」などは，原物である統計資料や紙地図のスキャナによる画像化の作業の効率を大幅に軽減してくれる．

7.4 おわりに

既存GISデータは極めて有用であるが，それぞれのGISデータの利用に際しては，データのもつ精度や信頼性についても十分に理解する必要がある．

2007年の地理空間情報活用推進基本法の施行以降，国や地方自治体のGISデータ（地図データと属性データ）の多くが，Webを介して無償で提供されるようになった．この傾向は，オープンデータの展開と密接にかかわって，今後も継続・拡大するであろう．また，人や物の動きを記録した大容量のビッグデータや，市

民参加型のオープンデータなど，さまざまなGISデータがボーン・デジタルな形で作製され，提供されはじめている．こうした新たなGISデータの出現が，地理情報科学の新たな発展や，GIS産業の拡大に必要不可欠である．

　本章では，主に，日本における既存のGISデータの紹介を行ったが，米国や英国では，日本より一歩先を行く形で，国や民間，大学などからのGISデータ（ベクタ，ラスタに関わらず）のWeb配信が進められている．そうした展開は日進月歩であるが，GISポータルサイトとしては，米国の http://data.geocomm.com/catalog/ や，英国の http://www.gogeo.ac.uk/gogeo/ などが，教育・研究用に広く活用されている．ESRIのArcGIS onlineや米国ハーバード大学CGAのWorld Map (http://worldmap.harvard.edu/) さらには，日本でも普及しはじめたOpen Street Map (http://www.openstreetmap.org/) (26章を参照) などは，GISデータを共有するWebシステムとして，今後ますます重要となるであろう．

【引用文献】

桐村 喬・中谷友樹・矢野桂司 2011. 市区町村の区域に関する時空間的な地理情報データベースの開発－Municipality Map Maker for Web －．GIS －理論と応用－ 19 (2)．pp. 83-92.

町田 聡 2004.『GIS・地理情報システム：入門＆マスター』山海堂.

Singleton, A. D. 2013. *Census Atlas Japan*, <http://www.alex-singleton.com/census-atlas-japan/>

【関連文献】

野間晴雄・香川貴志・土平 博・河角龍典・小原丈明編 1990.『ジオ・パルNEO 地理学・地域調査便利帖』海青社.

財団法人日本地図センター 2004.『地理情報データハンドブック』財団法人日本地図センター.

8
空間データ

　世の中の多くの情報は，空間情報であることが知られている．空間情報とは，位置(場所)に関する情報と，その位置情報に関連付けられた情報のことである．地形図，主題図等の地図データのみならず，衛星，空中写真等の画像データ，統計資料，台帳や音声データも，位置情報を含んでいれば空間情報である．空間データとは，コンピュータ処理を前提とし，それに適した形でこの空間情報を表現したものである．空間情報は地理情報とほぼ同義であるが，地理情報は位置情報が地理空間上に限られる．

　本章では，空間データの品質，空間データの変換，ジオコーディングについて説明する．

8.1 空間データの品質

　空間データを利用する際には，その品質が利用目的に適していることが望ましい．国際標準化機構(ISO)は，地理情報技術の標準化を図るために，1994年4月に211番目の専門委員会である地理情報専門委員会(ISO/TC211: Technical Committee)を設置した．日本は，ISO/TC211の設立当初から投票権のある正式メンバーとして参加している．ISO/TC211では，品質原理(ISO19113)，品質評価手順(ISO19114)，データ品質評価尺度(ISO19138)を議論している．ISO19113では，地理情報の品質を記述，報告するための諸原則を規定し，ISO19114では，地理情報の品質を評価，報告するための諸手順を規定している(国土交通省国土地理院 2010)．ISO19138では，データ品質評価尺度の集合を定義している．ISO/TC211における品質管理の考え方は，「地理情報ユーザは必要とする地理情報の仕様を示し，その結果，供給される地理情報がいかに，その使用に合致しているのかを評価して，合致する度合いが高いほど高品質とする」というものである(地理情報システム学会 2004)．

　地理情報の品質を記述する目的は，データ集合の中から，応用分野での利用や要求に最も適したデータを選択しやすくすることである．データ集合の品質を完全に記述すれば，地理情報の共有や交換，利用が促進される．地理情報の品質情報は，データ提供者がデータの品質基準を認証できるようにするだけでなく，データ使用者が特定の応用分野の要求を満たすデータか否かの判断をする際の助けになる．

　地理情報の品質の要素は，次のように分類される．定量的品質(定量的に測定可能な情報)としては，1)完全性：地物，地物属性，地物間関係の存在および欠落に関するもの．2)論理一貫性：データ構造，属性および関係に関する論理的規則の厳守の度合い(データ構造には，概念的，論理的または物理的なものがある)に関するもの．3)位置正確度：地物の位置の正確度に関するもの．4)時間正確度：地物の時間属性および時間関係の正確度に関するもの．5)主題正確度：属性(定量的および非定量的)の正確さ，および地物の分類と地物間関係の正確性に関するもの．非定量的品質(定量的には測定できない情報)としては，1)目的，2)用法，3)系譜，である．

　地理情報の品質を評価するには，その手順が首尾一貫した方法である必要がある．品質評価方法は，直接評価法と間接評価法との2つに大別される．直接評価法では，内部，および外部の参照情報とデータとの比較によって品質を判断する．間接評価法では，データの作成手順や原資料に関するデータなどから品質を判断または推定する．定量的品質評価結果は，関連するモデルおよびデータ辞書を含むメタデータ(ISO19115)に適合したメタデータとして報告される．次の2つの場合には，品質評価報告書が作成される．1)データ品質評価結果をメタデータとして合否だけを報告する場合．2)総合データ品質評価を作成した場合．2)の場合には，総合評価の方法および総合結果の解釈の方法の説明をするための報告書を作成する必要が

ある．品質評価報告書の作成は，これら2つの場合に限られるものではなく，どのような場合にも作成して構わない．例えば，メタデータよりも詳細な報告書を作成してもよい．ただし，品質評価報告書は，メタデータの代わりとはならない．

8.2 空間データの変換

空間データを利用する際には，しばしば利用目的に適したデータに変換する必要がある．例えば，異なる座標系で作成された空間データは，そのままでは重ね合わせて表示したり解析したりすることができず，いずれかの座標系に統一するための変換処理を行う．ここでは，空間データの変換に関して，解像度・空間構成単位の変換，空間座標の変換，幾何補正，オルソ（Ortho）補正を説明する．

8.2.1 解像度・空間構成単位の変換

紙地図のスキャニングにより得られた地図画像，空中写真，衛星画像等のラスタデータは，解像度が高い（画素数が大きい）とファイルのサイズが大きく，扱いが難しいことがある．逆に，解像度が低いと輪郭が不明瞭になってしまうことがある．このような時は，集成化（aggregation），単純化（simplification）などを実行し，分析に適した解像度・空間構成単位に変換する．例えば，画素数の大きい画像のファイルの解像度を下げるには，縦横 $n \times n$ 画素を平均して1画素に変換することにより，画素数を $1/n^2$ にすることができる（図8-1）．画像の解像度を低下させてより小さな画素数の画像に変換することは比較的容易である．しかし，逆に元の画像よりも画素数の大きい高解像度の画像に変換することは困難である．例えば，欠落している情報を補う解像度補間技術などの解像度を高める技術（超解像）を用いる．

集成化は，ある領域内での均一性を仮定してデータをまとめる変換であり，プライバシーの問題やデータ容量の制限がある場合になされる．例えば，図8-2の

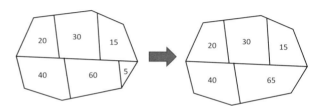

図8-2 集成化の例

右下の領域は小さく，かつ個数が少ないため，そのままでは個々のデータの内容が明らかになる恐れがある．そのため，この場合では，プライバシーを守るために隣接領域と集成している．単純化は，多くの頂点で表された複雑な形状の多角形や線があったとき，より少数の頂点で表されたより単純な図形にする変換である．例えば，図8-3はDouglas-Peuckerのアルゴリズムを用いた単純化の例を示している．まず，複数の頂点からなる折れ線のラインの両端を直線（傾向線）で結び，各頂点からその傾向線までの距離を垂直方向に計測する．この距離があらかじめ定め

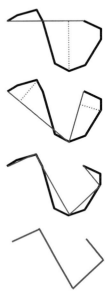

図8-3 単純化の例

た閾値より近い頂点は除外する．閾値より遠い頂点が存在する場合は，傾向線から最も遠い頂点によってラインを分割し，2本の新たな傾向線を生成する．残りの頂点からこれらの傾向線までの距離を計測し，閾値の範囲内にあるすべての頂点が除外されるまで，処理を継続する．そして，最終的には，重要なポイントのみを保持した単純なラインとなる．

8.2.2 空間座標の変換

異なる座標系を持つ空間データを利用する際には，しばしば，そのままでは重ね合わせたり，解析したりすることができず，事前に片方あるいは双方のデータの座標系を変換し，共通の座標系に加工する必要がある．地球は球形であるため，二次元の地図で表現する際には，座標系を定める必要がある．座標系には，大きくわけて，地理座標系と投影座標系がある．地理座標系は，3次元の地球上の位置を経度・緯度座標で表わす座標系である．緯度と経度は，地球の中心から地球の表面上の場所に向かって計測された角度であり，

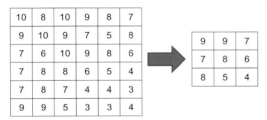

図8-1 画像の解像度の変換

多くの場合，度（またはグラジアン）で計測される．楕円体システムでは，水平線（東西方向の線）は同じ緯度上にある線（緯線）であり，垂直線（南北方向の線）は同じ経度上にある線（経度）である．これらの線は，地球を取り囲み，経緯線と呼ばれる格子状の網を形成する．経度が0度の経線を本初子午線と呼び，ほとんどの場合，イギリスのグリニッジを通る経度である．両極間の中間にある緯線を赤道とよび，この線が緯度0と定義される．経緯線の原点（0，0）は，本初子午線と赤道が交差する位置によって定義される．一般的に，経度と緯度の値は度分秒（DMS）または10進度のいずれかで計測される．経度値は本初子午線を基準として計測され，西方向の－180°から東方向の＋180°までを範囲とする．緯度値は赤道を基準として計測され，南極点の－90°から北極点の＋90°までを範囲とする．

地球上での位置を経度・緯度で表わすための基準を測地基準系（測地系）と呼び，地球の形に最も近い回転楕円体で定義されている．そして，経度・緯度は，この回転楕円体（地球楕円体）の上で表示されている．位置が測地系緯度および（三次元の場合は）楕円体高によって指定される座標系を，測地座標系と呼ぶ．日本の測地座標系には，日本測地系と世界測地系がある．日本測地系は，明治時代に全国の正確な1/50,000地形図を作成するために整備され，改正測量法の施行日まで使用されていた日本の測地基準系のことである．日本測地系は，ベッセル楕円体を採用し，天文観測によって決定された経緯度原点の値と原方位角を基準として構築された．一方，世界測地系は，VLBIや人工衛星を用いた観測によって明らかとなった地球の正確な形状と大きさに基づき，世界的な整合性を持たせて構築された経度・緯度の測定の基準で，世界で共通に利用される測地基準系である．日本では，2002年の改正測量法の施行によって，基本測量や公共測量は世界測地系に基づき測量を実施することとなった．そのため，それ以降の空間データは世界測地系に基づくものが多くなっている．経線・緯線は，地球を測るものさしと考えることができる．日本測地系と世界測地系は，ものさしが異なるため，同じ経緯度であっても位置がずれる．例えば，日本測地系の経緯度の地点を世界測地系の経緯度で表わすと，東京付近では経度が約－12秒，緯度が約＋12秒ずれる．これを距離に換算すると，北西方向へ約450mのずれとなる．

次に，投影座標系を説明する．空間データを解析する際には，投影座標系に変換することが多い．これは，経緯度には基準となる長さがないため，距離や面積を正確に計測できないためである．測地座標系から平面座標系への座標変換を地図投影と呼び，その投影方法を地図投影法という．そして，地図投影の結果として生じる二次元直交座標系を投影座標系という．回転楕円体である地球の表面を平面上に投影する場合，距離（長さ），角度および面積を同時にひずみなく投影することはできない．そのため，距離を正しく表す投影法，角度を正しく表す投影法，面積を正しく表す投影法などの各種投影法がある．地図投影法には，方位図法，円筒図法，円錐図法などいくつかの図法がある．方位図法は，地球表面に接する平面を想定してそこへ投影する図法である．円筒図法は，地球が内接する円筒を想定してその円筒の曲面に投影する図法である．円錐図法は，地球に円錐をかぶせてその円錐に投影し，切開いて平面にした図法である．

8.2.3 幾何補正

幾何補正とは，空間位置に誤差のある画像や地図などに，正確な地理座標を与えることである．空中写真や衛星画像などの空間データは幾何学的な歪みを含んでいることがある．そのまま地形図などと重ねると位置のずれる部分があるため，幾何補正を行う．多くの場合，双方で明瞭に位置を識別できる基準点（GCP: Ground Control Point）を3〜10点以上選び，変換式やラバーシーティング（ゴムシート処理，多点歪み補正）法などを用いて座標値の補正を行う．幾何補正を行った画像や地図は，地理座標を持つ様々なデータと同時に解析することが可能となる．

8.2.4 オルソ補正

航空カメラで撮影された空中写真は中心投影であるため，レンズの中心から対象物までの距離の違いにより，歪んだ形状で撮影される．対象物が高いほど，また写真の中心から外周に向かうほど，この歪みは大きくなる．例えば，高層ビルなどの高い建物や山間部で大きな歪みが生じる．こうした空中写真を，正射投影により歪みを補正し，真上からみたような傾きのない画像にすることをオルソ補正という．オルソ補正により，形状に歪みがなく，位置も正しく配置されたオルソ画像になると，画像上で位置，面積，距離などを正

8.3 ジオコーディング（Geocoding）

　実社会の空間データは，位置情報を座標系ではなく，住所で表わしていることが多い．住所などの間接的に位置を表す情報を，経緯度のように直接的に位置を表す情報に変換することをジオコーディングという．住所を経緯度に変換する処理は，アドレスマッチング（address matching）ともいう．「東京都千代田区」という住所から千代田区を表すポリゴンへ変換したり，「新宿区西新宿 2-8-1」という住所から北緯 35°41'41″41.13，東経 139°41'41″25.13 に変換したりといった処理である．ジオコーディングの基本的な処理は，住所と経緯度の対応表である位置参照情報（location reference information）から，与えられた住所に最もよく一致するものを検索し，その経緯度を付与する検索処理である（図 8-4）．しかし，実社会で利用されている住所の表記には，都道府県や市区町村が省略されていたり，漢数字とアラビア数字が混在していたり，「市ヶ谷」が「市谷」となっていたりといった表記の揺れがある．高度なジオコーディングの処理では，表記の揺れをできる限り正確に処理し，どのような表記でも安定して対応する経緯度を付与することが求められる．ジオコーディングの逆処理を逆ジオコーディングと呼び，一般的には経緯度から住所を検索する処理を意味する．

　ジオコーディングを行うシステムをジオコーダ（geocoder）と呼ぶ．無償で利用可能なジオコーダには，Google geocoding API，CSV アドレスマッチングサービス，国土地理院マップシートなどがある．また，無償で利用可能な位置参照情報には，国土交通省の街区レベル位置参照情報ダウンロードサービス，国土地理院の電子国土基本図（地名情報）「住居表示住所」の閲覧・ダウンロードなどがある．ジオコーディングの性能は，ジオコーダと位置参照情報の性能で決まる．ジオコーディングを利用する際には，位置参照情報に含まれない住所は処理できないことや，ジオコーダが対応できない表記の揺れは処理できないことに注意する必要がある．既存のジオコーダを利用すると，一部の住所がジオコーディングできなかったり，全く異なる経緯度が付与されたり，予想通りの結果が得られない場合がある．こうした問題は，その住所が位置参照情報に含まれていないか，ジオコーダが処理できないような表記の揺れ（誤字や不要な記号が含まれるなど）が存在している場合に生じる．この問題を避けるためには，可能な限り位置参照情報の記載に即した住所表記を用いる．

　また，多くのジオコーダは住所表記部分の切り出し処理を行わないため，住所表記の前後に位置参照情報には記載されていない文字（括弧記号など）が含まれていると正しくジオコーディングされない．そのため，ジオコーディングを行う際には，事前に不要な記号を削除するなど，住所表記のクリーニングを行っておく必要がある．

図 8-4　ジオコーディング

【引用文献】

国土交通省国土地理院 2010.『地理情報に関する国際標準の概要「Standards Guide ISO/TC 211 Geographic information/Geomatics」仮訳』．
地理情報システム学会編 2004.『地理情報科学事典』朝倉書店．

【関連文献】

相良 毅・有川正俊・坂内正夫 2001. 分散位置参照サービス．情報処理学会論文誌 42（12）：2928-2940．
高木幹雄・下田陽久監修 2004.『新編 画像解析ハンドブック』東京大学出版会．
日本リモートセンシング学会編 2011.『基礎からわかるリモートセンシング』理工図書．
政春尋志 2011.『地図投影法−地理空間情報の技法』朝倉書店．

9 空間データベース

9.1 データベースシステム

　データベースシステムとは，データを統合して共有し，効率的に管理し，高度に利用することを目的としたシステムであり，今日の情報システムの重要な基盤の1つである．日常的には，例えば表計算ソフトにまとめた情報を指してデータベースと呼ぶことも多いが，データベースシステムについて論じる場合には，より限定的な定義を用いる．すなわち，データベースとは，さまざまなアプリケーションから統一的に利用できるように組織化されたデータである．データベースがデータそのものを指すのに対し，データベースを管理するための専用のソフトウェアを，データベース管理システム（DBMS : DataBase Management System），そして，これらをまとめ，アプリケーション群に対し，データを利用する機能を提供するシステムを，データベースシステム（DBS : DataBase System）と呼ぶ．ただし，前述のとおり，日常的に使われるデータベースという語が指す対象は曖昧であり，特定のアプリケーションに依存したファイル（狭義のデータベースではない）を指す場合もあれば，狭義のデータベースや，DBMS，DBSを指す場合もある．

　ワープロソフトや表計算ソフトといったアプリケーションで作成されたデータを始めとして，テキストや写真などのさまざまなデータは，ファイルとしてOS（オペレーティングシステム）が提供するファイルシステムに保存される．一方で，データの保存にあたり，ファイルシステムだけでは不十分であり，データベースシステムが必要とされる理由を述べる．

　ファイルシステムには，ファイルに書き込まれたデータを統一的に管理し操作する機能がない．例えば，ファイル内にどのような構造でデータを書き込むのかはアプリケーション次第である．つまり，データの管理や操作は，ファイルにデータを書き込むアプリケーション自体が行う．したがって，データの効率的な共有・管理・利用を目的とする場合，ファイルシステムのみでデータを管理すると，次のような問題が生じる．

- データの形式がアプリケーションに依存し，他のアプリケーションから利用しにくい
- データに重複や不整合が生じないよう，アプリケーション側で管理する必要がある
- 複数のユーザが1つのファイルを同時に読み書きすると，データに矛盾が生じる

　これに対し，データベースシステムを利用すると，以下を実現できる．

- データをアプリケーションと独立に管理し，複数の異なるアプリケーションから利用する
- データを統合して一元管理し，無用な重複や不整合を防ぐ
- 大規模なデータに対し，検索をはじめとした処理を高速に行う
- 複数のアプリケーションからの同時アクセスの制御や，障害時のデータの復旧を行う

　主要なGISアプリケーションの中にも，データの保存先をファイルとデータベースから選択できるものがあるが，ファイルの場合は，データベースの場合と比較して，データサイズや，利用できる機能に制限がある．

　データベースに関する議論は，(a) 実世界の情報を目的に応じて適切にモデル化する方法と，(b) データを効率良く管理し，高度に利用するためのシステムの実現方法の2つに大別される．(a)のデータのモデル化は，次に示すように，概念モデル→論理モデル→物理モデルという段階に分けて考えられる．

(1) 概念モデル

　目的に応じて実世界の対象を抽象化した概念と，概念と概念間の関係を記述したモデル．モデル化の際に，

特定のデータ管理技術（後述するデータモデル）を前提としない．実体－関連図や，UML クラス図として表現する．データモデルについては，9.2 節で説明する．

(2) 論理モデル

概念モデルを元に，特定のデータ管理技術（データモデル）に対応するように記述したモデル．個々の DBMS における物理的なレベルでのデータ格納・管理方法は前提としない．リレーション（関係データモデルの場合）やクラス（オブジェクト指向データモデルの場合）として表現する．

(3) 物理モデル

論理モデルを元に，個々の DBMS における，二次記憶装置（ハードディスクなど）への物理的なレベルでのデータ格納・管理方法を記述したモデル．

空間データベースとは，実世界の空間をモデル化し，データベース化したものである．概念モデルのレベルにおける定義として，空間データベースは，空間オブジェクトのデータベースである．空間オブジェクト（地物インスタンスとも呼ぶ）とは，地物型のインスタンス，すなわち地物型の概念でくくられる個々の存在の表現である．地物型とは，実世界の空間における存在の概念をモデル化したものである．例えば，「山」という地物型の地物インスタンスが，「富士山」や「高尾山」である．

論理モデルのレベルにおける空間データベースシステムの定義としては，データモデルとデータベース言語において空間データ型を提供し，少なくとも空間索引と空間結合が実装されたデータベースシステム (Guting 1994) というものが実情に近い．空間データ型とは，ポイントやポリライン（折れ線），ポリゴン（多角形）などを座標値のリストとして表す型であり，地物型の一部と言える．データモデル，データベース言語，空間索引については，次節以降に説明する．空間結合はオーバーレイとも呼ばれ，空間関係に基づきデータをまとめる処理である．詳細は 11 章を参照されたい．

9.2 データベース管理システム

データベース管理システム（DBMS）とは，データベースの管理やアプリケーションからの利用を，効率的に行うためのソフトウェアである．いわゆるデータベースのソフトウェアと一般に呼ばれているもの（Oracle や MySQL など）は，DBMS である．DBMS の主な機能と特徴は次のとおりである．

(1) データの構造の記述と操作

データモデルに基づき，論理的なレベルでのデータの定義（スキーマの定義，すなわち論理モデルの記述）と操作を行うことができる．

(2) 整合性の維持

「学籍番号は一意でなくてはならない」，「穴あきポリゴンの穴はポリゴン境界の内側に含まれなくてはならない」といった整合性制約を記述でき，これに従い整合性が維持される．

(3) アクセス制御

データごと，ユーザごとにアクセス権を細かく指定できる．

(4) データの効率的な格納と質問処理

高速なデータアクセスのために，二次記憶装置（ハードディスクなど）への物理的なレベルでのデータ格納・管理方法を効率化する．また，データに対する質問要求（問い合わせやクエリとも呼ぶ）を受け付け，問い合わせ最適化と呼ぶ機能により，データの格納方式や利用可能な索引に応じて，最適な検索手続きを計画し，実行する．

(5) 障害回復と同時実行制御

DBMS に対するアプリケーションレベルでの処理単位をトランザクションと呼ぶ．例えば，銀行口座間の送金のトランザクションは，送金元の口座残高から送金額を差し引き，送信先の口座残高に送金額を加える，という一連の処理である．トランザクションの途中でシステム障害が発生した場合，送金元の口座残高は差し引かれたが，送金先の口座残高は増えていない，というように，データベースの一貫性を損なう可能性がある．DBMS の障害回復は，トランザクションの途中で障害が生じた場合，ログを利用してトランザクション全体をキャンセルする（ロールバックする）ことで，一貫性を回復する機能である．また，同時実行制御は，処理手順の調整やデータのロックなどの機構により，複数のトランザクションを整合性を保ちつつ並行して処理する機能である．

DBMS のデータモデルとは，DBMS の論理モデル，すなわち，DBMS で管理するデータのスキーマを記述するための論理的なモデルである．スキーマとは，

データの性質,形式,他のデータとの関連などの,データの定義の集合であり,モデルを形式的に記述したものである.データモデルは,9.1節で示したモデル化の結果として作成される論理モデル自体を示す語ではない,という点に注意が必要である.データモデルは,論理モデルを記述するためのルールの集合と言える.代表的なデータモデルには,提案された順に,ネットワークデータモデル,階層データモデル,関係(リレーショナル)データモデル,オブジェクト指向データモデルがある.通常,1つのDBMSは,1つのデータモデルを採用する.

関係データモデルは,完成度の高い実用的なデータモデルとして,もっとも広く利用されてきた.関係データモデルでは,対象を,リレーション(関係)と呼ばれる2次元の表の集合としてモデル化する.より具体的には,リレーション,リレーションの属性(表の項目),属性のデータ型,関連などをスキーマとして定義する.図9-1の例では,"科目","学生","履修"の3つのリレーションにより,科目の詳細,学生の名簿,学生の履修状況を表現している.例えば"科目"リレーションは,"科目番号","科目名","単位数"という属性を持ち,それぞれ,整数型,文字列型,整数型の値を取るといった定義で構成されている.関係データモデルはシンプルでわかりやすい一方で,数学的基盤(集合論,関係代数,関係論理など)に基づき,データベースの正規化や,問い合わせ最適化,トランザクション管理などを実現するフォーマルなモデルであるという特徴を持っている.

空間データベース管理システム(空間DBMS)とは,空間データを対象としたDBMSである.現在の主要な空間DBMSは,空間データを処理対象とするように,汎用のDBMSを拡張したものであるため,汎用のDBMSが持つさまざまな機能を利用できる.主要な空間DBMSの例として,PostGIS(PostgreSQL),Oracle Spatial(Oracle),MySQL with Spatial Extensions(MySQL),DB2 Spatial Extender(DB2)などがある.かっこ内はベースとなる汎用DBMSである.すべて関係データモデルを採用しており,多くの場合,空間オブジェクトを表現するデータ型と,空間オブジェクトを処理対象とする関数,空間索引や空間検索の機能などが追加されている.

9.3 空間検索と空間索引

データベースシステムにおける検索とは,指定された条件を満たすデータを,対象のデータベースから見つけ出す処理である.検索条件は,データに対する質問要求(問い合わせやクエリとも呼ぶ)として指定する.質問要求は,DBMSに定義されている文字列型,数値型,日付型といったデータ型に基づき,文字列の一致や,数値や日付けの大小などとして記述する(具体例であるSQL文を9.4節に示す).例えば,書誌情報のデータベースに対する検索としては,タイトルに"GIS"という単語を含み,ここ1年以内に発行された書籍をすべて探す,といったものが考えられる.

空間検索とは,データベースにおける検索の一種であり,空間データの位置や形状を利用した,空間的な近さや,重なり,包含関係などを条件として行われる検索である.空間検索は空間データベースシステムが提供する主要な機能の1つである.もっとも基本的な空間検索の種類に,範囲検索(図9-2左)と近傍検索(図9-2右)がある.範囲検索は,指定した領域に含まれる,あるいは交差する空間オブジェクトを探し出す検索である.図9-2左の例では,多角形が検索対象の空間オブジェクト,円qが指定された質問領域であり,灰色に塗りつぶした空間オブジェクトが検索結果として返される.近傍検索は,指定した点に最も近い空間オブジェクトを探し出す検索である.図9-2右の例では,点qが指定された質問点であり,灰色に塗りつぶした空間オブジェクトが検索結果である.質問点qに近い順に,k個(指定された任意の数)の空間オブ

	科目	
科目番号	科目名	単位数
1	GIS	2
2	空間DB	2
3	計算幾何学	2

学生	
学籍番号	氏名
1	飯田橋 花子
2	神楽坂 太郎
3	早稲田 次郎

履修		
科目番号	学籍番号	成績
1	1	90
1	2	80
2	1	70
2	3	80

図9-1 リレーション

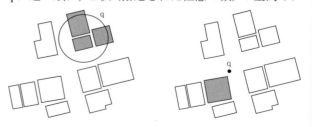

図9-2 範囲検索(左)と近傍検索(右)

ジェクトを返す検索もよく用いられる.

データベースに対する索引（インデックス）とは，検索を高速化するために，検索対象のデータとは別に整備するデータである．データベースの索引は，例えば，本における索引のページに類似している．索引のない本において，ある単語が出現する箇所をすべて探すためには，すべてのページを読む必要があるが，これはデータベースの場合も同様である．索引が生成されていないデータを検索するには，すべてのデータを走査する必要がある．また，本の索引のページは，本文とは別に設けられる点も類似している．データベースの場合，索引のサイズが検索対象のデータより大きくなる場合もしばしばある．

空間データベースにおける空間索引は，データベースにおける索引の一種であり，空間検索の高速化のために作成するデータである．空間索引は，例えば，地図帳における地名索引に類するものである．例えば「神楽坂：24 ページ A-3」という索引により，地図帳 24 ページの A-3 という番号の枠内に神楽坂を見つけられる．

空間索引に用いられる主なデータ構造として，グリッド，Z 曲線，四分木，R 木，kd 木などがある．ここでは，現在多くの空間 DBMS で利用可能な R 木（R-Tree / Rectangle Tree）について概説する．R 木（Guttman 1984）は，空間データを含む，多次元データの検索の高速化を目的とした空間索引である．R 木の特徴として，どの対象も同じ時間内に探索可能である（この性質を平衡木であるという）．つまり，データが集中している領域ではデータが少ない領域より検索が遅い，といった事態は生じない．また，R 木は範囲検索に適するが，近傍検索には適さないという特徴を持つ．

R 木における検索手続きでは，最小外接矩形（MBR：Minimum Bounding Rectangle）を利用しておおまかに候補を絞り込んでいき，検索結果に含まれるかどうかを最終的に判定する段階で，空間オブジェクトの実際の形状を用いることで，処理の効率化を図っている．ここで，最小外接矩形とは，図 9-3 に示すとおり，対象とする 1 つ（図 9-3 左），または複数（図 9-3 右）の空間オブジェクトを囲む最小の矩形である．R 木の構築と検索に限らず，さまざまな空間データ処理において利用される．

図 9-4 に R 木の例を示す．R 木は，図 9-4 上側に示

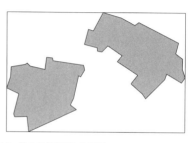

図 9-3　最小外接矩形（MBR）

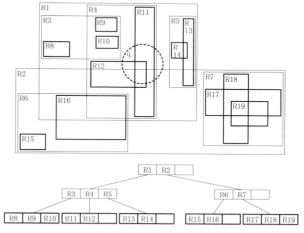

図 9-4　R 木

すように，階層的な入れ子状に重なりあう MBR で空間を分割し，その分割過程を，同図下側に示すような木構造で表現するデータ構造である．同図上側の矩形は MBR であり，記号は MBR の ID である．太枠の MBR は，検索対象の空間オブジェクトを直接囲む MBR であり，その他の MBR は，複数の MBR を囲む MBR である．図では，空間オブジェクトの形状は省略している．例えば，空間オブジェクトを直接囲む R15 および R16 を囲むのが R6 であり，R6 と R7 を囲むのが R2 というように，MBR は階層的な入れ子状になっている．同図下側の木構造は，同図上側の MBR の包含関係を表す．木構造の各ノードは，複数（ここでは最大 3 つ）の MBR の ID と，各 MBR が囲む複数の MBR にそれぞれ対応する，複数の子ノードへの参照を持つ．ただし，最下段のノード（葉ノードと呼ばれる）には，空間オブジェクトを直接囲む MBR のみを対応付ける．葉ノードは，複数の MBR の ID と，各 MBR が直接囲む空間オブジェクトへの参照，すなわち，二次記憶装置（ハードディスクなど）上のデータの格納場所の情報を持つ．例えばノード R2 の子ノー

ドはノード R6, R7 であり，これは同図上側において，R2 が，R6 と R7 を囲んでいることを示す．

続いて，この R 木を利用した範囲検索の手順を示す．指定された領域に含まれる，あるいは交差する空間オブジェクトをすべて求めることが目的である．図 9-4 上に破線で示した円 q を質問領域とする範囲検索の手順は次のとおりである．
① 木構造に従い，根ノード（最上段）から葉ノード（最下段）まで，領域 q と MBR が重なる子ノードを順に辿る．複数あれば分岐してすべて辿る．
② 辿りついた葉ノードが参照する空間オブジェクトについて，（MBR ではなく）実際の形状と質問領域 q が重なるかを計算し，重なれば検索の解に含める．

図 9-4 を例に検索手順を具体的に示す．最上段のノードに含まれる R1, R2 はいずれも q と重なるため，両者の子ノードを辿る．q と重なるノードとして，R1 → R4 → R11 および R12 と辿り，R11 および R12 が候補となる．R2 の子ノード R6 および R7 はいずれも q と重ならないため，R2 以下は辿らない．最終的に候補として見つかった R11 および R12 それぞれが囲む空間オブジェクトの形状と q との交差判定の結果から，検索結果が定まる．

一般に，データベースの索引に関するアルゴリズムとしては，データの挿入方法（索引の作成・更新）とデータの探索方法（索引を利用した検索）の両者が必要である．ここでは R 木について，データの探索方法のみを説明した．挿入方法については，文献（Guttman 1984）を参照されたい．

9.4 空間データベース言語

データベース言語とは，DBMS を操作するための言語である．データベース言語には，データ定義言語（DDL：Data Definition Language）とデータ操作言語（DML：Data Manipulation Language），データ制御言語（DCL：Data Control Language）がある．DDL はデータベースの構造および整合性制約を宣言するための言語である．DML は，DDL で定義したデータベースのデータを操作するための言語である．DML で行う基本的な操作には，データの検索，挿入，更新，削除がある．DCL はデータベースへのアクセス制御，同時実行制御，障害時回復などの設定を記述するための言語である．データベース言語の中には，DDL, DML, DCL の一部を備えたものもあれば，すべてを備えたものもある．

代表的なデータベース言語として，SQL があげられる．SQL は関係データベース向けのデータベース言語であり，DDL, DML, DCL の各言語を備えている．また，SQL は ISO 標準である．データベース言語が標準化されている利点として，ユーザは 1 つのデータベース言語を修得することで，さまざまな DBMS を利用できるという点や，DBMS の違いをできるだけ意識せずに，アプリケーションや汎用的なツールを開発できる，といった点があげられる．

SQL による操作の例を示す．以下の SQL 文は，図 9-1 のリレーション"履修"を対象に，学籍番号 1 の学生の全科目の成績を表示する質問と結果である．SQL 文では，SEELCT の後に，検索結果の各行について表示する列の名前を，FROM の後に，検索対象のリレーションの名前を，WHERE の後に，検索条件をそれぞれ指定する．

SQL 文
SELECT 科目番号, 成績 FROM 履修 WHERE 学籍番号 =1;

結果

科目番号	成績
1	90
2	70

空間データベース言語とは，空間データに関する処理を記述できるように，データベース言語を拡張したものである．多くの主要な空間 DBMS の場合，空間データ型と，空間データ型を対象とする関数を定義し，SQL で利用できるようにしている．空間データ型としては，ポイントやポリライン，ポリゴンなどを定義し，関数としては，空間データ型のオブジェクト間の「交差する」，「含まれる」といった関係を判定する関数や，指定された書式で空間データ型のオブジェクトを表現した文字列と，空間データ型のオブジェクトとを相互変換する関数などを定義している．

空間的な SQL の例を，代表的な空間 DBMS の 1 つである，PostGIS での記述にできるだけ則して示す．以下は，都内の地下鉄駅の位置や駅名を含むリレーション"地下鉄駅"を対象に，経緯度（139.642403 35.448575）から，500 m 以内に含まれるすべての駅を検索する例である．検索条件に利用されている関数

ST_DWithIn は，2 つの空間データ型（ここではポイント型）のオブジェクトと距離を引数にとり，2 つのオブジェクト間の距離が指定した距離以下の場合，真となる関数である．ST_GeogFromText 関数は，"POINT（139.642403 35.448575）" のような文字列から対応する空間データ型（ここではポイント型）のオブジェクトを作成する関数である．

地下鉄駅

駅 ID	駅位置	駅名
G01	(139.698212, 35.664035)	渋谷
G02	(139.712314, 35.665247)	表参道
G03	(139.717857, 35.670527)	外苑前
⋮	⋮	⋮

SQL 文

SELECT 駅 ID, 駅名 from 駅 WHERE ST_DWithin（駅位置, ST_GeogFromText('POINT（139.642403 35.448575）'), 500.0）;

結果

駅 ID	駅名
T05	神楽坂
T06	飯田橋
E05	牛込神楽坂

9.5 空間データベースの現状と今後

現在主流の空間 DBMS は，データの管理・検索に加え，空間参照系変換，空間演算，空間解析など，GIS の多くの機能を取り込んでいる．例えば，PostGIS は，空間検索，空間索引（GiST），データフォーマット変換（GDAL/OGR），測地系変換（GDAL/OGR），投影変換（GDAL/OGR, Proj.4），空間演算（GEOS）などの機能を持っている．かっこ内はソフトウェアライブラリの名称であり，PostGIS は，外部ライブラリを利用することでこれらの機能を実現している．また，これらの外部ライブラリを利用して，データの演算を行う新しい関数を定義することも可能である．

このように多くの機能を取り込んだ空間 DBMS は，デスクトップ型の GIS だけではなく，クライアント・サーバ型の GIS にも適しており，実際に活用されている．一般に，サーバマシンは，クライアントマシンと比較して処理能力が高い．よって，サーバ上でデータベースシステムを稼働させて，空間 DBMS の機能により，データ処理の多くの部分を担い，クライアントでは，描画やユーザとのインタラクションのみを行うことで，クライアントの処理負荷を軽減できる．また，複数のクライアントによるデータの共有も実現できる．

他方で，近年はいわゆるビッグデータの時代と言われ，かつてないほど大量のデータが蓄積され，その活用が期待されている．これに応じて，キーバリューストア，列指向データベース，ドキュメント指向データベースといった，新しいデータモデルに基づく新しい DBMS が活用されるようになった．これらは，これまで主流だった関係データベースと対比して，NoSQL（Not Only SQL）とも呼ばれている．NoSQL には，大規模な分散処理を得意とするものが多い．分散処理とは，処理速度を向上させるために，複数のコンピュータで分散して処理を行うことであり，大規模データ処理においてもっとも重要な技術である．

空間データはビッグデータの中でも中心的なデータの 1 つであり，こうした潮流の例外ではない．いくつかの NoSQL は，単純な空間データ型と空間索引をサポートしている．NoSQL に代表される新しいデータベースを利用し，空間データの大規模な分散処理を行うシステムは，既にさまざまな分野で活用されている．ただし，各 NoSQL や，関係データベースは，それぞれ異なる利点・欠点を持っているため，NoSQL が関係データベースに取って代わるわけではない．目的に応じて適切なものを選択することが重要である．

【引用文献】

Guting, R. H. 1994. An Introduction to Spatial Databases. *VLDB Journal* 3-4: 357-399.

Guttman, A. 1984. R-Trees: A Dynamic Index Structure for Spatial Searching, *Proc. ACM SIGMOD International Conference on Management of Data*, pp.47-57

【関連文献】

北川博之 1996.『データベースシステム（情報系教科書シリーズ）』昭晃堂．

増永良文 2006.『データベース入門（Computer Science Library）』サイエンス社．

Tyler Mitchell 著，大塚恒平・丹羽 誠・森 亮・たくぼあきお・真野栄一 翻訳 2006.『入門 Web マッピング―自分で作るオリジナルのデジタル地図』オライリージャパン．

有川正俊，太田守重 2007.『GIS のためのモデリング入門 地理空間データの設計と応用』ソフトバンククリエイティブ．

10
空間データの統合・修正

　空間データには複数の種類があり，それぞれのデータ形式や作成時期が異なることがある．これら複数のデータを組み合わせて使うときには，データの変換が必要となる．紙媒体の地図をもとに，デジタイジングで図形を入力した際のミス，データ自体の欠落，未知のデータが存在するなどの場合には，データの統合や修正が必要である．空間データを組み合わせた際に，データに齟齬が生じた場合にも修正は必要である．

　また，分析で必要とするデータが完備されているとは限らない．既知のデータを元に統計的手法や空間補間などの概念を用いてデータを補足・修正することも必要とされる．

　空間データの統合や修正にはいくつかの方法がある．以下ではその概念や手法について説明する．

10.1 接合（モザイク）

　地図や空中写真，衛星画像などのラスタデータをデジタル化して広い地域を分析する場合，その対象の地域が一枚の図でカバーされないことが多い．また，対象とする範囲が狭い場合でも，図郭の都合上，複数の図が必要となるケースも発生する．そのような場合，隣接する図を切り貼り・集成して一枚の画像データにまとめる必要がある．この作業を接合（モザイク）という（図10-1）．

　このときに注意しなければならないのは，それぞれの図がいつ作成・撮影されたかということである．例えば地形図の場合，それぞれの測量時期が異なるケースが想定される．また，植生の調査について考えてみよう．季節が異なれば植生も変化するし，年度が違うけれども同じ季節に調査されたとしても，各年度の気候の変動によって調査の結果は異なるだろう．それらの地図を接合して一枚の図にまとめたとしても，図中の事象はひとつにまとまっているとは言えないので，分析にはその点に留意する必要がある．

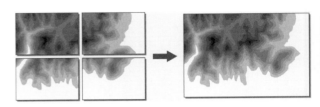

図 10-1 複数の地図を集成した接合（モザイク）の例

　接合の作業では，数枚程度の図ならばPhotoshopに代表される画像処理ソフトでの集成が可能である．この場合，隣接する図の境界線は目視によって調整される．図幅が多くなる場合や空中写真，スキャンされた地図などでは，地図自体やスキャン時のゆがみの影響によって，一枚の図にまとめることが難しくなる．そのようなときは，GISソフトに内装されているジオリファレンス（幾何補正）が必要となる．ジオリファレンスは，デジタル化されたデータ（例えば，スキャンされた地図）に位置情報（座標値）を付加する作業である．図中の3点以上に位置情報を付加することで，ある程度，画像のゆがみを補正することができる．この作業をそれぞれの図で行い，一枚の図にまとめていく．ジオリファレンスは主にラスタデータで行われるが，ベクタデータでも可能である．

　すなわち，ベクタデータでもそれぞれのデータを集成し，ひとつの図にする接合が行える．ただし，ベクタデータにおける接合は次節におけるデータの編集作業が主となる．

10.2 ベクタ編集（データのエラーと修正）

　デジタイジングや，GISソフトによる図形データの入力・作成作業時に，ベクタデータの入力ミス（誤り）が生じることがある．デジタル化の処理においてよく起こるエラーとしては，重なるはずの点が重なっていない（ポイントアンマッチング），境界上の点同士がつながっていない（エッジアンマッチング），線

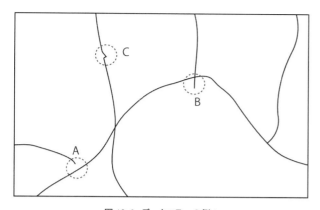

図10-2 データエラーの例1
A：アンダーシュート，B：オーバーシュート，Cスパイク

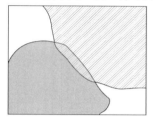

図10-3 データエラーの例2
左が重複（オーバーラップ），右が空隙

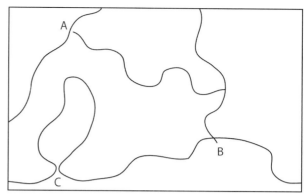

図10-4 エラーの自動処理における許容範囲の設定の問題
AとBのエラーを補正するための許容範囲を設定すると，Cの線間も閉じてしまい，誤った線が発生する．

が目的の個所につながっていない（アンダーシュート），線が目的の個所よりもはみ出している（オーバーシュート），無駄な点が存在している（スパイク），ポリゴンを作成したのに閉じていない，ポリゴン同士が重なっている（重複・オーバーラップ），隣接するポリゴン間に空間がある（空隙），などがあげられる（図10-2，図10-3）．

このような入力ミスの発見・修正作業については，基本的にオペレータ自身が目視によって点検する必要がある．オペレータがこれらを入力ミスと判断し，パソコンの画面上で個別のデータごとに線分の削除，新しい点・線データの入力，図形データそのものの削除，新しい図形データの追加・修正などを行っていく．

データエラーの修正について，いくつかの事例を紹介しよう．線同士の交点のエラーについては，アンダーシュートとオーバーシュートがある．アンダーシュートとは，別のラインと交差するには長さが足りないラインのことで，オーバーシュートとは，交点を超えて作成されたラインである．これらは，デジタイズの時に発生するエラーであるが，同じ地域内で別々のベクトルデータをオーバーレイしたときにも起こりやすい．

アンダーシュートの場合はラインを延長し，オーバーシュートの場合はラインを切り詰めて修正する．このときに交点となる地点にはポイントの追加も必要である．また，これらエラーを自動化して処理する際には，許容範囲の設定の問題が発生することに留意が必要である．例えば，アンダーシュートまたはオーバーシュートしているデータに対し，2点が同一と見なせるか否かの限界の距離を設定し，同一と見なせた場合にはラインの延長や切り詰めの作業を自動的に処理できるようにしたとする．許容限界値をあまりにも小さく設定すると，2点が同一と見なされるケースは少なく，エラーの除去がほとんどできない．反対に，許容限界値が大きすぎると本来閉じるべきではない2点間が同一と見なされてしまい，誤ってつながってしまう（図10-4）．閉じていないポリゴンを閉じるときにも同様の留意が必要である．

GISソフトのなかには，データの作成や修正時にこのようなエラーをあらかじめ防ぐため，スナップ機能が装備されているが，この場合でも作成したいデータに応じて適切な許容値の設定が必要である．

大縮尺の地図（ラスタデータ）をもとにデジタイズを行う際，本来作成されるはずであったデータが入力されていない場合もある．例えば，建物のポリゴンや，建物内の中庭の空間などが未入力になるケースがあげられる．ラスタデータの線をトレースする際に，精度を上げようと画面を拡大することがあるが，そのために境界線を誤って認識することが多い．作業中，こまめに画面を縮小してチェックすることで，このような入力ミスは軽減される．これらの未入力のデータは，建物データの追加や建物データ上に中庭のポリゴンを

図 10-5 建物内に未入力であった中庭を追加した例

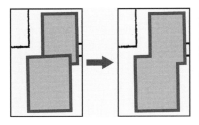

▲図 10-6 分割されていた敷地をマージによって
ひとつの敷地に修正した例

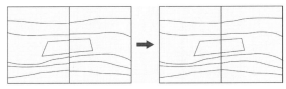

◀図 10-7 境界上の点の修正（エッジマッチング）

作成し，後者のポリゴンで中抜き（クリップ）することで修正できる（図10-5）．また，ある土地が合筆によって境界線がなくなった場合にはデータのマージを実行して修正する（図10-6）．

ベクタデータで隣接する図面のデータを統合する際に，境界線上の点が一致しないことがある．これは，デジタイズ作業時の精度に起因するものである．この場合は，エッジマッチングという境界上の一致する点を探し，そのずれを補正する作業によって修正が可能である（図10-7）．

10.3 欠落情報の補足（統計的手法，補間の概念）

データの欠落や未調査のデータなどがあり，その値を求めたい場合には既知のポイントデータ（観測点）からデータを補足することが可能である．観測点をもとに，その地域内のある地点の値（ラスタ内のセル値）を推定するには空間補間（spatial interpolation）という手法をとる．これは，内挿ともよばれる．観測点をもとに，その地域外の地点の値を推定することは外挿とよばれる．

空間補間の活用例として，標高値や降雨量，気温等の推定，ラスタデータを他のグリッドに変換する際の再サンプリング，観測地点間の等高線の推測などがあげられる．

空間補間の前提として，空間的に近い観測点のデータは相対的に離れている点よりも類似の特性を持つ傾向がある，ある地点の属性値はその近傍にある地点の属性値に依存している点があげられる．

例えば，標高値を推定する場合，もっとも単純な推定方法は2つの標高値の平均を算出し，その値を利用することである．しかし，これは観測値から推定したい地点までの距離を考慮していない．そこで，2つの標高値の点間を直線的に結ぶ．これに従うと2つの観測値間のどの点でも標高値を推定できる．この値は2点間の平均値とくらべて，より信頼性の高い補間値と言えよう（図10-8）．これを3次元で考えると，データが未知の地点（補間したい地点）の最近隣の観測値である3点のデータをもとに，この3点を通る平面を決定することで，補間値が得られる（図10-9）．

また，代表的な空間補間の手法として，逆距離加重法（IDW），スプライン，クリギングがあげられる．詳しい内容は，18章で論ずる．

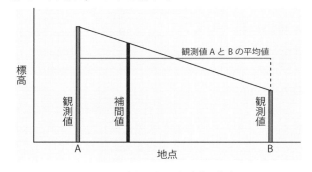

図 10-8 2 点間における標高値の推定
スター・エステス著，岡部ほか訳（1992）p.94 をもとに作成

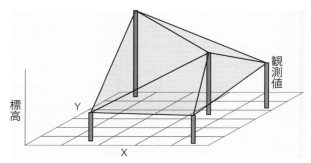

図 10-9 3 点間における標高値の推定
スター・エステス著，岡部ほか訳（1992）p.94 をもとに作成

10.4 ラスタ・ベクタ変換

地理情報データには，メッシュで構成されるラスタデータとベクトル構造からなるポイント（点），ライン（線），ポリゴン（面）で構成されるベクタデータに分けられる．ラスタデータは空間解析が容易である一方，地図表現ではベクタデータが優れている．ラスタデータとベクタデータの両方を使った分析が必要な場合は，それぞれ変換が必要である．そこで，お互いのデータの変換の概要を説明する．

10.4.1 ラスタ (raster) からベクタ (vector) の変換

ラスタデータの境界線が1ピクセル幅の場合は，各ラスタセルの中心点をポイントに置き換えて，それらポイント間を結んだベクタデータに変換する．しかし，入力されているラスタデータが1ピクセル幅で構成されていることはまれで，通常より大きな幅で構成されている．そこで，細線化（骨格化）や芯線化（中間軸法）などの方法で，ラスタデータからベクタデータに変換する．

細線化（骨格化）は，二値画像（データは0：白か1：黒）の，黒のセルを白のセルに変換することで線画像を求める方法である．イメージとしては，単位幅のベクトルになるまで太い線の外側をそぐ作業である．背景色との境界にあるセルを両側から順次取り除き，中心に残ったセルの中心点をポイントに置き換え，それらを結ぶことでベクタデータに変換し，中心線とする（図10-10）．

芯線化（中間軸法）は背景色との境界にある黒のセルを輪郭線とし，両側の輪郭線の中間を中心線とする方法である（図10-11）．背景色との境界にある黒のセルを求め，セルの中心点をポイントに置き換え，それらを結んで輪郭線のベクタデータを作成する．この輪郭線の中間軸を求め，それを中心線とする．輪郭線は二値画像に限らず，画像の輝度差や輝度分のパターンを利用して抽出されることもある．

面情報をベクタデータに変換する場合は，各メッシュの属性データを利用する．隣接するメッシュとの

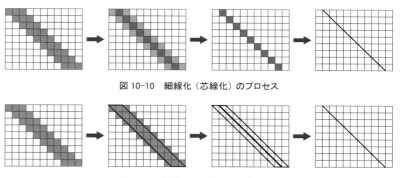

図10-10 細線化（芯線化）のプロセス

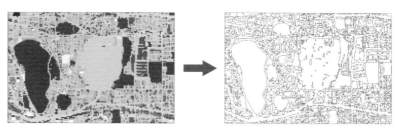

図10-11 細線化（骨格化）のプロセス

図10-12 ラスタからベクタに変換した例

属性情報を比較し，異なる属性情報を持つ境界を求め，境界線を作成する（図10-12）．

10.4.2 ベクタからラスタの変換

ベクタデータ上にメッシュをかけ，そのメッシュ内と重なるベクタデータをラスタデータに変換する．例えば，ベクタデータで作成された市区町村界にメッシュを重ね，元のポリゴンが持つ属性内容をそれぞれのメッシュに付加する．メッシュを細かくする（解像度を高く設定する）ほど，ラスタ化された画像は詳細かつ鮮明になるが，ファイルの容量は大きくなる．

点データのラスタ化の場合，点の地理的座標に最も近いセルの中心点に点データが移動され，点データの属性が当該セルに付加される．点データの位置とセルの中心点が完全に一致することはほとんどないため，変換時に点の位置は移動する．また，セルの中に複数の点データがある場合は，セルの中心点に集約される．そのため，それらの点は区別できなくなる．このように，変換後のラスタデータから変換前のベクタデータにデータ点を正確に復元することは不可能となる．それは線データでも面データでも同様である．

線データの場合は，線が重なるセルに対して線の属性とともにラスタ化される（図10-13）．この場合，行または列に並行ではない線は階段状の表現となる．この表現方法は，エイリアスと呼ばれる．アンチエイリ

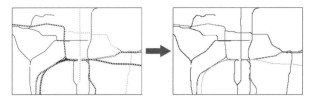

図10-13 ベクタ（線データ）からラスタに変換した例

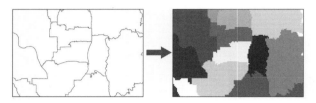

図10-14 ベクタ（面データ）からラスタに変換した例

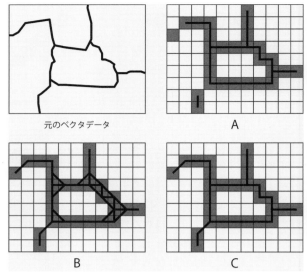

図10-15 ラスタからベクタ変換時のセルの連結方法
A：4方向隣接アルゴリズム，B：8方向隣接アルゴリズム，
C：修正8方向隣接アルゴリズム

アスは，この階段状の表現を最小限にする方法である．

　面データ（ポリゴン）の場合は，ポリゴンの境界線を線データと同様の方法で変換し，ポリゴンの境界線内の属性とともにラスタ化される（図10-14）．

　一般的には，ベクタからラスタに変換する際に，各セルにおいて複数のポリゴンが重なったときには相対的に大きい面積のポリゴンの属性が当該セルに変換される．つまり，相対的に面積が小さいポリゴンのデータはラスタ化される際に消滅する．場合によっては，ベクタデータに多数存在していた微細なデータがラスタ化の際に全く認識されないという点に十分留意しなければならない．例えば，保護しなければならないような植生や，面積は小さいけれども重要な属性を持つポリゴンなど，分析上，消滅しては困るポリゴン（ラスタ化の際に必要とされる場合）は，その面積の大小にかかわらず，当該ポリゴンの属性をセルに反映させる必要がある．

　ベクタデータからラスタデータの変換は，通常，不可逆変換となるが，できるだけもとのベクタデータに変換するためのアルゴリズムがある（図10-15）．ラスタからベクタに変換する際に，セルの中心点同士を結んで線を作成するが，このときに，4方向隣接アルゴリズムでは，いくつかの線が離れたままとなる．8方向隣接アルゴリズムではすべての線が連結されるが，それにともない線が増加する．これらの多くはもとのベクタデータには無かった線である．そこで，余計な線を除去するために，3つのセルに45度かつ90度の連結が存在する場合には45度の連結を削除する，修正8方向隣接アルゴリズムを適用させると元のベクタデータにより近づいた復元が可能である．

【引用文献】
スター，J.，エステス，J. 著，岡部篤行・貞広幸雄・今井 修 訳 1992．『入門地理情報システム』共立出版．

【関連文献】
バーロー，P. A. 著，安仁屋政武・佐藤 亮 訳 1990．『地理情報システムの原理－土地資源評価への応用』古今書院．
長谷川 均 1998．『リモートセンシングデータ解析の基礎』古今書院．
町田 聡 2004．『新訂GIS・地理情報システム：入門&マスター』山海堂．
Longley, P. A., Goodchild, M. F., Maguire, D. J., Rhind, D. W. 2005. *Geographic Information Systems and Science, Second Edition*. West Sussex, England: John Wiley & Sons.
Wachernagel, H. 2003. *Multivariate Geostatistics: An Introduction with Applications, 2nd Edition*. Berlin: Springer.

11
基本的な空間解析

本章では，空間オブジェクトが持つ幾何情報や属性情報に基づき，空間オブジェクトの長さ・面積を計測する方法や，空間データの取り扱いに関わる基本的な操作手法を紹介する．後者の操作については，特定の条件を満たす空間オブジェクトの選択や，空間オブジェクトの結合，切り抜き，集約，そして複数の空間オブジェクトを使って新たな空間オブジェクトを生成するオーバーレイなどがあり，しばしば，より複雑な空間分析をおこなう前の下準備の役割をも担う．以下では，GISのデータベースが，最もよく用いられているリレーショナルモデルで管理されているものと想定して，基本的な空間解析手法の詳細について例を交えつつ述べる．

11.1 基本量の測定

実世界においては，地図を使用して距離や面積を測定することが頻繁におこなわれてきた．しかし，この作業は非常に労力がかかる上に，手計算であるため，算出過程での間違いを起こしやすいものであった．GISを用いると，コンピュータに地理情報を入れておきさえすれば，これらの計算は非常に簡単に，しかも高い精度でおこなうことができるようになる．

ベクタデータの長さや面積の計測する場合は，基本的には空間オブジェクトが持つ座標情報が利用される．ポリゴンデータの周囲の長さやラインデータの全長の計測には，空間オブジェクトを構成する各線分が持つ2点の座標値（(x_i, y_i)，(x_{i+1}, y_{i+1})）を使う（図11-1）．各線分の長さはユークリッド距離（Euclidean distance）

$$D_i = \sqrt{(x_{i+1}-x_i)^2+(y_{i+1}-y_i)^2}$$

を算出すれば求まるので，ラインの全長Dは，それを構成するすべての線分の長さを合計することによって得られることになる．ポリゴンデータの面積の計測

にも，やはりポリゴンデータを構成する座標値を用いる．例えば，4つの座標とそれらを結ぶ4本の線分で囲まれたポリゴンデータの面積Sを求める場合（図11-2）は，まず，隣り合う2点の座標（(x_i, y_i)，(x_{i+1}, y_{i+1})）をつなぐ線分を含んだ台形の面積，

$$S_i = \frac{1}{2}(x_{i+1}-x_i)(y_{i+1}-y_i)$$

を算出していく．そして，x_i が x_{i+1} よりも大きい場合はその台形の面積を加え，小さい場合はその台形の面積を減じることによって，ポリゴン全体の面積Sを求めることができる．

ラスタデータのラインの全長を計測する場合は，ラインデータを構成するセルに注目し，隣接する2つのセルの座標値（例えば各セルの中心）からユークリッド距離を算出して各線分の長さを求め，それらを合計

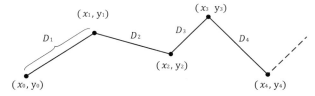

$D_i = \sqrt{(x_{i+1}-x_i)^2+(y_{i+1}-y_i)^2}$
ライン全体の距離 $D = D_1 + D_2 + \cdots + D_{n-1} + D_n$

図11-1　ベクタデータの長さを計測する方法

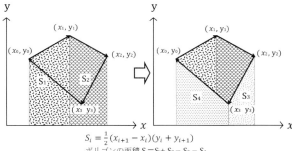

$S_i = \frac{1}{2}(x_{i+1}-x_i)(y_i+y_{i+1})$
ポリゴンの面積 $S = S_1 + S_2 - S_3 - S_4$
ただし，$x_4 = x_0$，$y_4 = y_0$

図11-2　ベクタデータの面積を計測する方法

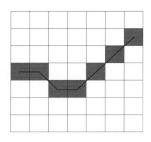

図 11-3 ラスタデータのラインデータの長さを計測する方法
例えばセルの中心を結ぶ線分の長さを計測していく

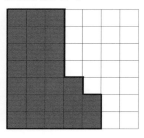

図 11-4 ラスタデータの領域の周囲の長さを計測する方法
周囲の長さを求めたい領域(灰色域)を囲む太線の長さを合計する

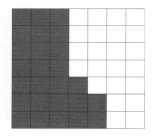

図 11-5 ラスタデータの領域の面積を計測する方法
領域に含まれるセルの数に,1つのセルあたりの面積を乗じる

する(図11-3).また,特定の属性値を持つセルの領域の周囲の長さを求める場合は,属性値をもとに領域の境界を探し出し,境界を構成する各線分の長さを算出して合計する(図11-4).ラスタデータの面積を計測する場合は,同じ属性値を持つ領域に含まれるセルの数を数えて,それに1つ分のセルの面積を乗じて算出する(図11-5).

このようなラインデータの長さやポリゴンデータの面積などの基本量を測定する際には,次の2つのことに留意する必要がある.

まず1つめは,空間データが持つ投影座標系の計測単位を把握しておくことである.空間データの投影座標系の単位は,面積や長さの算出に適したものでなければならない.例えば投影座標系の単位がメートルで表されるユニバーサル横メルカトル図法(UTM)や平面直角座標系などの場合は,算出される面積や長さは座標系の単位と同じ平方メートルやメートルで得られる.しかし,座標が緯度・経度で管理されている場合は,緯度・経度の座標値を使って面積や長さを算出することになり,正しい計測をおこなうことはできない.

2つめの留意点は,空間データが持つ空間分解能の違いによって計測精度の誤差が生じ得ることを考慮しておくことである.ベクタデータ,ラスタデータともに,ラインデータの場合は,空間オブジェクトの空間分解能が低い(描写表現が粗い)と,長さは実際よりも短く見積もられやすい.その理由は,実世界で線が複雑に曲がっているケースであっても,空間分解能が低いとそれらが直線で結ばれることになり,実際よりも線分が短く表現されてしまうためである.一方,ポリゴンデータから面積を見積もる場合は,面積の過大評価,過小評価ともに起こり得る.このため,面積の計測においては,一般的には空間分解能の違い(描画表現の緻密さ)に伴って面積が大きく,あるいは小さく見積もられるというような傾向は現れない.

この他,実世界では長さや面積の算出において起伏量も重要な要素であるが,2次元の地理空間座標で長さや面積を算出している場合は,起伏量が大きな場所ほど実際に比べて短く,あるいは小さく算出されていることになる.また,数値標高モデル(DEM)を用いることにより,距離や面積だけでなく,斜面方位や傾斜量なども測定することができるが,多くの場合は計算に周囲の8グリッドの値が使われるため,やはりDEMの空間分解能が違うと得られる計算結果も変わり得る.GISで基本量を測定・算出する際には,これらのことにも留意しておく必要がある.

11.2 空間オブジェクトの選択

この操作は空間データを構成する複数の空間オブジェクトの中から,特定の空間オブジェクトの抽出を目指すものである.ベクタデータの場合は,元のデータの変更は行われず,選択された空間オブジェクトの分布の特徴をみたり,選択されたものを新たな空間オブジェクトとして出力し,後の分析に利用したりすることがある.一方で,ラスタデータの場合は,特定の属性値を他の属性値とは異なった区別しやすい色で表示したり,次節で述べるような属性値を変更する操作の後で同様のことをおこなって,特定の属性値を持つセルを検出する.以下にはベクタデータにおける空間オブジェクトの選択方法の主なものを示す.

空間オブジェクトの選択をおこなう最も簡便な方法は,GISのGUI(Graphical User Interface)を利用して,図形あるいはテーブルのレコード(行)をマウスなどで選択することである(図11-6).GISのGUIは,しばしば,地図画面とテーブル画面で構成されている.これらは連動しており,地図画面上にある特定の図形をマウスなどで選択すると,テーブル画面のその図形に対応するレコード(行)が強調表示される.逆にテーブル画面で特定のレコードを選択すると,地図画面のそのレコードに対応する図形が強調表示される.この

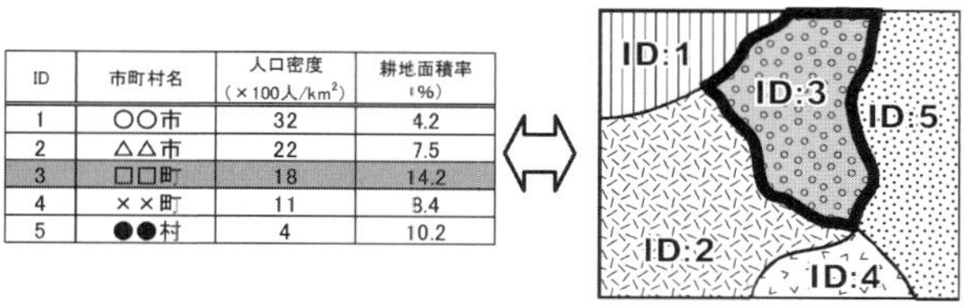

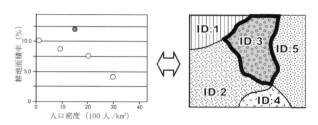

図 11-6 地図画面あるいはテーブル画面を使った空間オブジェクトの選択
マウスなどを使って図形あるいはテーブルのレコード（行）を指定して空間オブジェクトを選択する

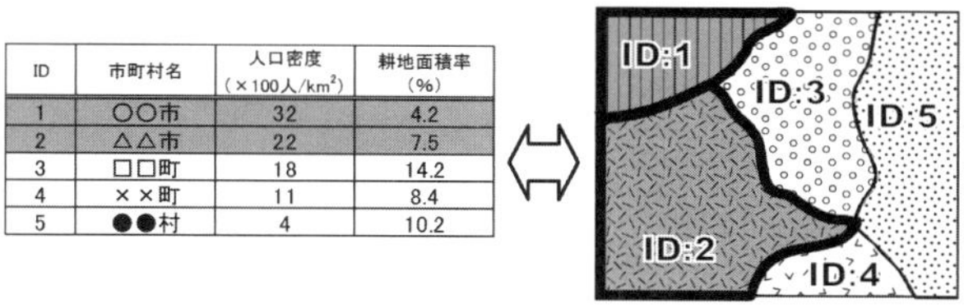

図 11-8 属性検索による空間オブジェクトの選択
SQLで人口密度2,000人/km²以上の条件を満たす空間オブジェクトを選択

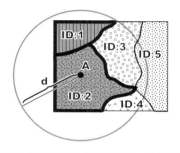

図 11-7 統計情報を参照した空間オブジェクトの選択
グラフの特徴をもとに空間オブジェクトを選択する

図 11-9 空間検索による空間オブジェクトの選択
点Aから距離dの範囲に完全に含まれる空間オブジェクトを選択

ように，ユーザーはGISの画面上で図形と属性値の関係を確認したり，さらには図形や属性値を参照しながら意図する空間オブジェクトを選択したりすることができる．選択した空間オブジェクトは，表示して印刷したり，新たな空間データとして出力したりして利用される．

また，GISによっては，フィールドの属性値をもとにヒストグラムや散布図を作成することができる．例えば，あるフィールドの属性値を利用して得られた散布図をもとに外れ値を見出し，散布図上でマウスなどによってそれを選択することで，そのフィーチャが地図画面上のどの図形に対応しているのかを瞬時に捉えることができる（図11-7）．この操作によって，分析を進める上での有益なヒントが得られることがある．

さらに，空間オブジェクトの選択の方法として，属性値に基づいて条件に該当する空間オブジェクトをすべて選択する方法があり，属性検索と呼ばれている．この属性検索には，しばしばデータベース言語のSQLが使われており，その場合は非常に高度で柔軟な条件検索が可能となる．例えば，各市町村の人口データが入っているフィールドで人口密度2,000人/km²以上の検索条件で属性検索をおこなうと，該当する市町村がテーブル画面で選択されるとともに，地図画面でも該当する空間オブジェクトが強調表示された状態で選択される（図11-8）．

空間データが複数ある場合は，位置関係あるいは空間関係（位相関係）といった空間的特徴に基づいて空間オブジェクトを選択することが可能となり，このような選択方法は空間検索と呼ばれている．2つの空間データの関係には，重なる，接する，含む，などの内包関係や交差関係などいくつかのタイプがあり，そうした空間関係のタイプの違いや空間オブジェクト間の離れ具合（距離）に着目することにより，多数の空間オブジェクトから特定の空間関係を有するものを選択することができる．例えば，点Aから一定の距離d内に完全に含まれるポリゴンを選択する際には，点Aから半径dの円を描いて，その円に完全に含まれているポリゴンが選択されることになる（図11-9）．

11.3 その他の空間データの操作

ベクタデータの空間データを加工する際には，統合（merge），切り抜き（clip），融合（dissolve）などの操作がおこなわれる．

統合（merge）は，同じフィールドを持つ複数の空間データを結合する操作である．例えば，空間データAと空間データBがあり，それらが同じフィールドを持つ場合に統合（merge）の操作をおこなうと，空間データAと空間データBが統合された，新たな空間データが作られる（図11-10）．切り抜き（clip）は，ある空間データから切り抜きに使う空間データの領域

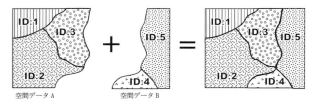

図 11-10 統合（merge）の操作による空間データの生成
同じフィールドを持つ空間データを統合する

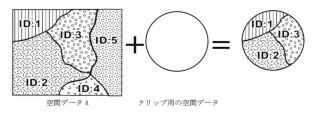

図 11-11 切り抜き（clip）の操作による空間データの生成
クリップ用の空間データの図形部分のみが切り抜かれる

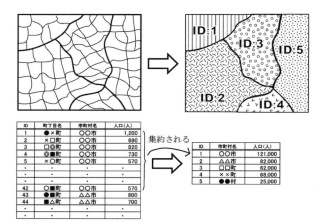

図 11-12 融合（dissolve）の操作による空間データの生成

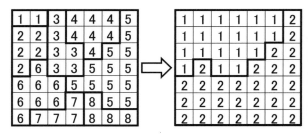

図 11-13 ラスタデータのセル値の変更による融合の例

町丁目のポリゴンが持つ人口や面積の値が合計されることによって得られている.

ラスタデータを加工する場合は，セルの属性値を変更する．ラスタデータは領域がたいてい矩形であるため，統合（merge）の操作をおこなう場合は，2つの空間データの範囲を含む大きな矩形を作った上で，元の空間データに含まれない領域のセルに Null 値などを入れて，それを透過色などで表示する．同様に，切り抜き（clip）の操作は，クリップレイヤに含まれないセルに Null 値などを入れ，それを透過表示することによって実現する．融合（dissolve）の操作については，例えば，市町村がそれぞれ 1〜4 の属性値で表される都道府県 A と 5〜8 の属性値で表される都道府県 B がある場合，これらを融合（dissolve）して都道府県 A と B の 2 つにまとめようとすると，1〜4 の属性値を 1 に，5〜8 の属性値を 2 にセル値を変更するとよい（図 11-13）．

11.4 オーバーレイ分析

オーバーレイ（overlay）分析は，2つ以上の空間データを重ね合わせることにより，特定の条件を満たす領域を抽出する操作のことである．論理演算（ブール演算）の考え方に基づいており，複数の異なる空間オブジェクトから新たな空間オブジェクトが生成される．

例えば2つの空間データAとBがある場合，結合（union）はそれらの和集合（A∪B）を求める操作であり，空間データAとBの両方の領域が求まる．また，交差（intersect）は積集合（A∩B）を求める操作であり，空間データAとBの重なる領域だけが抽出される．

ベクタデータでオーバーレイ分析をおこなう場合，例えばA市の行政域を表すポリゴンと市街地という土地利用を表すポリゴンがあり，それらの交差（intersect）を求める操作をおこなうと，A市かつ市街地の空間オブジェクトが得られる（図11-14）．また，

（クリップレイヤとも呼ばれる）のみを切り出す操作である（図 11-11）．元の空間データが持つ属性情報は保持される．融合（dissolve）は，同じ属性値を持つ空間オブジェクトを集約する操作のことである．例えば，フィールドに市町村名を持つ町丁目名別のポリゴンデータがある場合，市町村名のフィールドに基づいて融合をおこなうと，市町村名別のポリゴンが得られる（図 11-12）．この操作によって生成される空間データは市町村名ごとにレコード（行）を持つ．そして，各フィールド（融合に用いたフィールド以外）には，融合される前に複数の空間オブジェクトが持っていた属性値の平均値や合計など，ユーザーが選択した方法によって集約された属性値が入る．図 11-12 の例では，各市町村の人口や面積が，各市町村を構成する複数の

11. 基本的な空間解析　69

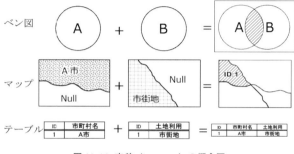

図 11-14　交差 (intersect) の概念図

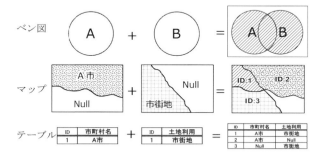

図 11-15　ユニオンの概念図

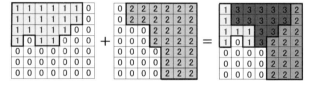

図 11-16　ラスタデータにおけるオーバーレイ分析

同じ空間データに対して結合（union）の操作をおこなうと，A市かつ市街地，A市（市街地ではない），市街地（A市ではない）という3つの空間オブジェクトから成る空間データが得られる（図 11-15）．

ラスタデータのオーバーレイ分析をおこなう場合は，2つの空間データの空間分解能とセルの地理座標が同じでなければならない．この条件を満たしていれば，例えば空間データAと空間データBがある場合，同じ座標にあるセルの値を加算するとよい（図 11-16）．この例では，結合（union）の操作をおこなったとみなす時には新しく生成されたラスタデータのセル値1〜3を用い，交差（intersect）の操作をおこなったとみなす時にはセル値3のみを使うことになる（場合によっては，セル値の1と2を0に変える）．

【関連文献】

Longley, P. A., M. F. Goodchild, Maguire D. J., and David W. 2005. *Geographic Information Systems and Science 2nd edition*. Wiley.

張 長平 2001.『地理情報システムを用いた空間データ分析』古今書院.

村井俊治 1999.『改訂版 空間情報工学』社団法人日本測量協会.

【参考 URL】

高橋昭子 てくてく GIS
　http://www.csis.u-tokyo.ac.jp/~akuri/（2013 年 9 月閲覧）

パスコ GIS 用語集と使い方
　http://www.pasco.co.jp/recommend/（2013 年 9 月閲覧）

12 ネットワーク分析

地理情報科学では，様々な地物とその関係を分析する．この関係を表す基本的な道具としてグラフ・ネットワークがある．グラフ（graph）は，頂点（vertex または node）および 2 つの頂点を結ぶ辺（edge）からなる．ネットワーク（network）は，グラフの頂点や辺に具体的な意味づけを行ったものである．例えば，鉄道の駅を頂点とし，隣接する駅と駅の接続を辺とすれば，鉄道の路線図は接続関係を表現するグラフとみなすことができる．さらに，辺が結ぶ 2 つの駅の間の距離や乗車時間を辺の「長さ（length）」や「重み（weight）」などに設定することにより，路線図というグラフを鉄道ネットワーク（鉄道網）とみなすことができる．同様に，道路の交差点を頂点，交差点を結ぶ道路を辺，道路の距離を辺の長さとみなすことにより，道路ネットワーク（道路網）を構成できる．分析の目的に応じて辺に対応づける長さや重みを変更することにより様々なネットワークを構成し，そのネットワークの上で様々な分析が可能となる．

ネットワーク分析とは，上記のように，地理情報で扱う様々な地物と地物の関係をグラフとして表すこと，および，様々な対応づけを行いそれをネットワークとして抽象化することにより，グラフ理論・ネットワーク理論を用いて分析を行うことである．ここでは，地理情報科学技術におけるネットワーク分析の基本として，最短経路探索，最大流問題，ネットワーク構造分析を取り上げる．以下，具体的な例をあげて，アルゴリズムとその考え方について述べる．

12.1 最短経路探索

ネットワークの辺に対応づけられた数値を辺の長さや重みという．具体的には「距離」，「時間」，「料金」，「重量」など様々なものを表す．ここで，ある頂点（出発点）から別の頂点（到着点）に至るまで辺を伝ってたどる経路（path）を考える．この経路を構成する各辺の長

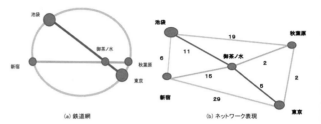

図 12-1 鉄道網とそのネットワーク表現

さの総和を経路長という．出発点と到着点を固定して様々な経路を考え，その中で経路長を最小にする経路を最短経路という．最短経路やその経路の長さである最短経路長などを見出す問題を最短経路探索あるいは最短経路問題（shortest-path problem）という．

例えば，辺に乗車時間を対応させれば，鉄道の駅を出発して目的地の駅まで移動する所要時間が最短の経路を考えることができる．同様に，辺に料金を対応させれば料金が最安の経路を，辺に乗車距離を対応させれば最短距離の経路を考えることができる．

ここでは例として，東京近郊の 5 つの駅とその駅間の乗車時間を考える（図 12-1 (a)）．円周は JR 山手線，水平な直線は JR 総武線（中央・総武線各駅停車），斜めの直線は東京メトロ丸ノ内線を表す．

簡単のため，停車時間や乗り換え時間等の変動を無視し，図 12-1 (a) 上で隣接する駅間のおよその乗車時間を表 12-1 のように考える．この表に基づき，辺には所要時間を対応づけてネットワークを構成する（図 12-1 (b)）．なお，東京・池袋間，および，秋葉原・新宿間の所要時間は，図 12-1 (a) 上では隣接せず辺が存在しないので，表 12-1 では，形式的に無限大（∞）の時間がかかると考えることに注意されたい．もちろん，直接接続されていなくても，別の駅を経由する経路を考えることにより，東京・池袋間などの所要時間を考えることができる．最短経路計算とはさまざまな経路を通った場合の辺の重みの総和となる経路長の最

表12-1 グラフ上で隣接する駅間の所要時間（単位 分）

	0 東京	1 秋葉原	2 池袋	3 新宿	4 御茶ノ水
0 東京	0	2	∞	29	5
1 秋葉原	2	0	19	∞	2
2 池袋	∞	19	0	6	11
3 新宿	29	∞	6	0	15
4 御茶ノ水	5	2	11	15	0

小値を計算することである．

なお，以下では駅を表す頂点を番号で表し，東京駅は頂点 0，秋葉原駅は頂点 1 などと示す．また，頂点番号 i と j を結ぶ辺の長さ（重み）を $w(i, j)$ と記す．例えば，表12-1 に記載の東京駅と秋葉原駅間の所要時間が 2（分）ということは，表12-1 の東京を表す 0 番の行と秋葉原を表す 1 番の列で指定される欄に記載された 2（分）に対応し，これを $w(0, 1) = 2$ と記す．ここでは辺の向きを考えないこととし，行と列を入れ替えても同じ値である．すなわち，$w(1, 0) = 2$ である．

ここで，池袋駅を出発駅として東京駅に至る複数の経路を考え，それらのうち所要時間が最小となるものを計算しよう．そのような経路は池袋駅－東京駅間の最短経路といい，その値を最短経路長という．最短経路（長）を求める方法として，ダイクストラ法，ワーシャル・フロイド法などが知られている．

12.1.1 ダイクストラ法

ダイクストラ（Dijkstra）法は，出発頂点を 1 つ固定し，他のすべての頂点に至る最短経路長をそれぞれ計算する．ただし辺の重みは負でないことが重要である．辺の重みが負でないので，出発頂点から最短経路長が小さい順に各頂点の最短経路長を確定していくことができる．以下では頂点 k に関する値を保存する 2 つの配列 $d[k]$ と $T[k]$ を用いる．池袋（番号 2 の頂点）を出発点として固定し，$k = 0, ..., 4$ について頂点 k に至るまでの経路の長さ（経路長）を $d[k]$ で表す．$d[k]$ は以下の計算の途中では最短経路長の候補となる値を示す．頂点 k に関して最短経路長が確定したか否かを表すために，未確定なら値を -1 とし確定したら値を 1 とする変数 $T[k]$ を用いる．したがって，計算の途中で $T[k]$ の値が 1 になった頂点 k については $d[k]$ の値がその時点で最短経路長の値として確定されたことが示される．アルゴリズムの全体を図12-2 に示す．

ダイクストラ法による最短経路長計算を上記の例に即して説明する．まず，共通の出発頂点である池袋（頂

・初期化
 - n 個の頂点に番号 $0, ..., n-1$ を付与し，出発頂点の番号を s とする．
 - 頂点 i と頂点 j を結ぶ辺 (i, j) の長さを $w(i, j)$ と記す．
 - s から k に至る経路の経路長を $d[k]$ と表す．初期値は $d[k] \leftarrow \infty$ $(k = 0, ..., n-1)$．頂点 s についてだけ $d[s] \leftarrow 0$ と上書きする．
 - 最短経路長が確定した頂点 k を $T[k] = 1$ で表す．初期値は $T[k] \leftarrow -1$ $(k = 0, ..., n-1)$．

・反復
 - $T[k] < 0$ を満たす頂点 k のうち，$d[k]$ の値が最小のものの添え字を i とする．
 - そのような i が存在しなければ，反復を終了し，結果へ．
 - $T[i] \leftarrow 1$．
 - i を端点とするすべての辺 (i, j) のもう一方の頂点 j について もし $d[j] > d[i] + w(i, j)$ であれば $d[j] \leftarrow d[i] + w(i, j)$ として $d[j]$ を更新し，反復へ．

・結果
 - すべての k について $d[k]$ の値は s から k に至る最短経路の経路長に等しい．

図12-2 ダイクストラ法のアルゴリズム

点 2）から頂点 k に至る経路の経路長の初期値として $d[k]$ を ∞ に初期化する（$k = 0, ..., 4$）．未だ頂点 k の最短経路長は確定していないので $T[k]$ を -1 に初期化する（$k = 0, ..., 4$）．ここで出発地である池袋（頂点 2）から出発地自身の池袋（頂点 2）までの距離は 0 であるので，$d[2] \leftarrow 0$ と最短経路長を再設定する．図12-3（a）に初期状態を示す．頂点付近の数字は $d[k]$ の値を表す．

次に以下の反復を行う．$d[k]$ の中で値が最小の頂点 k を探しそれを i と記す．最初は $i = 2$（池袋，出発地）となるはずである．頂点 i の最短経路長が確定したことを $T[2] \leftarrow 1$ として記録する．そして確定した頂点 2 から直接到達できる頂点の経路長の候補距離を更新する．頂点 2 に接続する辺は $(2, 1)$，$(2, 3)$，$(2, 4)$ の 3 本あり，それらのもう一方の端点の頂点番号は，それぞれ，1, 3, 4 である．ここで，頂点 2 から頂点 1 に至る最短経路長の候補を表す $d[1]$ は ∞ であり，辺 $(2, 1)$ を辿る経路長 $d[2] + w(2, 1) = 19$ よりも大きい．そこで頂点 2 から頂点 1 に至る新たな最短経路長の候補 $d[1]$ の値を更新し，$d[1] \leftarrow d[2] + w(2, 1) = 19$ という代入を行う．頂点 2 から頂点 3 に至る経路についても同様に $d[3] \leftarrow d[2] + w(2, 3) = 6$ と更新し，頂点 2 から頂点 4 に至る経路についても，$d[4] \leftarrow d[2] + w(2, 4) = 11$ と値を更新する（図12-3（b））．

第 2 回目の反復を行う．最短経路長が未確定の頂点すなわち $T[k] < 0$ を満たす頂点の中で $d[k]$ の値が最小の頂点を探しそれを i とする．今度は $d[3] = 6$ が最

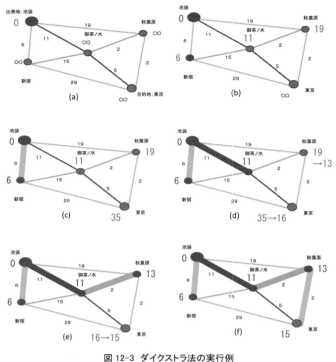

図12-3 ダイクストラ法の実行例

小値なので $i = 3$（新宿）となるはずである．この段階で，頂点 2 を出発して頂点 i に至る最短経路長が 6 であることが判断できる．頂点 i の最短経路長 $d[3] = 6$ を確定するため，$T[3] \leftarrow 1$ と代入する．確定した頂点から直接到達できる頂点の経路長の候補距離を更新する．頂点 3 に接続する辺は $(3, 0)$, $(3, 2)$, $(3, 4)$ の 3 本あり，それらのもう一方の端点の頂点番号は，それぞれ，0, 2, 4 である．ここで $d[0]$ の値は ∞ であるので $d[0] \leftarrow d[3] + w(3, 0) = 35$ と更新する．$d[2]$ の値は既に確定しているので更新しない．この時点で $d[4]$ の値は 11 であり，$d[3] + w(3, 4) = 6 + 15 = 21$ より既に小さいので $d[4]$ の値を更新しない（図12-3 (c)．太い辺は出発点からの最短経路を示す）．

さらに，第 3 回目の反復を行う．最短経路長が未確定の頂点すなわち $T[k] < 0$ を満たす頂点の中で $d[k]$ の値が最小の頂点を探しそれを i とする．今度は $d[4] = 11$ が最小値なので $i = 4$（御茶ノ水）となる．頂点 i の最短経路長 $d[4] = 11$ を確定する（$T[4] \leftarrow 1$）．確定した頂点から直接到達できる頂点の経路長の候補距離を更新する．頂点 4 に接続する辺は $(4, 0)$, $(4, 1)$, $(4, 2)$, $(4, 3)$ の 4 本あり，それらのもう一方の頂点番号は，それぞれ，0, 1, 2, 3 である．このうち，頂点

2 と頂点 3 は最短経路長が確定しているので変更せず，残る頂点 0 と頂点 1 について，$d[0]$ の値は 35 であるので $d[0] \leftarrow d[4] + w(4, 0) = 16$ と更新し，$d[1]$ の値は 19 であるので $d[1] \leftarrow d[4] + w(4, 1) = 13$ と更新する（図12-3 (d)）．以下同様にして，頂点 1（秋葉原）について $d[1]$ を 13 と確定し（図12-3 (e)），最後に頂点 0（東京）について $d[0]$ を 15 と確定する（図12-3 (f)）．すなわち，最終結果として池袋駅から東京駅に至る最短経路長 15 が得られる．なお，東京駅以外の他の頂点に至る最短経路長も同様に計算されていることに注意されたい．

最短経路長が同じになる複数の頂点が存在しうるので計算の順序や最短経路自体は異なることがあるが，それでも最短経路の経路長は一意的である．このようにして，出発頂点からの距離の小さい順に最短経路長を確定した頂点を増やしていくことにより，1 つの出発頂点からその他のすべての頂点に至る経路の最短経路長を計算する．この計算の手間は頂点数を n として $O(n^2)$ である．なお，経路長だけでなく，最短経路そのものを計算するには，上記の $T[k]$ の操作を修正し，$d[k]$ を更新するときに辿った頂点の情報を $T[k]$ に記憶し，頂点 k から出発頂点に遡る経路を木とよばれるグラフ構造として構築すればよい．

12.1.2 ワーシャル・フロイド法

ワーシャル・フロイド（Warshall-Floyd）法は，n 個の頂点から 2 頂点を選ぶすべての組合せについて，その 2 頂点間の最短経路長を同時に計算するアルゴリズムである．フロイド・ウォーシャル法ともいう．この方法は，経路の中で経由可能な頂点の個数を増やしながら，考慮する経路のなかで最短の経路長を計算するものである．なお，後述する有向グラフの場合には辺の長さとして負の値を許すが，辺の長さの和が負になるような閉路は存在しないこととする．

表12-1 の 5 個の頂点間の所要時間を $C_{i,j}$ と表すことにする．すなわち，$C_{i,j} \leftarrow w(i, j)$．このとき，頂点 i と頂点 j を直接結ぶ辺に沿って頂点 i から頂点 j に直接（自明に）到達することができる．その経路長（所要時間）は $C_{i,j}$ に一致する．これを経由頂点を許さない経路についての最短経路の経路長と考える．これを初期値として以下のように最短経路長を計算してい

く．ここでは，頂点 k を $k+1$ 行目および $k+1$ 列目に対応させることにより，$C_{i,j}$ の値を，5 行 5 列の行列として，

$$C = (C_{i,j}) = \begin{pmatrix} 0 & 2 & \infty & 29 & 5 \\ 2 & 0 & 19 & \infty & 2 \\ \infty & 19 & 0 & 6 & 11 \\ 29 & \infty & 6 & 0 & 15 \\ 5 & 2 & 11 & 15 & 0 \end{pmatrix}$$

で表す．まず，頂点 0（ここでは東京駅）を選び，頂点 i から頂点 j に至る経路（辺）の経路長 $C_{i,j}$ と，頂点 i から頂点 0 を経由して頂点 j に至る経路の経路長 $C_{i,0}+C_{0,j}$ との比較を考える．このうちの小さい方を選び，頂点 0 の経由を許す経路の中で頂点 i と頂点 j の間の最短の経路長 $C_{i,j}^0$ として採用する．すなわち，$C_{i,j}^0 \leftarrow \min(C_{i,j}, C_{i,0}+C_{0,j})$．すると，頂点 i から頂点 j に至る経路のうち，両頂点を直接結ぶ辺 (i,j) による経路と，頂点 0 を経由して辺 $(i,0)$ と $(0,j)$ を通る経路のうち短い方の経路長が $C_{i,j}^0$ に計算できる．この例では，秋葉原と新宿間の所要時間が無限大から更新されて東京駅経由の 31（分）となり，これを行列 C^0 と表せば，

$$C^0 = (C_{i,j}^0) = \begin{pmatrix} 0 & 2 & \infty & 29 & 5 \\ 2 & 0 & 19 & [31] & 2 \\ \infty & 19 & 0 & 6 & 11 \\ 29 & [31] & 6 & 0 & 15 \\ 5 & 2 & 11 & 15 & 0 \end{pmatrix}$$

となる（括弧は更新された値を表す）．

次に頂点 1（秋葉原駅）を選び，頂点 i から頂点 j に至る「直接あるいは頂点 0 の経由を許す」経路の経路長 $C_{i,j}^0$ と，頂点 i から頂点 j に至る「頂点 0 だけでなく頂点 1 の経由も許す」経路の経路長 $C_{i,1}^0+C_{1,j}^0$ の比較を行い，短い方を $C_{i,j}^1$ と記す．すると，今度は頂点 i から頂点 j に至る経路のうち，頂点 0 と頂点 1 のどちらか一方あるいは両方の経由を許すような経路の中で最短の経路長が $C_{i,j}^1$ に計算できる．これを行列 C^1 と表せば，

$$C^1 = (C_{i,j}^1) = \begin{pmatrix} 0 & 2 & [21] & 29 & [4] \\ 2 & 0 & 19 & 31 & 2 \\ [21] & 19 & 0 & 6 & 11 \\ 29 & 31 & 6 & 0 & 15 \\ [4] & 2 & 11 & 15 & 0 \end{pmatrix}$$

となる．以下，頂点 0 から頂点 $k-1$ までの k 個の頂

```
for(k=0; k<n; k++)
  for(i=0; i<n; i++)
    for(j=0; j<n; j++)  c[i][j]=min( c[i][j], c[i][k]+c[k][j] )
```
図 12-4　ワーシャル・フロイド法のアルゴリズム
c[i][j] は $C_{i,j}^k$ (k=0,…,n-1) に対応し，その初期値は表 12-1 の値とする．

点の経由を許すが頂点 k から頂点 $n-1$ までの頂点の経由は禁止する経路の中で，頂点 i から頂点 j に至る最短経路長が $C_{i,j}^{k-1}$ に計算されていると仮定する．このとき，この $C_{i,j}^{k-1}$ の値と，新たに頂点 k の経由も許す経路の長さ $C_{i,k}^{k-1}+C_{k,j}^{k-1}$ の値とを比較し，小さい方を $C_{i,j}^k$ とする．すなわち，$C_{i,j}^k \leftarrow \min(C_{i,j}^{k-1}, C_{i,k}^{k-1}+C_{k,j}^{k-1})$ とする．この値は，頂点 i から頂点 j に至る経路のうち，頂点 0 から頂点 k までの $k+1$ 個の頂点の経由を許す経路の中で最短の経路長を与える．

最終的に，頂点 0 から始めて頂点 $n-1$ までのすべての頂点を経由可能な頂点 k として順次指定すると，頂点 i から頂点 j に至る他のすべての頂点の経由を許す経路の中で最短な経路長，すなわち，あらゆる経路の中で最短経路長が $C_{i,j}^{n-1}$ に計算できる．上記の例を続けて頂点 k を頂点 2，頂点 3，頂点 4 と順次更新した際の結果は，

$$C^2 = \begin{pmatrix} 0 & 2 & 21 & [27] & 4 \\ 2 & 0 & 19 & [25] & 2 \\ 21 & 19 & 0 & 6 & 11 \\ [27] & [25] & 6 & 0 & 15 \\ 4 & 2 & 11 & 15 & 0 \end{pmatrix}, C^3 = C^2,$$

$$C^4 = \begin{pmatrix} 0 & 2 & [15] & [19] & 4 \\ 2 & 0 & [13] & [17] & 2 \\ [15] & [13] & 0 & 6 & 11 \\ [19] & [17] & 6 & 0 & 15 \\ 4 & 2 & 11 & 15 & 0 \end{pmatrix}$$

となる．なお，プログラムで上記の計算をする場合には，単純に三重ループで $C_{i,j}^{k-1}$ と $C_{i,j}^k$ とを 2 次元配列の同じ要素に上書きして計算できることが知られている（図 12-4）．この計算に要する手間は頂点数を n として $O(n^3)$ である．

なお，ここでは駅での乗り換え時間などを無視したが，路線を変更するための乗り換え時間を考慮したネットワークを構成することもできる．例えば，御茶ノ水駅での東京メトロ丸ノ内線と JR 総武線との乗り換えには実際には移動の時間がかかる．この時間を考

慮する場合には，丸の内線の御茶ノ水駅とJRの御茶ノ水駅を異なる頂点で表し，その2頂点を移動時間を重みとする辺で結んだネットワークを考えればよい．

さらに，このような方法をより一般的にしたものとして鉄道などの時刻表データ，いわゆるダイヤグラムをネットワークで表現する「時空間ネットワーク」というものも知られている．これは次のように構成される．まず，鉄道などの駅を平面に配置し，各駅における時刻を高さ方向の軸として，列車等の発車時刻・到着時刻毎に3次元空間に頂点を設けておく．そして，時刻表に基づき，各駅で列車の発車時刻を表す頂点とその列車が次に停車する駅の到着時刻を表す頂点とを結ぶ有向辺を設ける．このようなネットワークにおいても上記のネットワーク分析の方法は一般的に適用できる．

鉄道の経路案内などのサービスに見られるように，最短経路だけではなく，2番目，3番目に短い経路などを表示することや，一般に，k番目に短い経路を探索するアルゴリズムも知られている．

12.2 グラフ・ネットワークの用語

上記の例では最短経路を考える場合に辺の向きを考慮しなかった．このように，辺の両端の2頂点を区別しないグラフを「無向グラフ（undirected graph）」という．無向グラフの辺はエッジ（edge）とよび，辺に接続する頂点のことを端点という．また，後述の最大流問題などのように，辺の両端の2頂点を区別して，辺の向きを考えるグラフを「有向グラフ（directed graph）」という．有向グラフの辺は有向辺（directed edge）あるいは単純にアーク（arc）という．有向辺の両端点の頂点のうち，出発頂点を始点（initial vertex），終着頂点（terminal vertex）を終点という．

辺の両端点が同一の頂点，あるいは，有向辺の始点と終点が同一の頂点であるような辺や有向辺が存在するとき，それを「セルフループ（self loop）」という．また，無向グラフの場合，2つの辺の両端点がそれぞれ等しいときそれらの辺を「多重辺（multiple edges）」という．有向グラフの場合には2つの辺の始点と終点がそれぞれ等しいときそれらの辺を「多重辺（multiple arcs）」という．「セルフループ」および「多重辺」が両方とも存在しないようなグラフを「単純（simple）」という．ある頂点から出発して辺を何本か辿りまた

図 12-5 セルフループ，多重辺，閉路

(a) 経路，（向きを無視した）経路　　(b) 有向グラフの有向道（有向パス）

図 12-6 経路・パス・有向道

同じ頂点に戻ってくる経路を「閉路（cycle）」という．有向グラフの場合には「有向閉路（directed cycle）」という．これらを図 12-5 (a)，(b)，(c) に示す．

一般に無向グラフは，その頂点（vertex）となる集合Vと辺（edge）の集合Eを与え，$G = (V, E)$と表記する．図 12-1 (b) については，頂点集合は$V = \{$"東京"，"秋葉原"，"池袋"，"新宿"，"御茶ノ水"$\}$である．ここに記載した順に頂点0（東京）から頂点4（御茶ノ水）まで番号を付与すれば，東京と御茶ノ水を結ぶ辺を$(0, 1)$と表して，辺集合は$E = \{(0, 1), (0, 3), (0, 4), (1, 2), (1, 4), (2, 3), (2, 4), (3, 4)\}$となる．なお，この8本の辺は無向辺なので，東京と秋葉原を結ぶ辺$(0, 1)$は$(1, 0)$の辺と同じとみなす．有向グラフは，頂点集合Vと有向辺（arc）の集合Aを与え，$G = (V, A)$と表記する．

辺の連なりは上記では経路と表したが，グラフ上の経路を一般に道あるいはパス（path）という（図 12-6）．特に，有向グラフの場合には，辺の向きを揃えた経路を考え，これを有向道あるいは有向パス（directed path）という．有向グラフの上で最短経路長を考える際，辺の重みは通常非負の値であるが，場合によっては負の値を対応づけることがある．ただし，その場合には，最短経路長を定めるためにある頂点から有向辺を辿りその頂点に戻ることができるような道（すなわち有向閉路）の上の辺の重みの和は非負であるとする．その理由は，もし有向閉路を成す辺の重みの和が負だとすると，その閉路を何度もぐるぐる回ることによりいくらでも辺の重みの和を小さくできてしまうので，そのような状況を避けるためである．

12.3 最大流問題

通信網や水などの配管や道路の交通量や輸送量などを表現するための「ネットワーク」を考える．ネット

12. ネットワーク分析　75

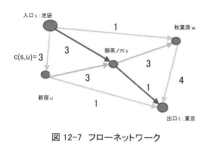

図 12-7　フローネットワーク

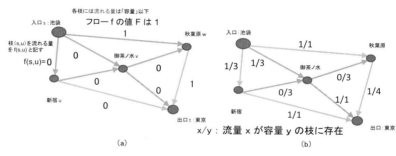

x/y：流量 x が容量 y の枝に存在

図 12-8　フロー f の例

(0) 何も流さない流量 0 のフロー f を初期フローとする．

(1) フロー f の「残余ネットワーク」を構成し，残余ネットワーク上で入口から出口までの正の流量を持つ枝からなる有向経路（有向道）を探索する．これは（流量）増加可能経路である．

(2a) もしそのような経路があればその経路に沿って f の流量を増やして新しいフローを構成し，新たな f とする．(1) に戻る．

(2b) そのような経路が存在せず，フロー f の流量を増やすことができなければ，停止する．f が求める最大流である．

図 12-9　最大流．フォード・ファルカーソン法

ワークを構成する辺をパイプのようなものと考え，そのパイプにはある容量まで水（や物や交通など）を流すことができると仮定する．このとき，指定した頂点（入口，source）から別に指定した頂点（出口，sink）へと向かう水流，物流，交通流などの流れをフロー（flow）という．フローの流量を最大にする問題を最大流問題（maximum-flow problem）という．

簡単のため，パイプを流れる水は一方向のみと考え，単純な有向グラフ $G = (V, A)$ に基づくネットワークを考える．ここで，頂点集合は V，有向辺集合は A と表す．このグラフ上のフロー f とは，各有向辺 a の水流が $f(a)$ であることを示す関数である．すなわち，有向辺 a に対して関数値 $f(a)$ を対応付ける．そして，各パイプはそれぞれある一定の太さを持ち，一定以上の流量は流すことができないこととする．すなわち，パイプを表す辺 a には，太さを表す容量（capacity）$c(a)$ が定められており，$f(a)$ の値は 0 以上 $c(a)$ 以下という制限があることとする．フロー f の値 F とは，入口からネットワークに流れ込む水流の総量（単位時間あたりの水の量）であり，すなわち，出口から流れ出る水流の総量である．途中で水流が消失したり増えたりしないこととする．最大流問題とは F の値を最大にするフロー f とその F の値を求めることである．

例えば図 12-7 で表されるフローネットワークにより，各辺の始点の駅から終点の駅へ旅客を輸送することを考える．ここでのフローとは各有向辺の旅客の輸送量を表す．有向辺に対応づけられた数値はその辺の容量を示し，これは適当な単位で表されたその有向辺だけに関する最大輸送量を表す．辺の向きは流すことが可能な（輸送可能な）フローの方向を表す．

このネットワーク上で，池袋駅を入口として，東京駅を出口とするフローの最大流量を計算することを考える．まず，具体的なフローの例として，池袋から秋葉原に 1 単位，秋葉原から東京駅に 1 単位のフロー f を考える（図 12-8）．各辺のフローとその辺の容量の両方を同時に示す場合には「フロー／容量」のように併記する（図 12-8（b））．

最大流問題を解くアルゴリズムとして様々なものが知られている．その中で基本となるアルゴリズムがフォード・ファルカーソン（Ford-Fulkerson）法である（図 12-9）．

残余ネットワーク（residual network）とは，元の有向グラフ $G = (V, A)$ とその各辺の容量 y（$y = c(a)$）と具体的なフロー f により与えられる辺の流量 x（$x = f(a)$）から構成される有向グラフ $H = (V, B)$ である．有向辺の集合 B の各有向辺は次のように定める．G の有向辺 a について，a の容量 $c(a)$ が y で，a の流量 $f(a)$ が x とする．a の始点・終点を明示して $a = (u, v)$ と表す．グラフ H には同じ頂点を始点・終点とする有向辺 $b_1 = (u, v)$ と逆向きの有向辺 $b_2 = (v, u)$ を設ける．そして，それらの容量（これを残余容量（residual capacity）という）を $c(b_1) = y - x$ および $c(b_2) = x$ に設定する（図 12-10）．この作業により，残余ネットワーク H の辺の容量を G の有向辺 a について順方向に $y - x$ と設定し，逆方向に x と設定することになる．すると，H 上で容量が正の値の有向辺（0 でない有向辺）だけを用いて入口から出口に至る有向道 p を見出すことができれば，その有向道に沿って流量の増加が可能

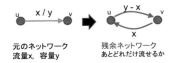

図 12-10 残余ネットワークを構成するための辺の対応づけ

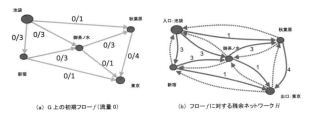

図 12-11 初期フローと残余ネットワーク

であることを判定できる．増加可能な流量は，見出された有向道 p を構成する各辺に対応づけられた残余容量のうちの最小値 α である．有向道 p を構成する有向辺が G の辺と順方向であれば流量を α だけ増加させ，G の辺と逆方向であれば流量を α だけ減少させることにより，結果として G におけるフローの流量を全体で α だけ増やすことを可能にする．

例えば，上記ネットワークにおいて，初期フローを0とした場合の残余ネットワークは図 12-11 (b) のようになる（点線は流量 0 の辺）．この残余ネットワーク H 上で，入口の池袋から出口の東京に至る有向道はいくつかあるがそのうちの 1 つを任意に選ぶ．ここでは（池袋，秋葉原），（秋葉原，東京）の 2 本の辺を考える（図 12-12 (a1)）．これらの容量は 1 と 4 であり，最小値は 1 であるから，この辺に沿って流量を 1 だけ増やすことができる（図 12-12 (a2)）．

さらにこの増やしたフローに対する残余ネットワーク（図 12-12 (b1)）を考え，その上での入口から出口に至る増加可能有向道として 池袋→新宿→東京（増加可能流量 $\alpha = 1$）を採用して流量を更新する（同図 (b2)）．さらに残余ネットワーク（同図 (c1)）を構成し，増加可能有向道として 池袋→新宿→御茶ノ水→東京（$\alpha = 1$）を採用して流量を更新する（同図 (c2)）．以下同様にして変更した流量に対応する残余ネットワークの上で入口から出口に至る有向道（増加可能道）を見出し，流量を増加させる（図 12-12 (d1) 〜 (f1)）．増加可能道が存在しない場合には，その残余ネットワークに対応するフローが最大流を与える（同図 (f2) ここでは最大流量は 6 である）．

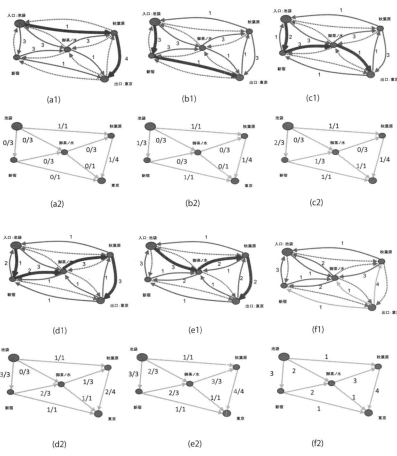

図 12-12 残余ネットワーク上の増加可能道（太線）と改善されたフロー
残余ネットワーク (a1), (b1), ..., (f1) と対応するフロー (a2), (b2),..., (f2)

なお，この計算にはネットワークの枝の本数 m と最大流量の大きさに依存した手間がかかる．増加可能経路の探索に後述の幅優先探索を用

いる Edmonds-Karp のアルゴリズムでは頂点数を n として $O(nm^2)$ の手間になるなど，改良法も存在する．

また，最大流に関連して，最大流量が最小カット容量に等しいという性質「最大フロー最小カット定理（max-flow min-cut theorem）」が知られている．ここで，カットとは辺の集合であり，その辺を取り除くと，入口から出口に至るあらゆる有向道をすべて分断できるような集合である．カット容量とはカットの各辺の容量の和のことである．上記図 12-7 の例で，4 本の辺（池袋，秋葉原），（御茶ノ水，東京），（新宿，東京）の集合はカットであり，容量の和は 6 である．他のどのカットもその容量は 6 以上であり，最小値は 6 である．この値が，最大流量と等しくなる．

12.4 ネットワーク構造分析

ここでのネットワーク構造分析としては，ネットワークのグラフとしての構造の分析に限定し，グラフの性質，グラフの構造，グラフの上の探索を紹介する．

無向グラフが「連結（connected）」であるとはグラフ上の任意の 2 頂点の間に経路（パス）があることである．非連結であるとはグラフが 2 つ以上の部分に分離されていることである．無向グラフ G の任意の 2 頂点について，その 2 頂点以外に頂点を共有しない経路が 2 本以上存在するとき，G は 2 連結であるという（図 12-13）．

有向グラフ $G = (V, A)$ の V の部分集合 W を考える．W の任意の 2 頂点を通る有向閉路が存在するとき，W を G の強連結成分（strongly connected component）という．W が V に一致するとき，G は強連結であるという．

グラフ G の頂点 i について，頂点 i と頂点 j の間の最短経路長を $C(i, j)$ とするとき，$N_i = \sum_j C(i, j)$ を頂点 i の近接度という（表 12-2）．$C(i, j)$ はワーシャル・フロイド法で計算することができる．近接度は頂点 i が他の頂点にどの程度近いのかという程度を表す指標の 1 つである．

「木（tree）」とは，頂点の個数より 1 つだけ少ない辺を辺集合として持つ連結なグラフをいう（図 12-14 (a)）．「DAG（Directed Acyclic Graph）」とは，有向グラフであって，内部に「有向閉路」を持たないもののことである．「ダグ」と発音し，無閉路有向グラフ（acyclic graph）ということもある（図 12-14 (b)）．

グラフの頂点をたどりながら何らかの操作を行うこ

表 12-2 近接度

	0 東京	1 秋葉原	2 池袋	3 新宿	4 御茶ノ水	近接度
東京	0	2	15	19	4	40
秋葉原	2	0	13	17	2	34
池袋	15	13	0	6	11	45
新宿	19	17	6	0	15	57
御茶ノ水	4	2	11	15	0	32

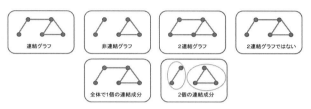

図 12-13 グラフの連結・連結成分

図 12-14 グラフの構造

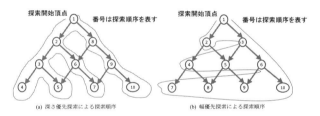

図 12-15 深さ優先探索と幅優先探索による頂点探索順序

とを探索という．例えば，頂点に対応づけられた量がある値より大きい頂点を列挙するなどの処理である．そのような場合に「深さ優先探索（Depth First Search, DFS）」と「幅優先探索（Breath First Search, BFS）」が基本的な辿り方としてよく知られている．

深さ優先探索は，探索開始頂点から辺を先へ先へと辿れるだけ先に進みながら頂点を辿り，辿れなくなったら少しずつ後戻りしながら他の頂点を辿る方法である．幅優先探索は，探索開始頂点からなるべく少ない本数の辺で到達できる頂点の順序に辿る方法である．通常一度辿った頂点には印を付け，2 度以上は辿らないようにする．深さ優先と幅優先の違いは頂点を訪れる順序の違いになる．図 12-15 の頂点に対応づけられた番号は深さ優先および幅優先で頂点を訪れるときの順番を表す．深さ優先探索ではグラフの左下の頂点を訪れるのは 4 番目であるが，幅優先探索では同じ頂点

を訪れるのは7番目である．これらの探索を実際に行うには，スタックおよびキューとよばれるデータ構造を用いることが多い．両者の性質を併せ持つ「反復深化探索（iterative deepening）」と呼ばれるものもよく知られている．

12.5 プログラム例

例題として取り上げた5個の頂点からなるグラフ（図12-1）について，ダイクストラ法のC言語によるプログラム例を図12-16に示す．同じグラフに対するワーシャル・フロイド法のプログラム例を図12-17に示す．最大流問題の例題としてとりあげた5個の頂点からなるフローネットワーク（図12-7）についてのフォード・ファルカーソン法のプログラム例を図12-18に示す．紙面の都合でプログラムの詳細説明は省略する．

```
#include <stdio.h>
enum{ N=5, inf=1000000 };
enum{ Tokyo=0, Akihabara=1, Ikebukuro=2, Shinjuku=3, Ochanomizu=4 };
double w[N][N]={{  0,   2, inf,  29,   5},
                {  2,   0,  19, inf,   2},
                {inf,  19,   0,   6,  11},
                { 29, inf,   6,   0,  15},
                {  5,   2,  11,  15,   0}};
double d[N]; /* start からの距離            */
int T[N];    /* 1 のとき最短距離確定，-1 のとき未確定 */
void dijkstra(int start){ int i,j; double e;
   for(j=0;j<N;j++) { d[j]=inf; T[j]=-1; }
   d[start]=0;
   while(1){
      i=-1; e=inf;
      for(j=0;j<N;j++) if(T[j]<0 && d[j]<e){ i=j; e=d[j]; }
      if(i<0) break;
      T[i]=1;
      for(j=0;j<N;j++) d[j]=(d[j]>d[i]+w[i][j])?(d[i]+w[i][j]):d[j];
   }
   for(i=0;i<N;i++) printf("i=%d d[i]=%f¥n", i, d[i]);
}
int main(){ dijkstra(Ikebukuro); return 0; }
```

図12-16 ダイクストラ法のプログラム例
2行目のinfは十分に大きい数を表す．ここでは10^6を用いた．

```
#include <stdio.h>
enum{ N=5, inf=1000000 };
enum{ Tokyo=0, Akihabara=1, Ikebukuro=2, Shinjuku=3, Ochanomizu=4 };
double c[N][N]={{  0,   2, inf,  29,   5},
                {  2,   0,  19, inf,   2},
                {inf,  19,   0,   6,  11},
                { 29, inf,   6,   0,  15},
                {  5,   2,  11,  15,   0}}; /* 上書きされる */
void floyd_warshall(){
   int i,j,k;
   for(k=0;k<N;k++) for(i=0;i<N;i++) for(j=0;j<N;j++)
      c[i][j]=(c[i][j]<c[i][k]+c[k][j])?(c[i][j]):(c[i][k]+c[k][j]);
   for(i=0;i<N;i++){
      for(j=0;j<N;j++) printf("%4.0f ", c[i][j]); printf("¥n");
   }
}
int main(){ floyd_warshall(); return 0; }
```

図12-17 ワーシャル・フロイド法のプログラム例
2行目のinfは十分に大きい数を表す．ここでは10^6を用いた．

```
#include <stdio.h>
enum{ N=5, Undef=-1, Root=-2, inf=1000000 };
enum{ Tokyo=0, Akihabara=1, Ikebukuro=2, Shinjuku=3, Ochanomizu=4 };
double g[N][N]={{ 0, 0, 0, 0, 0},
                { 4, 0, 0, 0, 0},
                { 0, 1, 0, 3, 3},
                { 1, 0, 0, 0, 3},
                { 1, 3, 0, 0, 0}}; /* 上書きされる */
int T[N];
void dfs(int i){ int j; /* 深さ優先で増加可能道を探索 */
   for(j=0;j<N;j++) if(g[i][j]>0 && T[j]==Undef) { T[j]=i; dfs(j);}
}
double auxflow(int ini, int trm){ int j,k; double e=inf;
   for(j=0;j<N;j++) T[j]=(j==ini)?Root:Undef; /* 深さ優先探索用初期化 */
   dfs(ini);
   for(e=inf,j=trm,k=T[j]; k>=0; j=k,k=T[j]) if(e>g[k][j]) e=g[k][j];
   if(e<inf) for(j=trm,k=T[j]; k>=0; j=k,k=T[j]){ g[k][j]-=e; g[j][k]+=e;
   return e;
}
void maxflow(int ini,int trm){ double alpha,ee;
   for(ee=0; (alpha=auxflow(ini,trm))<inf; ee+=alpha );
   printf("maxflow=%f¥n", ee);
}
int main(int ac,char**av){ maxflow(Ikebukuro,Tokyo); return 0; }
```

図12-18 フォード・ファルカーソン法のプログラム例
2行目のinfは十分に大きい数を表す．ここでは10^6を用いた．

【関連文献】

コルメン, T.・ライザーソン, C.・リベスト, R.・シュタイン, C. 著, 浅野哲夫ほか訳 2007.『アルゴリズムイントロダクション改訂2版第2巻アルゴリズムの設計と解析手法』近代科学社.

秋葉拓哉・岩田陽一・北川宣稔 著 2012.『プログラミングコンテストチャレンジブック第2版』マイナビ.

Worboys, M., and Duckham, M. 2004. *GIS A Computing Perspective*, CRC Press.

岡部篤行・村山祐司 編 2006.『GISで空間分析：ソフトウェア活用術』古今書院.

13
領域分析

　地理情報科学における領域分析とは，ある地物について，それと関わりのある空間的範囲をとらえようとするものである．そうした「関わり」には，その地物を利用するという関わり，地物が影響を与えるという関わりなど様々なものがある．その関わりによって，空間的範囲は，利用圏，勢力圏などと呼ばれる．GISがしばしば活用される商圏分析は，店舗の利用圏をとらえるものであるから，代表的な領域分析の1つと言ってよいだろう．

　領域分析が求められる場面には，次のようなものがある．

・ある地域で，交通の便の良くない地区がどこかを知りたい．
・ある幹線道路について，どのくらいの数の人々が騒音で迷惑しているかを知りたい．
・あるチェーン店で計画中の新規店舗の売上げを予測したい．
・ある地域の学校について，より良い学区域を提案したい．

　こうした場面で用いられる領域分析の方法には，主なものとして，バッファ（buffer）によるものとボロノイ（Voronoi）分割によるものがある．以下，各方法について述べる．

13.1 バッファによる領域分析

　いま，ある鉄道駅があって，この駅に近接する領域を知りたいとする．このとき，GISを用いてしばしば行われる方法は，駅を中心とする円を描いて，領域を画定することである．一般に，ある地物からの距離が特定の距離以下であるような領域をバッファと呼

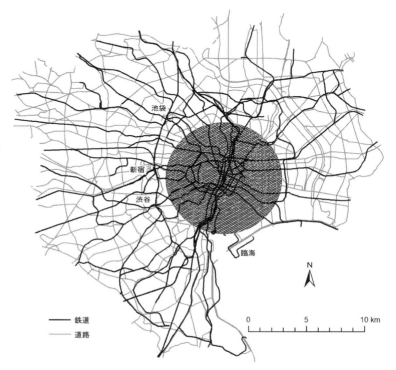

図 13-1　東京駅から 5km 圏バッファ

ぶ．バッファの形は，地物が点であれば，円である．図 13-1 は，東京 23 区の鉄道および道路網の地図である．この図中の斜線部分が，GISを用いて得られたバッファであり，東京駅を中心とする 5km 圏の領域を示している．この図を見ると，新宿，渋谷，池袋，臨海といった副都心地区が，ちょうど東京駅から 5km 圏のすぐ外に位置していることがわかる．

　次に，図 13-2 は，図 13-1 と同じ地図に対して，すべての鉄道駅からのバッファを描いたものである．斜線部分がバッファであり，これは各鉄道駅を中心とする 500m 圏の領域である．この図を見ると，東京駅の周辺など東京都心部でバッファが密に重なり合っている．一方で，東京西部では，バッファの円が互いにほ

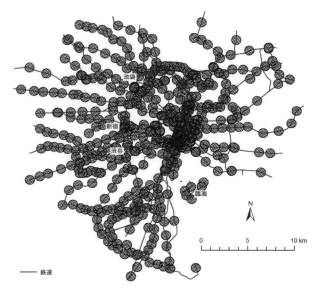

図 13-2 東京 23 区の各鉄道駅から 500m 圏バッファ

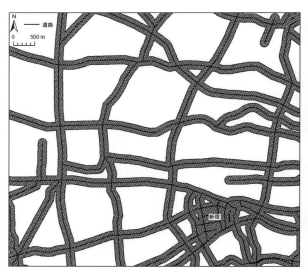

図 13-4 東京西部における主要道路から 100m 圏バッファ

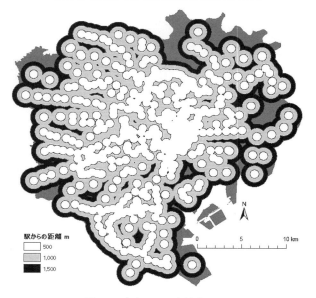

図 13-3 東京 23 区の各鉄道駅から
500m 圏，1km 圏，1.5km 圏の多重リングバッファ

ぼ接するくらいの間隔で並んでいる．これらのことから，都心部では鉄道駅までの上限距離が 500m よりもずっと小さく，一方で，東京西部の郊外部では鉄道駅間の距離がおおよそ 1,000m であるとわかる．

図 13-3 は，鉄道駅からのバッファを 3 つ描いた多重リングバッファである．それぞれ，鉄道駅からの距離が異なり，500m 圏バッファ（白），1,000m 圏バッファ（薄いグレー），1,500m 圏バッファ（黒）である．背景に濃いグレーで表示されているのは東京 23 区の地図

である．これを見ると，東京 23 区のほとんどが鉄道駅から 1.5km 以内にあることがわかる．逆に言えば，東京 23 区内であるにも関わらず，鉄道駅までの距離が 1.5km 以上の地区が存在するということであり，そうした地区は東京 23 区内において特に交通が不便なところである．例えば，この地図の北部に見える「C」の形をしたところは，東京都足立区西部の交通不便地区である．ただし，ここに示した地図はすこし古いものであり，現在では，この地区に新しい交通システムができている．この図を見ると，交通不便地区に対して，実際に適切な対応がなされたことがわかる．

地物が点でない場合のバッファについて紹介しよう．図 13-4 は，地物が線である場合のバッファの例である．これは，東京 23 区西部の主要幹線道路について，GIS を用いて 100m 圏を算出して描いたものである．斜線部分がその 100m 圏バッファである．もしも人口分布のデータがあれば，このバッファとオーバーレイすることによって，幹線道路沿いにどのくらいの数の住民がいるかをおおまかに推定することができる．

一方，図 13-5 は，地物がポリゴンである場合のバッファの例である．これは，名古屋市東部の都市施設について，GIS を用いて都市施設から 100m 以内の領域を描いたもので，斜線部分がその 100m 圏バッファである．ここで用いた都市施設のデータでは，各都市施設がポリゴンの地物として保存されている．これらの

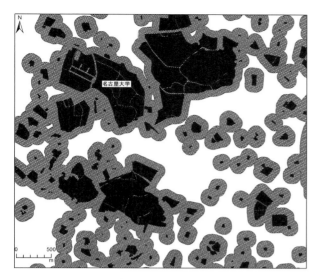

図13-5 都市施設から100m圏バッファ

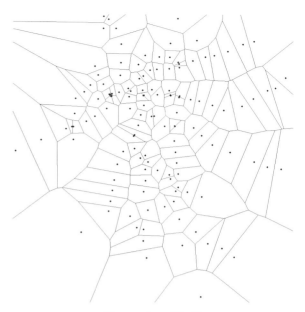

図13-6 ボロノイ図の例

図に示す通り，地物が点の場合のみに限らず，線やポリゴンの場合でも，バッファを描くことができる．

以上で紹介してきたとおり，バッファとは，地物と関わりのある空間的範囲をとらえるため，その地物の近隣を明示的に求めるものである．GISで描かれたバッファは，通常，ポリゴンとして得られる．このバッファのポリゴンを他の地物のレイヤとオーバーレイすることで，バッファと重なる地物を検索することができる．ある地物について描いたバッファを踏まえて他の地物を検索することは，それら地物間の近隣関係を知る上で基本的な分析である．

13.2 ボロノイ分割による領域分析

まず，ある鉄道駅について，その駅が他のどの駅よりも近い駅（最寄りの駅）であるような領域を画定する．この領域を鉄道駅の最近隣勢力圏，あるいは駅勢圏と呼ぶ．一般に，複数の地物があったとき，各地物について，その地物までの距離が他のどの地物までの距離よりも小さい領域（最近隣勢力圏）を求めることができる．この領域をボロノイ（Voronoi）領域と呼ぶ．それぞれの地物についてボロノイ領域を求め，それらをまとめて示した図をボロノイ図（Voronoi diagram）と呼ぶ．ある地域でボロノイ図を描いてみると，その地域を分割した図となるので，この手続きをボロノイ分割と呼ぶことがある．そうしたことから，ボロノイ図は，ボロノイ分割図やティーセン（Thiessen）分割図などとも呼ばれる．図13-6は，2000年頃の名古屋市における鉄道駅の点分布に対して，ボロノイ図を描いたものである．この図の鉄道駅のように地物が点である場合，ボロノイ図が描かれる際の生成元となる点（この図の鉄道駅）のことを母点と呼ぶ．また，ボロノイ領域の境界線のことをボロノイ辺と呼ぶ．もし，学校の点分布についてボロノイ図を描けば，各学校の最近隣勢力圏を知ることができる．これと実際の学区域とを重ね合わせて比べることによって，より良い学区域を考えることもできる．また，図13-6で，もし各ボロノイ領域について人口密度分布のデータがあれば，それに面積を乗ずることで各ボロノイ領域の推定人口を算出することができる．商業店舗の点分布について同じ処理を行えば，商圏人口を推計できるから，新規店舗のおおよその売上げを予測することもできる．このように，ボロノイ図は，最近隣勢力圏とその（人口などの）属性を知る上で有効である．

ボロノイ図の描画手順を考えてみよう．いま仮に2つの点（母点）があったとする．このとき，そのボロノイ図を描くためには，2つの母点を結ぶ線分についてその垂直二等分線を引けばよい．もしも母点がn個あれば，そのうちの2点の組み合わせすべてについて同様に垂直二等分線を引けばよい（図13-7）．その手間はどれほどのものであろうか．ここでは，作業の手間をおおまかに知るため，垂直二等分線の本数だけを

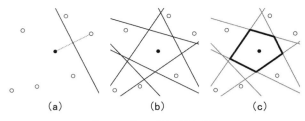

図 13-7 ボロノイ図の描画手順
(a) 2母点を結ぶ線分（破線）の垂直二等分線（実線）を引く．(b) 黒丸の母点とその他のすべての母点との組み合わせについて垂直二等分線を引く．(c) ボロノイ辺（太線）に該当しない部分（グレーの線）を削除する．

図 13-9 線を生成元とするボロノイ図の例
背景図は OpenStreetMap Japan（http://osm.jp）による

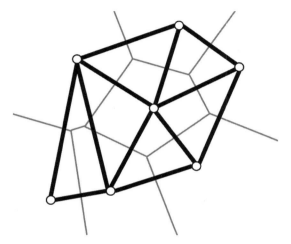

図 13-8 ボロノイ図とドローネ三角形図

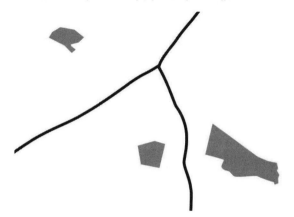

図 13-10 ポリゴンを生成元とするボロノイ図の例

考える．例えば，母点が10個あれば，2点の組み合わせは45（=$_{10}C_2$）通りあるから，45本の垂直二等分線を引けば必ずボロノイ図を描ききることができる．母点が100個あれば同様に4950本の垂直二等分線を引けばよい．図13-6の鉄道駅の数がおよそ100であるので，この図を手作業で描こうとすれば，最悪の場合，5000本ほどの垂直二等分線を引かなければならないということになる．一般に，母点の数 n に対する垂直二等分線の数は $n^2/2 - n/2$ であるから，n が大きい値になると膨大な数の垂直二等分線を引くことになる．実際上，手作業でボロノイ図を描くのはきわめて難しく，コンピュータを使うことが有効である．コンピュータによる実際のボロノイ図描画では，ここに紹介した素朴な手順と比べると，もっと工夫された効率的な方法が採用されている（詳しくは岡部・鈴木（1992）を参照されたい）．

ボロノイ図の有効性は最近隣勢力圏を知ることのみに留まらない．ボロノイ図を使うと，地物の隣接関係を知ることもできる．図13-8の細線は，白丸を母点とするボロノイ図のボロノイ辺である．ボロノイ辺では隣り合うボロノイ領域が接している．そこで，各ボロノイ辺について，そこで隣り合うボロノイ領域の母点どうしを線分で結んでみると，太線のような三角形のネットワーク図ができあがる．この三角形図のことをドローネ（Delaunay）三角形図と呼ぶ．ドローネ三角形図を描けば，ある点が他のどの点と隣接関係にあるのかが明確になる．私たちは日常生活において「となりの町」などと表現していながら，実際に「となり」とはどこかを曖昧に考えていることが多い．ドローネ三角形図は，私たちにとって身近でありつつも曖昧な空間的概念を明確にするという点で有効である．

さて，バッファによる分析の場合と同じく，地物が線やポリゴンであってもボロノイ図を描くことができる．図13-9は，東京の荒川と隅田川が流れている地域について，2つの川のボロノイ領域を描いたものである．2つの川はいずれも線の地物として表現されている．真ん中の太い黒線が2つのボロノイ領域の境界であり，この線より右側が荒川のボロノイ領域，左側

ボロノイ図は拡張性も高く，さまざまな種類のボロノイ図が研究されてきている．その1つにネットワーク上のボロノイ図がある．図 13-11 はその例である．この図は，道路網上でボロノイ図を描いたもので，3つの黒丸（●）が母点である．各母点から道路に沿って距離を測ったときの最近隣勢力圏にあたる部分が，それぞれ，黒線，グレーの線，破線で描かれている．白丸（○）は勢力圏の境界にあたる地点である．こうした多様なボロノイ図については，岡部・鈴木（1992）などを参照されたい．

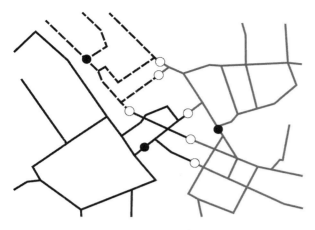

図 13-11　ネットワーク上のボロノイ図の例

が隅田川のボロノイ領域である．一般にこのようなボロノイ図は，線を生成元とするボロノイ図などと呼ばれる．図 13-10 は，ポリゴンを生成元とするボロノイ図の例である．この図のポリゴンは架空の地物であり，三つ叉状の太い黒線が各ポリゴンのボロノイ領域の境界である．このような図は，例えば公園の最近隣勢力圏などを知りたいときに有効である．

【引用文献】

岡部篤行・鈴木敦夫 1992.『最適配置の数理』朝倉書店．

【関連文献】

Okabe, A., Boots, B. and K. Sugihara 2000. *Spatial Tessellations: Concepts and Applications of Voronoi Diagrams*, Chichester: John Wiley.

高橋重雄・井上 孝・三條和博・高橋朋一 編 2005.『事例で学ぶGISと地域分析』古今書院．

中村和郎・寄藤 昂・村山祐司 編 1998.『地理情報システムを学ぶ』古今書院．

14
点データの分析

地理情報科学では，様々な地物の分布パターンを分析する．人口，都市施設，動植物，化学物質，湖沼，遺跡など，分野によってその対象は異なるが，いずれにおいても，分布の中にパターン，即ち，何らかの規則性を見出そうという試みは，探索的空間分析の第一歩である．

地球上の地物の大半は，それぞれある大きさを有しており，その空間的次元は1以上である．他方，点とは大きさのない0次元の地物であるが，高次元の地物を点として扱うと，パターンの発見が容易になることが少なくない．これは形態という，高次元の地物に特有の性質を捨象することにより，地物全体の空間分布により注意を向けられるためである．点データの分析は，高次元の地物にも適用可能な，最も基本的かつ広範な応用を有する空間分析である．

点データの分析手法は，視覚的分析と数理的分析の2つに分類することができる．それぞれ固有の長所・短所を有しており，両者を適宜，組み合わせて利用することが望ましい．以下，各手法の具体的手順について述べる．

14.1 視覚的分析

点データの視覚的分析とは，点データの空間分布を電子あるいは紙媒体などを通じて可視化し，その観察を通じてパターンを見出す作業である．分析の成果が可視化の方法に依存することから，手法の特性を十分に理解した上で，適切なものを選択する必要がある．

点データは通常，まずはそのまま点分布図として可視化する（図14-1）．点分布図は，点に関する全ての情報をそのまま伝達する可視化手法であり，最も基本的かつ重要な方法である．但し点分布図には，少なくとも2つの問題点がある．1つは，点の数が非常に多い場合，点記号同士が重なり合って点密度の地域間の差異が判別し難くなり，分布全体のパターンを的確に

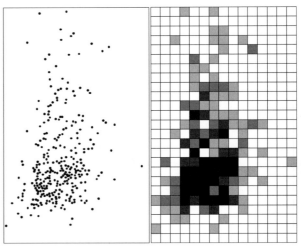

図14-1 点分布図による　　図14-2 メッシュによる空間集計を
　　点データの可視化　　　　　利用した，点データの可視化

把握できないことである．複数の点を1つの記号に集約して表示する，総描という技法を利用することもできるが，その実装は容易ではなく，集約する点の選択方法も一意ではないなどの課題がある．2つ目の問題は，同一地点上の点の重複に関する情報を可視化できないということである．人口分布を点分布図として可視化する場合，同一の建物に居住する個人は通常，全て同一地点に重なる点記号となる．その結果，1つの点記号が複数の点を意味することになり，集合住宅の居住者やオフィスビルの従業者などの点分布図では，この重複が数十から数千に及ぶこともある．

以上の2つの問題点を解決する方法の1つが，空間集計である．空間集計とは，メッシュや町丁目などの空間集計単位を用いて，領域ごとに点の個数を数える方法である．各領域に含まれる点の個数を，メッシュに付した色の濃淡などで表現することで，点分布全体の様子を可視化する．図14-2は，図14-1の点分布図を，メッシュを用いて集計したものである．図14-1では点が集中しているようには見えない地域でも，図

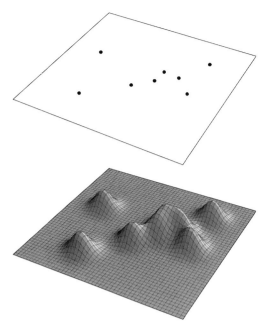

図 14-3 空間的平滑化による点データの可視化.
上図は元の点データ，下図は空間的平滑化後の点データ

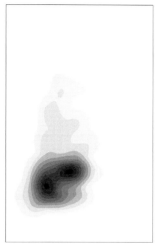

図 14-4 空間的平滑化を用いた，
図 14-1 の点データの可視化

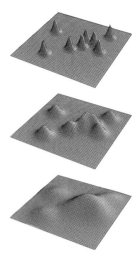

図 14-5 カーネルの平滑さと
可視化の結果との関係

14-2 ではそのように見える場合があることを確認できるであろう．

他方，空間集計による可視化にも，その利用には注意すべき点がある．その1つは，可視化の結果が空間集計単位の定義に大きく依存することである．メッシュを用いる場合，大きなメッシュでは点分布の全体構造が把握しやすい反面，局所的な点の分布は分からなくなる．反対に小さなメッシュを用いると，点分布図に近い表現になり，分布の広域的な傾向を捉えにくくなる恐れがある．また町丁目など，様々な大きさの空間集計単位を利用する場合には，大きさの差異も可視化の結果に影響を及ぼす．大きな空間集計単位ほど，強い視覚的印象を与え，点分布の全体的解釈にも大きな影響を及ぼす．この問題を解決するカルトグラム（後述）という手法もあるが，全ての GIS で利用できる機能ではなく，また，その実装は必ずしも容易ではない．

点分布図の問題点を解決するもう1つの方法として，空間的平滑化がある．これは，それぞれの点を中心とする小さな「山」（カーネルと呼ばれる）を配置し，それらの積み重ねとして点分布全体を可視化する方法である．空間的平滑化により，図 14-3 上図の点分布は，図 14-3 下図のような滑らかな連続面に変換される．この方法を用いると，図 14-1 の点分布は図 14-4 のような濃淡図で可視化することができる．空間的平滑化には，空間集計で見られるような，空間集計単位の境界線付近での値の急激な変化が発生しないという利点がある．分布全体を滑らかな面で表現することから，空間的平滑化は広域的な分布パターンの把握には，より適していると言えよう．

空間的平滑化の利用に際しては，カーネル形状の選択に注意する必要がある．図 14-5 は，カーネルの平滑さと可視化の結果の関係を示したものである．平滑なカーネルは，分布の広域的傾向の把握には適しているが，局所的パターンの抽出には不向きである．この関係は，空間集計における空間集計単位の大きさとも同様であり，分析の目的に応じた，適切なカーネル選択が必要である．

14.2 数理的分析

視覚的分析は，実行が容易であり，可視化の結果も理解しやすいという大きな長所を持つ．その一方，解釈が主観的になりがちである，大量のデータ分析には向かない，などの短所も有している．視覚的分析は点データの最も基本的な分析手法であるが，それだけでは，常に十分な空間分析を行うことはできない．

数理的分析手法は，視覚的分析を補完する方法の1つである．数理的分析では通常，点分布の特徴を表す数値指標を定義し，その大小などによってパターンの有無を論ずる．但しひとことでパターンと言っても，

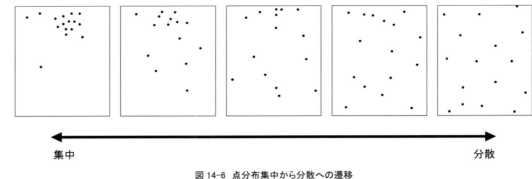

図 14-6 点分布集中から分散への遷移

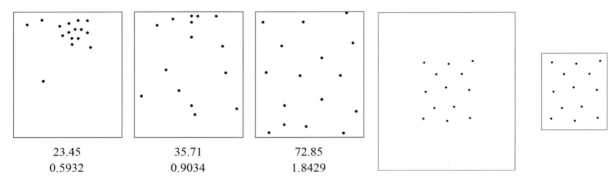

図 14-7 3つの点分布における平均最近隣距離
図下の数値上段は基準化前,下段は基準化後の値（w）をそれぞれ表す．

図 14-8 定義域の差異と点分布との関係

その意味する内容は様々である．直線状，円環状，格子状などの規則的配置を指す場合もあれば，図 14-1 のようなやや曖昧な分布において，何らかのパターンを定義しようとすることもある．

実用上，最も重要なパターンの 1 つが，点の空間的集中である．空間現象発現の原因解明は，地理情報科学の大きな目的の 1 つであるが，点分布の地域的な集中は，点分布の規定要因を探る重要な手がかりとなる．例えば点がある疾病の患者を表すとき，その集中は，環境的な要因がその近辺に存在する可能性を示唆する．スノーのコレラ地図（図 3-4）は，この最も端的な事例である．昆虫種を表す点分布の集中では，餌となる動植物の存在を，コーヒーチェーンが駅周辺に集中する様子は，集客施設としての駅の重要性を示す．点の空間的集中については，こうした実用的重要性ゆえに，これまで様々な分析手法が提案されてきている．

図 14-6 は，点分布の集中から分散への遷移を表したものである．点分布図による視覚的分析でも，点の集中はある程度，把握することが可能である．しかし図 14-1 のようなやや曖昧な分布になると，視覚的分析だけに基づいてパターンを論ずるのは容易ではな

い．定量的指標を用いて，集中の程度を数理的に表現する必要がある．

平均最近隣距離法は，点の集中度を分析する最も基本的な数理的手法である．平均最近隣距離とは，全ての点について，最寄りの点までの距離を計測し，その平均値を取ったものである．点が集中するほど平均最近隣距離は小さくなることから，その大小によって点の集中度が判断できる．図 14-7 上段の数値は，3 つの点分布の平均最近隣距離であり，その大小と点の集中度の関係が確認できる．

点の集中を論ずる際には，それが点の分布する領域の定義に依存した，相対的な概念であるという点に注意する必要がある．図 14-8 は，同一の点分布を，大きさの異なる領域内で表示したものである．左図では，点は集中しているように見えるが，右図では明らかに点は分散している．このように同一の点分布であっても，その定義域の大小によって，集中とも分散とも見なしうることがある．平均最近隣距離は，このような定義域の差異を勘案しない指標であるため，定義域が異なる場合には，その大小だけで集中度を捉えることはできない．

この問題を解決するには，点分布の定義域に対して何らかの基準となる点分布を想定し，その状況下での平均最近隣距離と比較すれば良い．そこで通常は，点が領域内にランダムに分布しているときの平均最近隣距離の期待値を導出し，それに対する比を計算することで，定義域の差異による影響を排除した，比較可能な相対的指標を導出する．

点のランダムな分布は，ポアソン分布によって表現できる（領域の有界性による影響は微小と仮定する）．点の密度をλとすると，ポアソン分布に従う場合の平均最近隣距離の期待値は$1/(2\sqrt{\lambda})$である．計測した平均最近隣距離をこの期待値で除した値をwとすれば，$w=1$を基準として，$w<1$のときには点は集中，$w>1$のときには分散と判断できる．図14-7では，下段の数値が各点分布のwを表している．

平均最近隣距離法を用いると，点の集中や分散を定量的に評価するだけでなく，その統計的な有意性も検定することができる．wが1よりも遙かに大きいか小さい場合には，点分布を集中型あるいは分散型と明確に分類できるが，wが1に近いと，その判断は容易ではない．統計的検定は，この様な判断に1つの定量的な根拠を与えるものである．

検定における帰無仮説をポアソン分布とすると，帰無仮説のもとでのwは，近似的に平均，分散がそれぞれ

$$\mu = \frac{1}{2\sqrt{\lambda}} \qquad (14\text{-}1)$$

$$\sigma^2 = \frac{4-\pi}{4\pi n \lambda} \qquad (14\text{-}2)$$

の正規分布に従うことが知られている．従って

$$z = \frac{|w-\mu|}{\sigma} \qquad (14\text{-}3)$$

が有意に大きな場合には，点分布を集中型あるいは分散型，そうでなければランダム型と判定すれば良い．

平均最近隣距離法の長所は，計算が容易であり，結果の解釈が明確であるという点である．その反面，平均最近隣距離だけでは適切に分類できない点分布が存在するという問題点もある．図14-9では，直感的には，左図の点分布は集中，右図の点分布は分散と考えられる．しかしこれらの平均最近隣距離は同一であり，検定の結果，有意水準5%でいずれも集中型分布と結論づけられる．

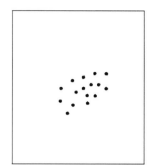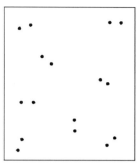

図14-9 平均最近隣距離では区別できない点分布

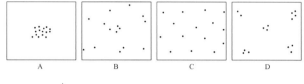

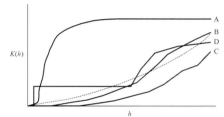

図14-10 4つの点分布とK-関数

直感と反するこの結果は，平均最近隣距離法が，各点と最寄りの点しか考慮せずに分布全体を評価することに起因している．この問題点を解消したのが，RipleyのK-関数法である（Ripley 1981）．K-関数とは，各点から距離h以内にある他の全ての点の個数を数え，点の総数nと密度λとで除したものである．前者を$\rho(h)$と標記すると，K-関数は

$$K(h) = \frac{\rho(h)}{n\lambda} \qquad (14\text{-}4)$$

と表されるが，この標記からも明らかなとおり，K-関数は単一の数値ではなく，hに関する単調増加関数である．

図14-10は，4つの点分布におけるK-関数のグラフを示したものである．分布Aのように点が1箇所に集中している場合には，K-関数は小さいhで急速に増加し，その後は一定値となる．それに対し分布Cのような分散型の分布では，K-関数は全体的に小さな値をとりつつ，緩やかに増加してゆく．分布Dは図14-9と同様に，平均最近隣距離法では分布Aと区別し難い点分布である．しかし図14-10に見られるよ

うに，K-関数の形状は分布Aとは大きく異なり，K-関数を用いることで分布Aとは明確に区別できる．

K-関数の基準化や検定は，平均最近隣距離と同様に，点分布がポアソン分布に従う場合を想定して行う．このときK-関数は近似的に，平均πh^2，分散$\sigma^2=\pi h^2/n\lambda$の正規分布に従う．図14-10の点線は，期待値$K(h)=\pi h^2$を表すグラフであり，各点分布の集中や分散は，この点線との大小関係で判断できる．即ち，$K(h)$が点線よりも上に位置している場合には集中，下の場合には分散と見なす．また，基準化後の新たな関数（L-関数と呼ばれる）を

$$L(h)=\sqrt{\frac{K(h)}{\pi}}-h \qquad (14\text{-}5)$$

と定義すると，$L(h)<1$のときには集中型，$L(h)>1$のときには分散型となり，定義域の異なる点分布間の比較も可能となる．

前述の通り，点の集中とは，点の定義域に依存した概念であるが，K-関数法ではこのことが明示的に表現されている．空間的に見るとK-関数は，各点を中心に半径hの円を描き，その中に含まれる他の点の個数を数えた指標として捉えられる．これらの円の和集合が即ち点の定義域であり，hは定義域の大きさを決定づける変数である．この性質ゆえに，K-関数法では，同一の点分布がhの値によって集中型とも分散型とも見なされることが起こる．例えば図14-10の分布Bは，hに応じて点線の上下を何度か横断しており，点線の上にあるときには集中型，点線の下にあるときには分散型と見なされる．

点分布を分析する数理的手法にもう1つ，方格法（区画法）がある．方格法ではまず，点データをメッシュによって図14-2のように空間集計する．そして，各メッシュ内の点の個数が均一かどうかという観点から，点分布全体の評価を行う．

平均最近隣距離法，K-関数法はいずれも，空間的分布を扱うために新たに開発された手法であるのに対し，方格法は統計学のχ^2検定を援用したものである．そのため方格法は，点分布の定量的記述よりも統計的検定を主眼としており，検定で得られる結論が前二者とはやや異なる．

方格法では，ランダム分布を帰無仮説とした検定を行う．メッシュiに含まれる点の個数をt_iとすると，帰無仮説下での期待値はn/c（cはメッシュ総数）で

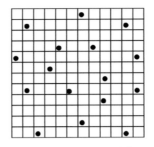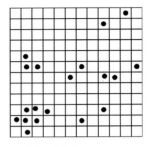

図14-11 方格法では区別できない点分布

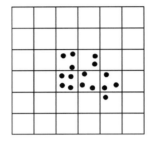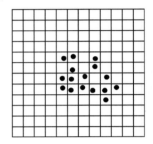

図14-12 大きさの異なるメッシュを用いた方格法の適用

ある．そこでχ^2値を

$$\chi^2=\frac{\sum_i\left(t_i-\frac{n}{c}\right)^2}{\frac{n}{c}} \qquad (14\text{-}6)$$

と定義すると，帰無仮説下では自由度cのχ^2分布に従うことから，χ^2検定による統計的検定が可能である．帰無仮説が棄却されると，点の分布には偏りがある，即ち，集中型の点分布であると判断される．他方，帰無仮説が棄却できない場合には，点分布は集中型ではない，従ってランダム型あるいは分散型のいずれかとなるが，この2つはχ^2検定では区別することができない．例えば，図14-11の点分布は，直観的には左が分散型，右がランダム型かやや集中型に見えるが，方格法による検定では，これらはいずれも集中型ではないという結論となり，2つの分布を区別することができない．これは，方格法が平均最近隣距離法やK-関数法とは大きく異なる点である．

方格法の利用で注意すべきもう1つの点は，検定の結果がメッシュの大きさに依存するということである．例えば図14-12の点分布は，直観的には集中型と考えることができる．この点分布は，左図のメッシュに基づく方格法では集中型に分類されるが，右図の場合は検定の結果，集中型ではないと判断される．これは平均最近隣距離法やK-関数法にも共通する，点の

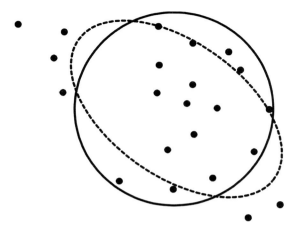

図 14-13　標準距離と標準偏差楕円

集中という概念の相対性に起因する結果である．

　方格法は，各メッシュに含まれる点の個数に基づいた検定法であり，メッシュに一定程度以上の点が含まれていないと，有効な分析を行うことができない．そのためメッシュの大きさは，点の個数を勘案して慎重に決定する必要がある．図 14-12 では，左図程度の大きさのメッシュが少なくとも必要であり，右図のメッシュでは分析には小さすぎると言える．

　点分布の分類や検定は行わないが，点分布の特性を表す数理的手法として，他に標準距離と標準偏差楕円がある．

　いま n 個の点の分布について，点群の重心を原点とする直交座標系を設定し，点 i の座標を (x_i, y_i) と標記する．標準距離とは，各点の位置が重心からどの程度広がっているかを表す指標であり，

$$r = \sqrt{\frac{\sum_i (x_i^2 + y_i^2)}{n-2}} \quad (14\text{-}7)$$

と定義される．点分布上に，重心を中心とする半径 r の円を描くことで，点分布の広がりを視覚的に表現することができる（図 14-13 実線）．

　標準距離は，点分布の特性を単一の指標で簡潔に表したものであり，円による分布概形の視覚化手法とも考えることができる．それに対し標準偏差楕円は，円の代わりに楕円を用いた視覚化の方法であり，長径，短径，方向という指標による，点分布特性の定量的表現である．

　標準偏差楕円の長径，短径をそれぞれ r_1, r_2, Y 軸からの時計回り方向の傾きを θ とおくと，これらは以下の数式によって与えられる．

$$\theta = \tan^{-1}\left(\frac{\sum_i x_i^2 - \sum_i y_i^2 + \sqrt{\left(\sum_i x_i^2 - \sum_i y_i^2\right)^2 + 4\sum_i x_i^2 y_i^2}}{2\sum_i x_i y_i}\right) \quad (14\text{-}8)$$

$$r_1 = \sqrt{\frac{2\sum_i (x_i \cos\theta - y_i \sin\theta)^2}{n-2}} \quad (14\text{-}9)$$

$$r_2 = \sqrt{\frac{2\sum_i (x_i \sin\theta - y_i \cos\theta)^2}{n-2}} \quad (14\text{-}10)$$

原点を中心にこの楕円を描いたものが図 14-13 の点線であり，標準距離による円と比べて，点分布の広がり具合をより的確に可視化していることがわかる．

　標準距離と標準偏差楕円はいずれも，点分布が一箇所にまとまっている場合には有効な手法であるが，点が複数箇所に分散しているときには，分布の特性を適切に表すことができない．このような場合には，K-means 法などのクラスタ分類手法を応用することもできるが，ここでは詳細な説明は割愛する．

【引用文献】

Ripley, B. D. 1981. *Spatial Statistics*. New York: John Wiley & Sons.

【関連文献】

張 長平 2007.『空間データ分析』古今書院．

Cressie, N. A. C. 1993. *Statistics for Spatial Data*. New York: John Wiley & Sons.

de Smith, M., Goodchild, M. F., and Longley, P. A. 2009. *Geospatial Analysis: A Comprehensive Guide to Principles, Techniques and Software Tools*. Leicester, UK: Metador.

15 ラスタデータの分析

地理情報科学で用いるデータの形式は，ベクタとラスタに大別される．ベクタデータは行政界，建物，道路といった不定形の対象や，点で近似できる現象の分布の表現に適する．一方，ラスタデータは多様な現象を含む地域を面的かつ均質に扱う際に適する．不定形の境界は人為的な境もしくは人工物について多く定義されるため，人文・社会科学系の研究ではベクタデータが用いられる機会が多い．一方，自然科学系の研究ではラスタデータの利用が相対的に多い．例えば，標高の値を一定の間隔でサンプリングしたデジタル標高モデル（DEM：Digital Elevation Model）は，地形そのものを分析する地形学とともに，水文学，生態学といった多様な関連分野で活用されている．DEM は需要が非常に高いため，各国の行政機関等が基本情報として整備している．例えば国土地理院は，1990 年代以降，日本全国を約 250 m，50 m，10m および 5 m の空間解像度で覆う DEM を順次整備・公開してきた．さらに，米国の SRTM や日米共同の ASTER GDEM といった，衛星リモートセンシングに基づく全球のデータも整備されている．一方，航空機や地上からのレーザ測量や写真測量により，空間解像度が数 cm〜数 m の高解像度の DEM を取得する機会も増えている．これは，DEM を含むラスタデータの活用が，現在の科学研究や社会活動において重要なことを示している．

ラスタデータの 1 つの特徴は，その構造が汎用的なデジタル画像や，テレビ，コンピュータ等のスクリーンと共通な点である．すなわち，横方向と縦方向にセルもしくはピクセルが何個並ぶかを定義すると，データの構造が決まる．したがって，映像関連で使われてきた広汎な技法を，ラスタデータの処理や分析に利用できる．これは大きな利点である．

また，画像との共通性により，ラスタデータはリモートセンシングと強く結びついている．その典型的な例は，土地利用・土地被覆データである．地表を撮影したリモートセンシング画像に，位置に関する補正（幾何補正，オルソ化）を施した後，一定の分類基準を適用すると，土地利用・土地被覆に関するラスタデータを作成できる．そのデータのセルの分布は，位置を補正した後のリモートセンシング画像のピクセルと一対一に対応する．このようにして作成された土地利用・土地被覆のラスタデータが，多くの研究や応用に利用されている．

ラスタデータのもう 1 つの利点は，データの分布密度が全域で均質なことである．この特徴により，特定の場所や地域に偏らない分析が可能となり，結果の空間統計学的な解釈も容易となる．データの分布密度は，並んだセルの間隔が，実際の土地ではどれだけの長さに対応するかによって決まる．この間隔の大小は空間解像度もしくは単に解像度と呼ばれ，ラスタデータの分析の際に常に考慮すべき要素である．さらに個々のセルに与えられる値の詳細さ（有効数字の大小，もしくは精度）もデータを特徴づける．これを信号解像度と呼ぶことがあり，解像度が高いほど値の微少な違いを区別できる．

15.1 視覚的分析

上記のようにラスタデータは画像と共通の形式を持つため，内容を容易に可視化できる．最も単純な方法は，各セルに記録されている値に対応した色や濃淡を定義し，その分布を表現するものである．この際には，データの値をいくつかの階級に分類し，その階級ごとに一定の色や濃度を与える．濃淡により，視覚的に連続的に見える表現を行う際には，8 ビット＝ 256 の階級を適用することが多い（図 15-1）．これはコンピュータで一般に使用されている白黒画像と共通である．一方，階級の境を濃淡で明瞭に表現したい場合には，通常 10 個未満の階級を定義して適用する．また，濃淡ではなく異なる色を用いる場合にも，色の数が多すぎ

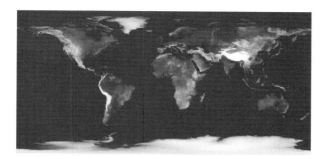

図15-1 全球のDEM (SRTM30, RAMP2) に基づく世界の標高分布の可視化（8ビットグレイスケール，正距円筒図法）
（ウィキペディア・コモンズより）

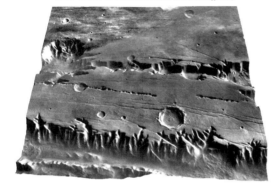

図15-2 DEMの標高値とDEMから作成した陰影図を用いた火星の地形の三次元表現（ウィキペディア・コモンズより）

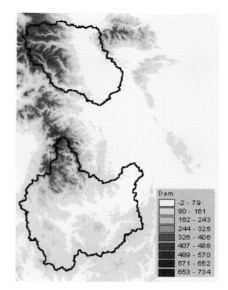

図15-3 2つの流域（東部イングランド）における標高分布図

表15-1 図15-3の流域の特性

流域	最低標高 (m)	最高標高 (m)	平均標高 (m)	標高の標準偏差 (m)
上	0	714	178.5	168.4
下	0	634	130.3	88.1

ると図が判読困難になるため，やはり10個未満の階級が定義されることが多い．

データの特徴を可視化する際には，セルに記録されている値そのものではなく，それを変換した値を用いる方が効果的な場合もある．例えば地形であれば，DEMのセルの標高値にフィルタを適用して求められる傾斜，斜面方向，陰影などの値を可視化することにより，地形の特徴の一種を明確に示した図を作成できる（15.3参照）．さらに斜めから地表を見た状況を表現する鳥瞰図をDEMとGISを用いて作成すると，有効なデータの可視化ができる（図15-2）．

15.2 集計と基本統計分析

ラスタデータのセルに記録されている数値を地理空間の特定の範囲について抽出し，それらの値の集団を通常の統計学的な母集団として扱うことができる．例えば，DEMに記録された標高値を，特定の行政範囲や流域のポリゴンでクリッピングし，その範囲における標高の平均値や標準偏差といった基本的な統計量を

求めることができる．これは地域の特徴を客観的に提示したり比較したりする際に有用であるため，多くの事例で用いられている．

図15-3は，最低・最高・平均標高の点では似ているが標高の頻度分布の特徴が異なる2つの流域のDEMを示している．これらの流域の地形的な相違を数値で示す際には，相対的な違いが大きい標高の標準偏差が有効である（表15-1）．なお，流域はDEMから抽出できるため（15.5節参照），前記のような研究はDEMのみがあれば行える．一方，土地利用・土地被覆を表すラスタデータを用いて行政区ごとの土地利用の構成を調べるような場合には，行政界を示すデータ（通常はポリゴン型のベクタデータ）などを別途用意する必要がある．このようにラスタデータとベクタデータとを組み合わせて用いることにより，多様なデータの集計と分析が可能となる．例えば，道路を線で表したベクタデータの周囲に，一定の幅を持つバッファを発生させ，そのバッファの範囲内にある土地利用のラスタデータを集計して道路沿いの土地利用を把握する作業は，ベクタデータの処理とラスタデータの集計とを組み合わせた例である．

15.3 フィルタリング

フィルタリングは，ふるいを用いて物質を仕分けたり，電気信号や光線から特定の要素を抽出したりする際に用いる用語である．ラスタデータの場合には，上記の仕分けと同様の効果をもたらす処理として，近傍のセルに与えられた数値を考慮してセルの値を変更する作業をフィルタリングとよんでいる．フィルタリングの際には，あるセルについて処理を行った後，次のセルに順次移動して処理をデータの全範囲について行う．最終的には元のラスタデータと範囲と空間解像度は共通であるが，異なる値を持つデータが作成される．このような処理範囲の移動を考慮し，対象となるセルと処理に用いる近傍のセルを含む範囲を「移動窓」と呼ぶ．移動窓は通常は3×3＝9セルの範囲（すなわち，対象となるセルと，それに隣接する8つのセル）で定義される．ただし5×5といった，より広い範囲で定義することもある．いずれにせよ対象となるセルを中央に置くために，奇数×奇数での定義となる．移動窓はフィルタリングの処理を行う機能を持つため，フィルタとも呼ばれる．

図15-4は3×3の範囲について定義されるフィルタと，その適用結果の例を示している．ここで示したフィルタは，9個のセルの値の単純平均を中央のセルに与えるものである（ただし最も外側のセルについては，隣接するセルが少なくなるため，4個もしくは6個のセルの値の平均値を採用）．このフィルタの適用により，全体の値をスムージングしたラスタデータが得られ，要素の空間変化の概要を調べる際に活用できる．スムージングの程度は，平均値を求める際に重み付けを行うことによって変更できる．図15-5aは，中央からの距離が近いほど強く重み付けをして平均値を計算するフィルタの例を示している．これを適用すると，重み付けのない場合（図15-4）に比べてスムージングの程度が弱まる．図15-5には，スムージング以外の処理を目的とするフィルタの例も示されている．これらのフィルタは，画像処理に用いられるものと基本的に共通である．例えば図15-4や15-5aのフィルタを写真画像に適用すると，元よりもぼけた画像が得られ，図15-5bの鮮鋭化フィルタを適用すると，元よりもシャープな画像が得られる．

フィルタの中で汎用性の高いものの1つに，X方向

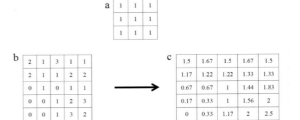

図 15-4　3×3の範囲の平均値を与えるフィルタ (a) とDEM (b) への適用結果 (c)　aの各セルの数値は計算時の重み付けを示す（この場合は均一＝重み付けなし）

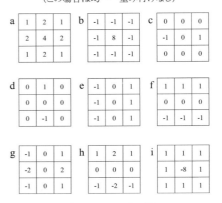

図 15-5　フィルタの例

a: 重み付き平均化, b: 鮮鋭化, c: X方向差分（直線的), d: Y方向差分（直線的), e: X方向差分（面的，重みなし), f: Y方向差分（面的，重みなし), g: X方向差分（面的，重み付き), h: Y方向差分（面的，重みなし), i ラプラシアン（二階微分）各セルの数値は計算時の重み付けを示す

もしくはY方向の差分がある．差分は微分の代用となる処理で，後者が微少範囲の値の変化（＝傾斜）を数学的に求めるのに対し，前者はラスタデータのような間隔を持つデータを用いて，より大局的な傾斜を簡便に計算することを意味する．図15-5c, dの例では，ラスタのセルの間隔の2倍が傾斜を求める範囲になっており，計算には対象となるセルの周囲の2点のみ（XとY方向を合わせると4点）を用いている．このように，3×3の範囲のフィルタであっても，一部の点しか実際には用いないことがある．一方，より多数の点を用いて面的な傾斜を求めたり，その計算に重み付けをすることも可能である（図15-5e, f, g, h）．このようにして得られたX方向およびY方向の傾斜の二乗平方和の平方根が，全体の傾斜の大きさになる．さらに，X方向およびY方向の傾斜の比から，傾斜の方向を求めることができる．さらに，上記の差分を二回適用したり，それに相当するフィルタ（図15-5i）を適用することにより，曲率を求めることもできる．

傾斜の値と方向および曲率は，あらゆるラスタデータについて計算でき，数学的な微分の概念とも対応するため，値の空間変化を示す有効な指標となる．一方，これらの処理が最も直接的な意味を持つのはDEMへの適用であり，視覚的にも把握が可能な地表の形態の特徴を客観的・定量的に表す指標が得られる．このような有用性のため，傾斜の値と傾斜の方向（DEMの場合には斜面方向）を計算する機能が，多くのGISソフトウェアに搭載されている．

15.4 ラスタ演算

複数のラスタデータの値を用いた計算を行い，新たなラスタデータを作成する作業をラスタ演算と呼ぶ．演算を技術的に可能とし，さらにそれが意味を持つためには，使用するデータのセルの分布が同一である必要がある．すなわち，同一の座標系と空間解像度を持ち，かつセルの位置が完全に共通である必要がある．演算に利用するラスタデータの数は最小で2，最大はGISが稼働する限り無制限であるが，通常は意味を理解しやすい数個のデータを用いた演算が行われる．

演算の際には同じ位置にあるセルの値を用いて計算を行い，その結果を新たなラスタデータの同じ位置のセルに与える（図15-6）．すなわち，特殊な処理を加味しない限り，作成されるラスタデータは元のデータと同一の座標系と解像度を持つ．演算は四則演算（加減乗除）の他に，複数の値の中から最大値や最小値を選ぶといった処理を含む．また，四則演算の前に各ラスタデータの値を対数に変換したり，値の範囲を0～1に基準化するといった処理を行うこともある．さらに，より重要なデータの値には大きな重みづけをするという処理を含む演算も行われる．

1	1	2	3
0	2	1	3
1	0	1	1
1	2	0	2

＋

2	0	1	1
0	2	0	2
1	0	1	3
0	3	0	0

＝

3	1	3	4
0	4	1	5
2	0	2	4
1	5	0	2

図15-6　2つのラスタデータから和のラスタデータを演算で求めた例

ラスタ演算のうち，単純であるが重要なものとして，2つの異なる時期のDEMの値を差し引くというものがある．これは，2つの時期の間に生じた地形変化を定量的に求める作業であり，自然による地形変化を対象とした場合には侵食と堆積の分布を示すデータが得られる．一方，ニュータウンにおける平坦地の造成のような，人為による地形改変の状況も復元できるため，この演算を「切り土・盛り土解析」と呼ぶこともある．

ラスタ演算が広く用いられている例の1つに，土壌侵食の速度の推定がある．1970年代後半に，米国南部の農地を対象に考案された侵食速度の推定式（一般土壌損失式：USLE；Wischmeier and Smith, 1978）は，斜面の特定の場所の地形（傾斜および流域面積の代用としての斜面長），降水の特性，土壌の特性，土地被覆の種類，侵食防止策の有無をパラメータとし，それらを掛け合わせることによって年間の侵食速度を推定する．USLEはGISの利用を念頭に考案されたものではないが，各パラメータのラスタデータを用意すれば，その演算により侵食速度を求め，地図化することができる．このため，USLEもしくはそれを改良した式と，GISを組み合わせて土壌侵食を分析する研究が多数行われてきた．得られた結果は，農地の侵食を防止して持続的な農業を行うための指針となる．

ラスタ演算で得られた結果は，さらなるラスタ演算を行うためのデータとして活用できる．例えばUSLEに基づく計算を行って得られた現在の土壌侵食速度を表すラスタデータと，侵食防止策を一部に追加したと仮定して計算した仮想的な侵食速度のラスタデータを差し引きすると，侵食防止策の導入によって侵食が減少する程度の分布を示すラスタデータが得られる．これは，侵食防止策をどこに優先的に導入するかを判断する際の資料になる．

15.5 流域解析

流域は，水とそれにともなって移動する土砂などの物質の流れを考える際に最も基本となる単位である．流域は流水による地形の形成といった地形学の課題，洪水を含む降雨による水の流出や水質といった水文学の課題，灌漑や水利権といった人文社会科学の課題などと関連する．このため，流域解析はGISの重要な機能と位置づけられており，多くのGISソフトウェアに流域解析のツールが搭載されている．

流域解析の基礎となるデータはDEMである．最初にDEMを用いて地表を水がどのように流れるかを表現する．この際には「水は高きより低きに流れる」という原理が適用される．具体的には，あるセルから水が流出する方向は，周囲の8つのセルのうち最も低い

ものであるという単純な仮定がよく使われる．この仮定に基づき，全てのセルについて水の流下方向が得られれば，それを連ねることにより，ある地点に水が流れ込む領域を定義できる．この領域が，その地点の上流域となる．ただし一部のセルについては，周囲の全てのセルよりも標高が低くなっているために，水が流下する方向を定義できないことがある．自然に形成された凹地を多く持つカルスト地形の分布域などを除くと，実際には凹地ではないが，DEMでは標高が離散的にサンプリングされているために凹地になってしまうことが原因である．すなわち，実際にはその地点の周囲により低い場所があるが，そこに対応する標高がデータの解像度の限界のために得られていない．この問題を解決する方法が提案されている．最も一般的なものは，見かけ上凹地となっているセルの標高を凹地が解消するまでかさ上げする方法である．また，水の流出の方向を決める方法も複数提案されている．例えば水の流下方向を周囲の8つのセルのうち1つに限定せず，複数のセルに比率を変えて水を配分することにより，流下方向を多様化する方法が提案されている．

流域を構成する要素として重要なものは水路＝河川であり，それを連ねた線の集まりは水系網とよばれる．水系網の抽出をDEMから認定した水の流下方向と流域の情報を用いて行うことができる．この際には全てのセルについて上流域の面積を定義し，その中で面積が大きい上流域を持つセルを水が集中する場所＝水路と判定する（図15-7）．面積がどの値よりも大きければ水路と判定するかの判断は自動化が難しいため，実際の河川の分布との比較といった作業を通じて経験的に決められることが多い．また，上流域の面積が大きければ水路になっている可能性が高いものの，水路の上端が流域面積のみで決まるとは言えない．そこで，地形の起伏や土地被覆などの影響も考慮して，水路の上端をより適切に決める方法も考案されている．

抽出した流域や水路のデータは多様な目的に活用できる．地形学ではGISが普及する以前から，地形図を用いた地形の計測を通じて流域や水路の地形に関する検討が行われてきた．例えば水路網の構造を数量的に示したホートンの法則（Horton 1945）や，流域の中で各高度に属する土地の面積がどう変化するかを示したヒプソグラフに関するストレーラの研究（Strahler 1952）がある．この種の検討は，DEMに記録された

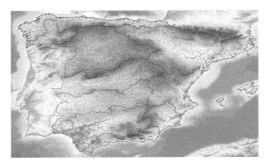

図15-7 DEM（ETOPO1）に基づくスペインの主要流域と水系網
（ウィキペディア・コモンズより）

標高とDEMから抽出した流域や水路とを組み合わせて用いることにより，効率的かつ高精度で行うことができる．

流域と水路のデータは，降雨時に斜面や河川を水がどのように流下するかを示した水文学的な流出モデルを構築する際の基礎データにもなる．古典的な流出モデルは集中型と呼ばれ，一定の広がりを持つ流域の出口における水流出を求めるものであった．しかしGISやDEMが普及し，データを処理するコンピュータの性能も向上したため，流域の個々の地点における水流出を求め，その結果を統合して広域の水流出を評価する分布型の流出モデルが利用可能になった．分布型のモデルは細部の特徴を考慮しているため，より正確であり，かつ流域の内部における洪水時の危険域などを細かく認定しやすいというメリットがある．

15.6 コストパス解析

ラスタデータを用いて行われる代表的な解析の1つに，人などの移動経路を最適化するためのコストパス解析がある．人の移動は日常生活や各種の活動に必要な行動であり，その最適化は社会への重要な貢献である．一般に現代社会における人の移動は，道路や鉄道といった路線に沿って行われるため，ベクタデータを用いたネットワーク解析が距離や時間の点で適切な経路の検索に用いられる．一方，路線沿いに限らず面的に移動が可能な状況下で最適の経路を探す際には，コストパス解析が行われる．

面的に移動が可能な状況下で土地の特性が完全に均一の場合には，二点間の最適経路は両地点を結ぶ直線となる．しかし実際には地形や土地利用の相違によって移動が制約される．例えば緩傾斜地や草地は移動しやすいが，急傾斜地や湿地は移動しにくいといった違

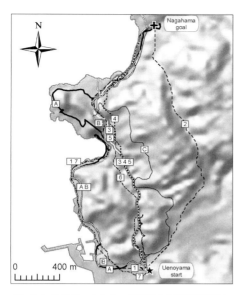

図 15-8 神津島・上の山〜長浜間の歩行実験経路と
GISによる最小コスト経路（Kondo et al., 2011）
A-C: 歩行実験経路, 1: ArcGIS 等方性モデル, 2: ArcGIS 異方性モデル,
3: IDRISI COST PUSH モデル, 4: IDRISI COST GROW モデル, 5: IDRISI
VARCOST モデル, 6: GRASS r.cost モデル, 7: GRASS r.walk モデル

いがある．このため，地形や土地利用といった制約となる条件のラスタデータを用意し，その特徴を踏まえて移動にかかるコストの大小を記録したラスタデータを作成し，それを用いて移動コスト（一般には移動時間）が最小となる二点間の経路（パス）を求めることができる．

コストパス解析が用いられる1つの分野は考古学や人類学である．古代人が狩猟などのために移動する際には，現代人とは異なり面的な空間を徒歩で移動したと考えられる．この際の移動経路の推定にコストパス解析を利用できる（図15-8）．現在においても，野生動物の移動や，それを野外で狩猟する人間の行動などに同様の考えが適用できる．また，新たな道路や鉄道路線をつくる際に，距離とともに勾配を考慮して路線の位置を決めるような場合にもコストパス解析を利用できる．

15.7 セル・オートマトン（cellular automaton）

セル・オートマトンは20世紀の中頃に米国のフォン・ノイマン（John von Neumann）らが提唱した概念で，対象となる場所とその近傍の状況が，その場所の次の状態を決めるというモデルである．この過程を一定の法則に基づいて全てのセルについて反復することによ

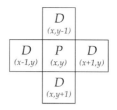

図 15-9 セル・オートマトンの一種であるフォン・ノイマン近傍
対象点Pの次の状況を周囲の点Dの状況に応じて決める
（ウィキペディア・コモンズより）

り，空間の状態の時間変化をシミュレーションできる．その結果が現実の現象の変化を上手く表現することがある（例えば微少空間における結晶の成長）．フォン・ノイマンらが作成したセル・オートマトンの初期のモデルの1つが，ラスタデータのフィルタに類似した3×3の範囲に含まれるセルで構成されていたこともあり（図15-9），セル・オートマトンがラスタデータに適用されてきた．

セル・オートマトンの基本形では，セルの次の状態は一意的に決定されるが，そこに確率を導入することもできる．すなわち，特定の状況下において状態Aに70%の確率で遷移し，状態Bに30%の確率で遷移するといった仮定が可能である．このような確率を含むセル・オートマトンの一例がマルコフ連鎖であり，既存の土地利用変化に基づいて将来の土地利用を予測するような場面で利用されている．

【引用文献】

Horton, R.E. 1945. Erosional developments of streams and their drainage basins: hydrophysical approach to quantitative morphology. *Geological Society of America Bulletin*, 56, 275-370.

Kondo, Y., Ako, T., Heshiki, I., Matsumoto, G., Seino, Y., Takeda, Y. and Yamaguchi., H 2011. FIELDWALK@KOZU: a preliminary report of the GPS/GIS-aided walking experiments for re-modeling prehistoric pathways at Kozushima Island (East Japan). *Proceedings of the 36th International Conference on Computer Applications and Quantitative Methods in Archaeology (CAA), Budapest*, pp. 226–232.

Strahler, A.N. 1952. Hypsometric (area–altitude) analysis of erosional topology. *Geological Society of America Bulletin*, 63, 1117–1142.

Wischmeier, W.H., and Smith, D.D. 1978. Predicting rainfall erosion losses–a guide to conservation planning. *Agricultural Handbook*, 537, Washington: United States Department of Agriculture.

【関連文献】

Burrough, P. and McDonnell, R. 1998. *Principles of Geographic Information Systems*. Oxford: Oxford University Press, Oxford.

DeMers, M.N. 2002. *GIS Modelling in Raster*. New York: John Wiley and Sons.

16
傾向面分析

傾向面分析（Trend Surface Analysis）とは，2次元上の分布を連続な関数で表される曲面で近似する分析である（Ripley 1981）．コンピュータが普及しはじめた20世紀半ばくらいから使われ始めた．典型的には，x座標とy座標の多項式で近似され，近似すべき曲面の大まかな傾向を把握するのに使われる．

例えば，地上1.5mの高さの気温が地域全体でどのような分布になっているかを考えてみよう．すべての地点の気温を測定することはできないので，限定された数の地点での測定値から推定することとなる．気温は，近い2点ではさほど大きくは違わないと考えて，連続な関数で近似しても良いだろう．

傾向面分析が使われ始めた頃の代表的な適用は，1次関数，2次関数，3次関数など比較的簡単な関数への当てはめであった．これは，当時，計算機の機能があまり高くないこと，所詮は近似なのでマクロな傾向を見ることに興味があり，細かな精度を求めたわけではないことによる．1次関数，2次関数，3次関数に当てはめられた傾向面は，その次数を明示してそれぞれ，1次傾向面，2次傾向面，3次傾向面と呼ばれる（奥野 1977）．

以下，16.1節では傾向面分析の基本的な分析手法について解説し，16.2節では適用例を示し，結果の解釈の方法も含めて述べる．また，16.3節ではその発展形として残差分析について解説する．さらに，多項式以外の関数への当てはめについて述べ，傾向面分析の可能性と限界について論じる．

16.1 傾向面分析の基礎

傾向面分析の例として，都市内の人口密度分布を取り上げてみよう．都市内の人口分布を簡単な関数で表した古典的に有名な式は，都心からの距離と人口密度の関係を表したClarkの式であろう（Clark 1951）．Clarkの式では，都心部からの距離xの地点での人口密度$D(x)$をa, bをパラメータとして，$D(x) = a\exp(bx)$と表す．Clarkはアメリカなどの都市内の人口密度を調べ，この関数で比較的よく近似できることを示した．通常，aは正，bは負となり，都心部での密度がもっとも高く，都心部から離れるに従って，密度が減少していく傾向を表すことになる．Clarkの式，あるいはそれを別な関数で発展させた諸研究では，都市の中心部からの距離だけで人口密度分布を論じており，現実の分布は方向によって密度が変わるため，さほど当てはまりは良くはない．これを打開する研究としては，中心部を複数想定した多核心モデル（Griffith 1981）があり，それを発展させた双子都市の人口密度分布も提案されている（井上 1988）．

しかし，多核心モデルを用いて現実の人口密度を記述しようとしても，やはり制約はあり，より自由に空間分布を記述できる枠組みが望まれた．そのために，都心部からの距離で人口密度を表すのではなく，座標値の関数として人口密度を表す方法がありうる．すなわち，都市内をxy平面に見立てて，(x, y)地点における人口密度$D(x, y)$を

$$D(x, y) = f(x, y)$$

という関数fによって表現するのである．この近似された関数が傾向面関数である．よく使われる傾向面関数はxとyの多項式であり，

$$f(x, y) = \sum_{0 \leq r+s \leq p} a_{rs} x^r y^s$$

と表現される．例えば，傾向面の次数pが0ならば，

$$f(x, y) = a_{00}$$

という定数で表すこととなり，実際には平らな平面での近似となる．pが1の場合は，

$$f(x, y) = a_{00} + a_{10}x + a_{01}y$$

という1次式となり，人口密度を（傾いた）平面で近似することとなる．pが2の場合は，

$$f(x, y) = a_{00} + a_{10}x + a_{01}y + a_{20}x^2 + a_{11}xy + a_{02}y^2$$

という2次式となる．もちろん，3次式以上に拡張することもできる．p は傾向面の次数（order）と呼ばれ，一般に $(p+1)(p+2)/2$ 個のパラメータが必要となる．なお，空間座標 x, y に加えて時間 t を含めて傾向面を求めることも提案され（Robinson and Salih 1974）ており，日本でも適用事例がある（田中 1979）が，ここでは簡便のために空間座標だけの関数について述べる．

傾向面関数を推定するには，通常，観測された値にもっともよく適合するようにパラメータを推定する必要がある．人口密度の場合，厳密には地点における人口密度という概念は曖昧である．細かく見れば，どの地点においても人が何人いるかであって，密度を論じるのは不適切である．人口密度の概念は，ある地区の広がりを考えて，その地区での人口を地区面積で除すことで計算する．つまり，当初に述べた気温の例のように，本当にそれぞれの地点で正確に値が決まるものとは異なる．ただ，実際には人文地理学において良く使われる指標であり，人口密度の空間分布を把握することは重要である．人口密度を計算する単位として日本で良く使われるのは，行政単位であり，細かな単位としては町丁字がある．他にはメッシュデータがあり，緯度経度にそって，ほぼ正方形の地区に区切り，その中での人口密度を計算する．それぞれの空間単位にその地区の代表的な点を定める．代表点としてよく使われるのは地区の重心であったり，地区の中心的な役割を果たす場所であったりする．このような測定点や代表点の位置座標を (x_i, y_i) $(i=1,\cdots,n)$ で表すこととする．その地点の測定値（例えば，人口密度）を z_i としよう．すると，傾向面関数で近似した値が，$f(x_i, y_i)$ であり，実際の値は z_i ということになる．この2つの値の食い違いを全体として最小にできれば良い．そのために，最小二乗法が良く使われる．すなわち，係数パラメータ $\{a_{rs}: 0 \leq r+s \leq p\}$ を

$$\min \sum_{i=1}^{n}[z_i - f(x_i, y_i)]^2$$

となるように求めるのである．これは，重回帰分析と同じ考え方であり，重回帰分析のソフトウェアを使って簡単にパラメータを推計することもできる．

ただ，重回帰分析を適用するには注意が必要である．重回帰分析の場合に，説明変数同士が独立であることが望ましい．ところが，説明変数は基本的に x と y という2つの値の関数で形成され，相互に相関関係にある．そのため，等間隔に代表点があって，この問題の懸念が大きいような場合には，直交する多項式に分解しなおしてから重回帰分析を行うと良い（Ripley 1981）．特に，高次傾向面を推計する際には注意を要する．

傾向面分析を適用する際に，注意を要するのは，測定地点自体の空間分布である．例えば，都心部で密に測定地点をとり，郊外部で疎にとれば，都心部では比較的正確に近似されるが，郊外部では近似精度が低くなる．空間的にまんべんなく精度を高めるには，測定地点もまんべんなく散らばって存在していなければならない．また，測定地点があまりに近い場合には，誤差同士の相関が高い可能性がある．ここでは，誤差とは，測定値と推定値の差であり，例えば，測定値が推定値よりも大きいような地点のすぐ近くでは，同じような傾向になりがちである．このような場合には，空間相関の影響を加味した傾向面関数の推計方法が必要となる．さらに，傾向面を推計すべき地域の境界の形状などにも影響される．この影響を軽減するには，境界部付近の観測値を内挿によって増やし，境界部付近で誤差が大きくなる傾向を小さくすることも提案されている（Upton and Fingleton 1985）．

16.2 傾向面分析の適用例

0次傾向面は観測値の平均値を求めることになるだけで，空間的には何ら特徴を示すものではなく，ほとんど使われない．

1次関数で傾向面を求める1次傾向面は，全体としてどちらの方向で値が高いかを知りたいときに適用する．例えば，気温の分布などは，北半球で言えば，南の方向にやや高めになるなどの傾向が得られるだろう．ただ，人口分布のようにどちらかと言えば都心部で高く郊外部で低いような分布にはあまり適合する傾向面とはならない．

2次傾向面は，(x, y) の2次以下の関数で傾向面を求めるものであり，都市の人口密度分布の分析にもある程度有効である．都心部で比較的人口密度が高く，郊外部で低いならば，上に凸の2次曲面として推計される．2次傾向面で注目すべき特徴は，2次傾向面が最大値をとる地点であり，全体として人口分布の中心地を知ることができる．もう1つ重要な特徴は，どの

表 16-1 2010年の23区の人口密度と区役所の位置

区	2010年人口	2010年世帯数	人口密度	緯度	経度	x	y
単位	人	世帯	人／km²				
千代田区	47138	25914	4050	35.691	139.757	0.505	0.621
中央区	113871	65786	11186	35.667	139.775	0.584	0.511
港区	201543	114816	9909	35.655	139.755	0.496	0.452
新宿区	282144	169573	15477	35.691	139.707	0.288	0.620
文京区	189286	101803	16736	35.705	139.756	0.501	0.686
台東区	166984	92656	16566	35.709	139.783	0.618	0.708
墨田区	238356	123891	17335	35.707	139.805	0.711	0.698
江東区	446393	221922	11177	35.670	139.820	0.777	0.522
品川区	348590	189946	15343	35.606	139.733	0.404	0.224
目黒区	253022	140005	17212	35.637	139.702	0.268	0.370
大田区	674527	344808	11344	35.558	139.719	0.343	0.000
世田谷区	831654	432941	14319	35.643	139.656	0.071	0.396
渋谷区	195911	117103	12966	35.661	139.701	0.265	0.480
中野区	299562	175932	19215	35.704	139.667	0.118	0.684
杉並区	527158	291990	15496	35.696	139.640	0.000	0.647
豊島区	244637	144007	18804	35.729	139.719	0.341	0.801
北区	318711	167842	15479	35.750	139.737	0.419	0.897
荒川区	186906	94378	18324	35.733	139.787	0.633	0.818
板橋区	518116	266100	16106	35.748	139.712	0.313	0.888
練馬区	692450	332307	14378	35.733	139.655	0.066	0.816
足立区	641888	300892	12066	35.772	139.808	0.724	1.000
葛飾区	431796	203087	12394	35.741	139.851	0.908	0.854
江戸川区	651884	303029	13074	35.704	139.872	1.000	0.681

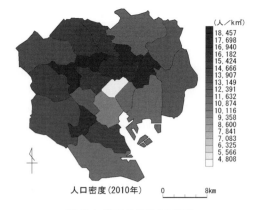

図 16-1 東京23区の人口密度

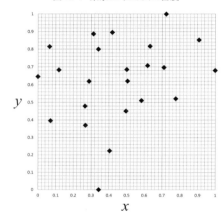

図 16-2 区役所の位置を基準化したプロット図

人口密度を求めた．区の代表点としては，区役所の位置を緯度経度で求めた．これを南北方向，東西方向それぞれ最小値0，最大値1になるように変換した（図16-2）．もとのデータを表16-1に，人口密度のコロプレス地図（階級区分図）を図16-1に示す．図16-1を見てみると，

(1) 北西の方向で密度が高そうである．

(2) 中心部では人口密度が低く，その周辺で高く，さらに外延部では低くなっていて，ドーナツ化現象が進行していると言えそうである．

まずは，1次傾向面を求めてみる．パラメータは重回帰分析で表16-2のように求められる．この表からもわかるように，

人口密度 = $-4456.26x + 4751.78y + 13338.48$

とはなるものの，xもyも回帰係数は統計的に有意ではない．このことは，北（yが正の方向）西（xが負の方向）側に人口密度はやや多いものの，この傾向は強いものではなく，上記(1)の仮説はデータ分析からは

方向に人口密度が高い地域が広がっているかで，傾向面として得られた2次曲面が楕円曲面となっているならば，その長軸方向が求めるべき方向となる．

さらに次数を上げていけば，説明変数の数が増えるので，適合度もあがっていく．ただし，説明変数を増やした割に説明力が上がるのかどうかも考えなければならない．もともと傾向面分析は全体の大きな傾向を見るためのものであって，適合度を極めて高くするために，説明変数の項を多くすれば良いというものではない．そこで，次数を上げるごとに分散分析をして説明変数を加えることの有意性を調べたり，自由度調整済み決定係数を参照するなどして，なるべく適合度は高くかつ次数の低い傾向面を求めることが肝要である．

以下では，実際の傾向面分析例を示して，具体的に解説する．計算例に用いるのは，2010年における東京23区の人口密度分布である．2010年1月1日の住民基本台帳に基づく各区の人口を区の面積で除して，

表 16-2 1次傾向面関数

	回帰係数	標準誤差	t 値	有意確率	下限 95%	上限 95%
切片	13338.48	2133.92	6.251	0.000	8887.20	17789.75
x	-4456.26	2693.00	-1.655	0.114	-10073.76	1161.23
y	4751.78	3092.96	1.536	0.140	-1700.03	11203.59

重相関係数:0.413, 重決定係数:0.171, 自由度調整済み決定係数:0.088

分散分析表

	自由度	変動	分散	分散比	有意確率
回帰	2	44781502	22390751	2.058	0.154
残差	20	217613381	10880669		
合計	22	262394884			

表 16-3 2次傾向面関数

	回帰係数	標準誤差	t 値	有意確率	下限 95%	上限 95%
切片	14340.91	5594.83	2.563	0.020	2536.85	26144.96
x	-7301.91	15252.06	-0.479	0.638	-39480.90	24877.13
y	3874.79	12098.37	0.320	0.753	-21650.50	29400.12
x^2	-949.79	10057.46	-0.094	0.926	-22169.20	20269.60
xy	5465.80	21078.07	0.259	0.799	-39005.00	49936.64
y^2	-1200.56	11678.02	-0.103	0.919	-25839.00	23437.90

重相関係数 : 0.417, 重決定係数 : 0.174, 自由度調整済み決定係数 : -0.069

分散分析表

	自由度	変動	分散	分散比	有意確率
回帰	5	45649720	9129944	0.716	0.620
残差	17	2.17E+08	12749716		
合計	22	2.62E+08			

支持されない．

次に，2次傾向面を求めてみる．やはり重回帰分析で求めると表 16-3 のようになる．従って，

人口密度 $= -949.79x^2 + 5465.80xy - 1201.56y^2 - 7301.91x + 3874.79y + 14340.91$

となる．分散分析の結果からこの回帰式は有意とは言えず，どの回帰係数も有意ではない．従って，人口密度が楕円状に高い地域があるということさえ，言えないということになる．

あえて，上記の傾向面の性質を分析してみると，2階微分したヘッセ行列は負値行列ではなく，上に凸の面とはなっていない．さらに，$y=x$ 方向（北東－南西方向）としてこの方向で切ってみると

人口密度 $= 3315x^2 - 3427x + 14341$

となり，むしろ下に凸の形となっている．そのため，(やや曖昧だが) (2) も支持されているとは言えない．

このように，コロプレス地図では，ごまかされてしまうような特徴を，傾向面分析でより明確に分析することができる．

なお，上記の分析は，観測点が少ないために，有意な結果が得られなかった可能性があることに注意されたい．

16.3 残差分析

前節までは，傾向面分析で x, y という空間座標だけで空間分布を近似しようとしていた．しかし，その応用として，空間座標以外の指標で分析した結果の残差の空間分布を傾向面分析することもありうる．これは，実は，空間座標値以外の指標と空間座標値を両方入れて重回帰分析することに等しい．以下では，このような残差分析の方法と適用の考え方を解説する．

16.1 節と同様に，都市内を xy 平面に見立てる．i 番目の観測値を z_i，その地点の座標を (x_i, y_i)，新たに観測値を説明する座標以外の変数ベクトル（以下，属性ベクトルという）を $\mathbf{t}_i$ とするとき，観測値を以下の式で近似する．

$$z_i = g(\mathbf{t}_i) + f(x_i, y_i)$$

観測値を説明しようとする関数 g は属性ベクトル $\mathbf{t}_i$ の関数であり，典型的には，線形式で表現される．その場合は，係数を $\mathbf{b} = (b_j: j=0,1,\cdots,q)$ とすれば，

$$g(\mathbf{t}) = b_0 + \sum_{j=1}^{q} b_j t_j$$

と表すことができる．

座標点の関数 f は，16.1 節と同様に，x, y の多項式であるとすれば，

$$f(x, y) = \sum_{r+s \leq p} a_{rs} x^r y^s$$

と表現される．すると，属性ベクトルおよび座標点の関数群の重回帰式として，観測値を近似することとなる．最適な近似式は，通常は最小二乗法が使われる．すなわち，係数パラメータ $\{\{b_j: j=0,1,\cdots,q\}, \{a_{rs}: 0 \leq r+s \leq p\}\}$ を

$$\min \sum_{i=1}^{n} [z_i - g(\mathbf{t}_i) - f(x_i, y_i)]^2$$

となるように求めることとなる．なお，この場合は，定数項が二重に現れることを避けるために，$a_{00}=0$ とする．

この回帰式は，2つの解釈がありうる．1つは，観測値を属性ベクトルと座標点の関数群で回帰するという座標点の関数群自体を説明変数の一部としてとらえる考え方である．通常，説明変数は観測値を説明する何

らかの法則性を背景とする指標と考えられる．座標値は緯度経度としてより東，より北という位置を表すので，より東やより北に位置がずれることによる何らかの法則性があることを期待しているとも言える．広域的な分析の場合には，北緯が高くなることはより気候が寒冷になることを示していたり，日照時間が短くなることを示す．また，より東に位置がずれることは，日の出，日の入りの時刻が早くなることを示していたり，日本の場合には（やや曖昧だが）台風などの影響が受けにくくなることを示していたりする．また，より狭域では，山岳地に近いとか海に近いという地理的に大きな傾向の代理変数となっている可能性がある．ただし，この解釈の欠点は重回帰分析によって要因分解して，個々の属性の影響を解明しようとしているのに，要因が不明確な単なる座標値を導入することで，要因分解としての重回帰分析の機能が曖昧になることである．そのため，このような分析目的は，あまり明示的にとられることはない．

もう1つの考え方は，説明変数はあくまで属性ベクタだけで，座標点の関数群はむしろ残差の空間的な影響部分を表すという考え方である．本節のタイトルの残差分析も，こちらの考え方に基づいた呼称である．実際，この解釈の方が，属性による要因分解という考え方には素直である．仮に，f に関する分析結果として，a_{rs} がすべてほぼ0であるという結果が出れば，残差に明確な広域的な空間傾向がないと解釈することとなる．他方，もしも，いくつかの a_{rs} が統計的に有意に0でない値になったとすれば，それは，座標値は説明変数とは見なしていないために，むしろ属性ベクタには含めることのできなかった隠れた他の要因が存在する可能性を示唆していると考え，属性ベクタ自体を充実するために新たな説明変数探しを行うことになる．

数学的には同じことをするにもかかわらず，2つの解釈では座標値を説明変数の1つとして見なすか見なさないかというモデル構築の哲学にかかわる根本的な差異があり，分析後の解釈の仕方や分析のフォローアップの仕方が違ってしまうのである．

以上のことを，実際に簡単な分析例で示してみる．用いるデータは，16.2節で用いたデータと同じであるが，さらに，新たな属性として道路密度を取り入れることとする．道路密度とは，1平方キロメートルあたり何kmの道路が存在しているかを表す指標である．

表16-4 2010年の23区の人口密度と道路密度

区	人口密度	道路密度	x	y
単位	人／km²	km／km²		
千代田区	4050	15.106	0.505	0.621
中央区	11186	19.055	0.584	0.511
港区	9909	14.797	0.496	0.452
新宿区	15477	19.203	0.288	0.620
文京区	16736	18.315	0.501	0.686
台東区	16566	25.674	0.618	0.708
墨田区	17335	21.414	0.711	0.698
江東区	11177	9.728	0.777	0.522
品川区	15343	16.745	0.404	0.224
目黒区	17212	24.130	0.268	0.370
大田区	11344	14.198	0.343	0.000
世田谷区	14319	20.318	0.071	0.396
渋谷区	12966	17.843	0.265	0.480
中野区	19215	23.326	0.118	0.684
杉並区	15496	22.107	0.000	0.647
豊島区	18804	23.775	0.341	0.801
北区	15479	18.056	0.419	0.897
荒川区	18324	21.109	0.633	0.818
板橋区	16106	22.971	0.313	0.888
練馬区	14378	23.279	0.066	0.816
足立区	12066	19.403	0.724	1.000
葛飾区	12394	19.934	0.908	0.854
江戸川区	13074	21.766	1.000	0.681

表16-5 1次残差傾向面関数

	回帰係数	標準誤差	t 値	有意確率	下限95%	上限95%
切片	3515.10	3582.42	0.981	0.339	-3982.98	11013.18
道路密度	588.83	186.58	3.156	0.005	198.31	979.35
x	-1408.77	2437.41	-0.578	0.570	-6510.33	3692.79
y	-251.11	3019.89	-0.083	0.935	-6571.81	6069.60

重相関係数：0.675，重決定係数：0.456，自由度調整済み決定係数：0.370

分散分析表

	自由度	変動	分散	分散比	有意確率
回帰	3	1.20E+08	39874047	5.306	0.008
残差	19	1.43E+08	7514355		
合計	22	2.62E+08			

通常，道路が密にある方が市街地として整備されていて，人口密度も高くなることが想定される（表16-4）．重回帰分析の結果が表16-5である．表16-5を見ると，道路密度は統計的に有意な説明変数となっているが，x も y も有意となっていない．すなわち，残差には特定の方向で高くなるというような一次関数で表現されるような傾向は特には見られないことを示している．

残差に対する傾向面分析は，回帰式には含まれない隠れた変数を見出すヒントになることもあるが，例えば，特定の施設に近いことというような場合には，必ずしも有効な方法とはならないこともある．やや素朴な方法ながら，残差を空間的にプロットし，特定地域に特徴的な残差の分布があるかどうかを目視することの方が有効であることも多い．

16.4 多項式以外への当てはめ

上では，傾向面関数を多項式に限定して解説してきた．しかし，曲面を近似するならば，他にも有力な関数がありうる．そのなかでも，フーリエ展開は Ripley (1981) でも紹介されている．すなわち，上記の $f(x,y)$ を

$$f(x,y) = \sum_{0 \leq r,s \geq p} a_{rs} \sin(r\omega_1 x)\sin(s\omega_2 y) + b_{rs}\sin(r\omega_1 x)\cos(s\omega_2 y) \\ + c_{rs}\cos(r\omega_1 x)\sin(s\omega_2 y) + d_{rs}\cos(r\omega_1 x)\cos(s\omega_2 y)$$

とおくのである．ただし，a_{rs}，b_{rs}，c_{rs}，d_{rs}，ω_1，ω_2 はパラメータである．ただ，これには $4p^2+4p+1$ 個の係数に加えて ω_1，ω_2 も選ばねばならず，かなり多くのパラメータの推計を必要としてしまう．ただし，周期的な何らかの傾向がみられる場合や分析対象地域が長方形であるならば，有効となる可能性がある．

【引用文献】

Clark, C. 1951. Urban population densities. *Journal of the Royal Statistical Society* 114: 490-496.

Griffith, D.A. 1981. Modelling Urban Population Density in a Multi-Centered City. *Journal of Urban Economics*, 9: 298-310.

Ripley, B.D. 1981. Spatial Statistics, New York: John Wiley & Sons.

Robinson, G. and Salih, K.B. 1974. An Illustration of Four-Variable Trend Analysis Applied to Regional Growth. *Regional Studies*, 8: 47-55.

Upton, G.J.G. and Fingleton, B. 1985. *Spatial Data Analysis by Example, Volume I: Point Pattern and Quantitative Data*. Chichester: John Wiley & Sons.

井上 孝 1988. 双子都市の人口密度分布に関する新しいモデルとその適用. 地理学評論 61 (Ser.A)（5）: 423-440.

奥野隆史 1977.『計量地理学の基礎』大明堂.

田中和子 1979. 市街地拡大過程の傾向面分析：神戸市西部を対象として. 人文地理 31（5）: 65-76.

【関連文献】

O'Sullivan, D. and Unwin, D.J. 2002. Geographic *Information Analysis*. Hoboken, New Jersey: John Wiley & Sons.

張 長平 2001.『地理情報システムを用いた空間データ分析』古今書院.

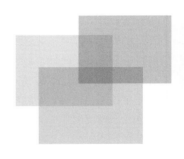

17
空間的自己相関

地理（空間）データは，地理情報を内包するデータであり，位置に起因した依存性：空間的依存性（spatial dependence）が存在する点に大きな特徴がある．これは直感的には，「距離が近いほど事物の性質が似る（あるいは異なる）」という特性であり，トブラー（Waldo Tobler）の提唱した，地理学の第一法則（first law of geography）「万物は互いに関連性を持っているが，近くのものは遠くのものよりもより強い関係を持つ（Everything is related to everything else, but near things are more related than distant things）」（Tobler 1970）を表現したものである．ただし，地理学の第一法則が地理的な意味での距離を念頭においた概念であるのに対し，空間的自己相関における距離はユークリッド距離に限られたものではなく，例えば経済的な距離や社会ネットワーク距離など，より一般的な距離に拡張することも可能である（Anselin 1988）．

通常，統計学や時系列解析では，2つのデータ系列 $Z, \dot{Z}$ の関係性を調べるとき，相関係数が用いられることが多い．なかでも，ある時系列において，時点 t と，別の時点 $t-\tau$ における同一変数 Z 同士の相関：$\mathrm{Cor}(Z_t, Z_{t-\tau})$ は，自己相関，異時点の $Z, \dot{Z}$ 間の相関：$\mathrm{Cor}(Z_t, \dot{Z}_{t-\tau})$ は，相互相関と呼ばれる．これらの呼称のアナロジーとして，ある時間断面（クロスセクション）で見たときに，地点 i, j における同一変数 Z の距離 d_{ij} に起因した相関：$\mathrm{Cor}(Z_i, Z_j)$ は，空間的自己相関（spatial autocorrelation），変数 $Z, \dot{Z}$ 間の，距離 d_{ij} に起因した相関：$\mathrm{Cor}(Z_i, \dot{Z}_j)$ は空間的相互相関（spatial cross-autocorrelation）と呼ばれる．空間的依存性という用語は，依存性という名の示すとおり，空間的自己相関，空間的相互相関等を含むより広い概念であるが，実際には空間的自己相関と同義のものとして用いられることが多い．また，空間的自己相関の意味で，空間相関（spatial correlation）という呼称が用いられることも多いため，文脈に応じた注意が必要となる．

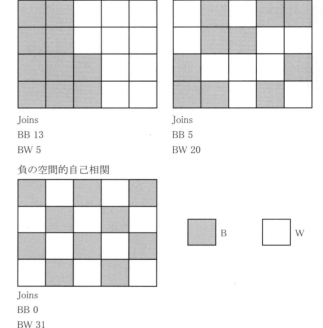

図 17-1 空間的自己相関のイメージ
黒（B），白（W）はそれぞれ 1, 0 をとる二値変数
Haining（2003, Figure 2.9）を参考に筆者作成

さて，空間的自己相関は，図 17-1 に示すように，距離の近いデータが似たような傾向を示すという「正の空間的自己相関」と，距離の近いデータが非常に異なった値を示すという「負の空間的自己相関」に大別される．後者は，いわゆるチェッカーボード・パターンを示すものであり，例えば，森林や農作物の空間分布を考えた時に，必要とする養分の奪い合いが原因で，適切な間引きを行わなければ，負の空間的自己相関が発生するといった例が考えられる．空間的自己相関は，領域の取り方・集計単位に依存して変化する点に注意が必要である．すなわち，図 17-1 の 3 つのパターンは，より大きな集計単位では，全く異なる様相を呈するこ

ととなる．現在，空間的自己相関分析が最も盛んな分野は，ソーカル（Robert Sokal）らの尽力で概念や手法が広く普及することになった生態学や遺伝学であるが，他にも，地理学や地域科学，都市解析，不動産分析，医学・疫学，犯罪学，画像解析・リモートセンシング，鉱山学，土壌学，気候分野，水分野等の様々な分野で研究知見が積み重ねられている（Haining 2003）．空間的自己相関は，現象そのものが探索的空間データ分析における興味となるが，統計学的には，誤差項の空間的自己相関は回帰係数や標準誤差のバイアスや生じさせるため，その診断は非常に重要となる．ここでまず，空間的自己相関分析の系譜を簡単にたどってみよう．

17.1 空間的自己相関分析の系譜

空間的自己相関分析に関する最初の事例としては，19世紀中頃のスノー（John Snow）のコレラマップが挙げられることが多い．3章で述べたように，彼は，ロンドンのSoho地区において，コレラ患者と水道ポンプの分布図を地図に重ねた疾病地図（disease map）を作成し，コレラ患者が，水道ポンプの周囲に集中的に分布していることを発見した（図3-4）．これは，コッホ（Robert Koch）によるコンラ菌発見の30年も前のことであり，疾病の空間集積・空間的自己相関情報をマッピングすることで有用な情報を取得する，探索的空間データ分析の最初の本格的事例であると評価されている．その約百年後，1950年前後に，Moran's I（モランの I 統計量）や Geary's C（ギアリィの C 統計量）の開発によって，空間的自己相関の度合いや有無に関する定量的・統計的評価が可能になった．これらの指標は，データの全体的（平均的）な空間的自己相関の度合いに関する測度であり，大域的空間的自己相関検定統計量（GISA: Global Indicators of Spatial Association）と呼ばれるが，近年，Ord-Getis による G_i, G_i^* 統計量や，Anselin による Local Moran's I（ローカルモラン統計量）など，ホットスポット（平均以上の値の集積）やクールスポット（平均以下の値の集積）等の局所的な空間的自己相関の有無に関する測度である局所的空間的自己相関検定統計量（LISA: Local Indicators of Spatial Association）が提案されており，様々な理論・実証研究が蓄積されるに至っている．以下，本章では特に代表的なGISAについて概説する．LISAについては，瀬谷・堤（2014）や，本書の20章等の解説を参照されたい．

17.2 空間的自己相関に関する統計量

17.2.1 バリオグラムとコバリオグラム

空間統計学（spatial statistics）の分野では，空間データが，気温や降水量のように，領域中のいたるところで値をとり得る地球統計過程（geostatistical process）からの実現値とみる場合と，都道府県や市区町村等の単位で公開される人口データのように，離散的な領域において値をとり得る格子過程（lattice process）からの実現値であるとみる場合，さらには点過程（point process）からの実現値と見る場合が区別され，それぞれに対して有益な方法論が提供されている．取得された空間データに対して，これら3つのうちのどの確率場を想定するべきかは目的によって異なり，分析者の腕の見せ所となる．本項のタイトルとなっている，バリオグラム（variogram）やコバリオグラム（covariogram）は，主に地球統計過程を理論的な前提とした場合の道具である．これらは，空間的自己相関の及ぶ距離（範囲）を，視覚的に把握するのに有用であるだけでなく，18章で述べられるクリギングと呼ばれる空間内挿手法においても重要な役割を果たす．

今，正の空間的自己相関の考え方を素朴にモデル化することを考えよう．すなわち，地点 i における確率変数 Y_i と，そこから距離 d_{ij} 離れた地点 j における確率変数 Y_j との共分散を，2地点間の距離のみに依存するとして，

$$Cov[Y_i, Y_j] = C(d_{ij}) \quad (17\text{-}1)$$

とモデル化することを考える．このとき，この距離のみに依存する関数が，共分散関数（covariance function），あるいは（後述するバリオグラムとの対比で）コバリオグラムと呼ばれるものである．ここで課した，共分散が位置に依存せず，距離のみに依存するという仮定は，次式の

$$E[Y_i] = \overline{m} \quad (17\text{-}2)$$

すなわち確率変数の期待値が領域上でどこでも均一という仮定とあわせて，二次定常性（second-order stationarity）あるいは弱定常性（weak stationarity）の仮定と呼ばれる．無論，現実には定常性の仮定が成り立っているとは考えにくい場合も多く，例えば「距離のみ」に依存するという等方性（isotropy）の仮定を緩和して，「距離と方位」に依存する，という異方性

(anisotropy) を考えることもできる (Schabenberger and Gotway 2005). 実際の分析においては，主に推定量のバイアスの観点から，共分散関数を直接用いるのではなく，次式で定義されるバリオグラムが用いられることが多い.

$$Var[Y_i - Y_j] = 2\gamma(d_{ij}) \quad (17\text{-}3)$$

ここで $2\gamma(d_{ij})$ はバリオグラム，$\gamma(d_{ij})$ 自体はセミバリオグラムと呼ばれる関数である. バリオグラムと共分散関数は，次式の関係で結びつけられる.

$$\gamma(d_{ij}) = C(0) - C(d_{ij}) \quad (17\text{-}4)$$

したがって，バリオグラムを用いてモデル化を行ったとしても，式 (17-4) の関係より共分散関数を求めることが可能である.

式 (17-2) が成り立つとき，セミバリオグラムの不偏推定量は，観測されたデータからなるベクトル $\boldsymbol{Z} = (Z_1, \cdots, Z_n)'$ を用いて，$\gamma^*(d_{ij}) = (Z_i - Z_j)^2/2$ で与えられる. この値は，Z_i と Z_j が似通った値をとるとき小さくなり，異なった値をとるとき大きくなる. したがって，値の非類似度を表すものと解釈できる. 空間データは正の空間的自己相関を持つことが多いため，通常 d_{ij} が大きくなるほど，値の非類似度は大きくなると考えられる. そこで，非類似度 γ^* が距離のみに依存すると考え（等方性の仮定），距離に対してプロットすると，図 17-2 のような（セミ）バリオグラム雲 (variogram cloud) が得られる. 残念ながら，図 17-2 のように，実際のデータから求められるバリオグラム雲では，すべての距離帯において低い非類似度を示す標本対で占められていることが普通であり，そこから空間的自己相関の度合いを直観的に把握することは難しい. そこで，距離 d を，互いに範囲が重なることのない R 個の区間 $\hbar_r (r=1,\ldots,R)$ に分割し，各区間において非類似度の平均値：経験バリオグラム (empirical variogram) を求める binning（ビンニング）と呼ばれる作業を行う（図 17-3）. 区間 $\hbar_r$ における経験バリオグラムは次式で与えられる.

$$\gamma^*(\hbar_r) = \frac{1}{2\#N_r} \sum_{(i,j) \in N_r} (Z_i - Z_j)^2 \quad (17\text{-}5)$$

ただし，N_r は $d_{ij} \approx \hbar_r$ となる標本対の集合，$\#N_r$ は $d_{ij} \approx \hbar_r$ となる標本対の数である. 式 (17-5) は $(\cdot)^2$ 項を持つため，異常な観測値に対する抵抗性を持たない. そこで外れ値に強い推定量として Cressie-Hawkins 頑健推定量が用いられることが多い（図 17-4）.

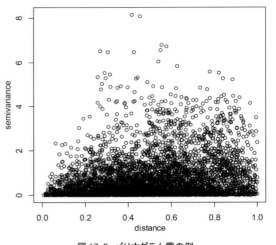

図 17-2 バリオグラム雲の例
R パッケージ geoR サンプルデータ s100 より計算

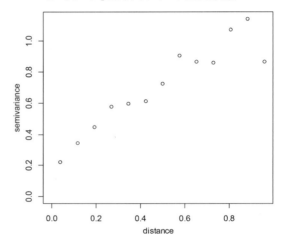

図 17-3 経験バリオグラムの例（式 (17-5)）
R パッケージ geoR サンプルデータ s100 より計算

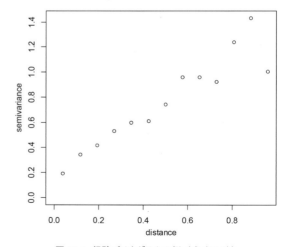

図 17-4 経験バリオグラムの例（式 (17-6)）
R パッケージ geoR サンプルデータ s100 より計算

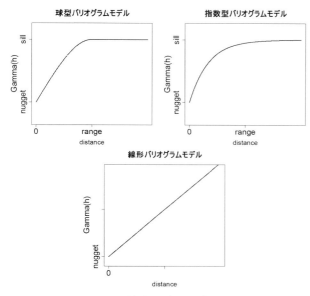

図17-5 理論バリオグラムモデルの例

$$\tilde{\gamma}^*(\hbar_r) = \frac{\frac{1}{2}\left\{\frac{1}{\#N_r}\sum_{(i,j)\in N_r}|Z_i-Z_j|^{\frac{1}{2}}\right\}^4}{0.475+\frac{0.494}{\#N_r}} \quad (17\text{-}6)$$

ここで，|・|は絶対値を示す．binningにおける区間の決定は恣意性を伴う難しい作業であるため，感度分析的な考察が不可欠である．

式 (17.5)，あるいは式 (17.6) で求められる空間的自己相関情報を空間内挿に利用するのが，18章で説明されるクリギングという手法であるが，実際の計算では分散共分散行列の正定値性を満足させるため，経験バリオグラムを正定値性の保証された理論バリオグラムで置き換える必要がある．理論バリオグラムのモデルとしては，様々なものが提案されており，それらの形状は，基本的にはナゲット (nugget)，シル (sill)，レンジ (range) と呼ばれる3つのパラメータで規定される．ナゲットとは，地点間距離を0に近づけた時の極限値であり，切片の値になる．具体的には，観測地点間よりも短いところでの局所的な変動と観測誤差からなる．シルは，空間過程の分散を示し，シルからナゲットを引いた値は，パーシャルシル (partial-sill) と呼ばれる．レンジとは，確率変数 Y_i と Y_j とが相関を持たなくなる最小距離である．

図 17-5 に，代表的な理論バリオグラムである球型 (spherical)，指数型 (exponential)，線形 (linear) モデルの例を示す．線形モデルにおいては，ナゲットは存在するが，シル，レンジは無限大である．指数型モデルにおいては，シルは存在するが，その値は漸近的にしか達成できない．また，そのときレンジは無限大となる．したがって，解釈上は有効レンジ (effective range)，あるいは実用レンジ (practical range) と呼ばれる概念が有用となる．この値は，空間的自己相関がほとんどなくなる（例えば相関が 0.05）距離であり，通常セミバリオグラムがシルの95%を達成する距離として与える．球型モデルの場合は，セミバリオグラムはシルの値の100%を厳密に達成することができ，有効レンジという概念が必要なくなる．そのため，解釈上便利である．

17.2.2 空間重み行列

以下，代表的GISAであるジョイン統計量，Moran's I，Geary's C について説明する前に，そこで用いられる重要な道具である空間重み行列（SWM：Spatial Weight Matrix）を導入する．

データ数を n としたとき，$n \times n$ の空間重み行列 W は，主体（例えば，領域／地点）i ($i=1, \cdots, n$) と依存関係にある主体からなるラベル集合（近傍集合）を S_i と定義したとき，i と $j \in S_i$ ($j=1, \cdots, n$) の関係を記述するためのものであり，領域／地点 i, j におけるデータ Z_i, Z_j に依存関係があれば ($j \in S_i$)，その要素を $w_{ij} \neq 0$，で与え，依存関係がなければ ($j \notin S_i$)，$w_{ij}=0$ とする．データが市区町村のような領域ベースで得られる場合，よく用いられるのは，領域の境界が接していれば1，接していなければ0とする隣接行列であり，データが点データとして得られる場合は，最近傍 k 点であれば重み1，そうでなければ重み0とする k 近傍法や，i 自身以外のすべての地点 j に距離の逆数に応じた重みを与える距離の逆数ベースの重み（例：$w_{ij} = (1/d_{ij})^\alpha$，$\alpha$ はパラメータ）などがよく用いられる．今，図17-6のような仮想地域を想定したとき，隣接行列として定義した W は次式で与えられる．

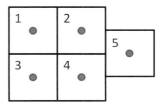

図17-6 仮想地域

$$W = \begin{pmatrix} 0 & 1 & 1 & 0 & 0 \\ 1 & 0 & 0 & 1 & 1 \\ 1 & 0 & 0 & 1 & 0 \\ 0 & 1 & 1 & 0 & 1 \\ 0 & 1 & 0 & 1 & 0 \end{pmatrix} \quad (17\text{-}7)$$

（行列の上部に「影響を与える地域 1 2 3 4 5」、右側に「影響を受ける地域 1 2 3 4 5」）

重み行列は，要素を重みとして解釈し易くする等の目的で行和が1となるように行基準化されることが多い．

17.2.3 ジョイン統計量

ジョイン統計量は，黒・白のような {1,0} の二値データにおいて用いられる GISA である（Cliff and Ord 1981）．連続量に対して用いることもできるが，その場合空間的自己相関の検出力は後述する Moran's I に比べて低くなることが知られている．ジョイン統計量は，BB（black-black）と，BW（black-white）統計量からなり，それぞれ次式のように定義される．

$$BB = \frac{1}{2}\sum_{i=1}^{n}\sum_{j=1}^{n}w_{ij}Z_i Z_j \quad (17\text{-}8)$$

$$BW = \frac{1}{2}\sum_{i=1}^{n}\sum_{j=1}^{n}w_{ij}(Z_i - Z_j)^2 \quad (17\text{-}9)$$

ここで，Z は，1 または 0 をとる二値変数である．図 17-1 には，それぞれ BB, BW 統計量を計算した結果が示されている．正の空間的自己相関が存在するケースでは，値の類似度の測度である BB は大きくなるが，非類似度の測度である BW は小さくなる．一方，負の空間的自己相関が存在する場合，BB は小さくなり，BW は大きくなる．ランダム分布の場合では，これらの中間の値を示す．

17.2.4 Moran's I と Geary's C

GISA として最も有名な指標は，Moran's I と Geary's C である（Cliff and Ord 1981）．前者は，相関係数，後者は時系列解析において系列相関の検定に用いられるダービン・ワトソン比（Durbin-Watson ratio）のアナロジーとして定義される．Moran's I は，次式のように定義される．

$$I = \frac{n}{S_0}\frac{\sum_{i=1}^{n}\sum_{j=1}^{n}w_{ij}(Z_i - \bar{Z})(Z_j - \bar{Z})}{\sum_{i=1}^{n}(Z_i - \bar{Z})^2} \quad (17\text{-}10)$$

ここで，$S_0 = \sum_{i=1}^{n}\sum_{j=1}^{n}w_{ij}$ は基準化定数（重み行列の全要素の和）であり，重み行列の行和が 1 に基準化されているとき，n に等しくなる．相関係数と異なり，Moran's I は，-1 から $+1$ までの値を取るとは限らない．Moran's I の値が正で大きいときは，正の自己相関の存在を示唆し，逆に負で小さい（絶対値が大きい）とき，負の自己相関の存在を示唆する．

一方，Geary's C は次式で与えられる．

$$C = \frac{n-1}{2S_0}\frac{\sum_{i=1}^{n}\sum_{j=1}^{n}w_{ij}(Z_i - Z_j)^2}{\sum_{i=1}^{n}(Z_i - \bar{Z})^2} \quad (17\text{-}11)$$

Geary's C は，0 から 2 までの値を取り得る．値が 0 に近いことは，正の自己相関の存在を示唆し，逆に 2 に近いとき，負の自己相関の存在を示唆する．式 (17-10)，(17-11) より，Moran's I は，平均からの偏差の積として定義されている一方で，Geary's C は，値の偏差そのものに着目した統計量であることがわかる．このような差異により，Moran's I は大域的な空間的自己相関をとらえるのに強いのに対し，Geary's C は局所的な空間的自己相関に対してより鋭敏な統計量となっている．

Moran's I や Geary's C は，回帰モデルの残差の空間的自己相関の診断に用いられることも多い．何故なら，誤差項に空間的自己相関が存在する場合，OLS 推定量が一致性を持たず，回帰係数の t 値が過大評価されるという問題が発生するためである．今，Moran's I を例に式を示そう．回帰モデル $Z = X\beta + \varepsilon$（X は $n \times k$ の説明変数行列，β は $k \times 1$ の回帰係数ベクトル，ε は $n \times 1$ の誤差項ベクトル）において，β の OLS 推定値 $\hat{\beta}$ をもとに残差ベクトル $e = Z - X\hat{\beta}$ を計算したとき，残差の平均はゼロであるため，Moran's I は次式で与えられる．

$$I = \frac{n}{S_0}\frac{e'We}{e'e} \quad (17\text{-}12)$$

重み行列が基準化されているとき，式 (17-12) において n と S_0 が一致して n / S_0 の項が消えるため，Moran's I は非常にシンプルな形となる．

さて，式 (17-10)，(17-11) に基づき Moran's I や Geary's C の値が計算できたら，次に興味が持たれるのは，空間的自己相関の有無に関する統計学的な診

断である．代表的なアプローチには，並べ替え検定（permutation test）を用いる方法と，漸近正規性を仮定した上で，z 検定を行う方法がある（Cliff and Ord 1981）．前者は，n 個の観測点を，観測値にランダムに割り当てて統計量（Moran's I や Geary's C）を計算する施行を十分な回数（99 または 999 回程度が多い）繰り返し，得られた経験分布を用いて元々の I や C を評価するというアプローチである．このアプローチは特に，漸近正規性を利用できないような小標本において有用である．しかしながら，回帰残差には並べ替え検定は不適切であり，使用すべきでないことが指摘されている．これは今，射影行列を $M = I - X(X'X)^{-1}X'$ としたとき，残差は $e = M\varepsilon$ で与えられ，M が対角行列（すなわち，$X=1$）とならない限り必然的に（"by construction"）相関を持っており，ランダム標本とみなして並べ替えを行うことができないためである．

一方，正規性を仮定した場合，Moran's I を期待値 $E[I]$，分散 $Var[I]$ を用いて次式のように標準化すると，

$$z = \frac{I - E(I)}{\sqrt{Var(I)}} \quad (17\text{-}13)$$

z は漸近的に標準正規分布 $N(0,1)$ に従うため，「与えられた W の下で空間的自己相関が存在しない」を帰無仮説とする仮説検定が可能となる．
ただし，

$$E[I] = \frac{-1}{n-1} \quad (17\text{-}14)$$

$$Var[I] = \frac{1}{(n-1)(n+1)S_0^2}(n^2 S_1 - n S_2 + 3 S_0^2) - [E(I)]^2,$$

$$S_1 = \frac{1}{2}\sum_{i=1}^{n}\sum_{j=1}^{n}(w_{ij}+w_{ji})^2, \ S_2 = \sum_{i=1}^{n}(w_i + w_i^*)^2, \quad (17\text{-}15)$$

$$w_i = \sum_{j=1}^{n} w_{ij}, \ w_i^* = \sum_{j=1}^{n} w_{ji}$$

である．一方，残差の場合，今，$k=rank(X)$（定数項を含む説明変数の数）とすると，期待値と分散は正規性の仮定の下それぞれ次式で与えられる．

$$E[I] = \left(\frac{n}{S_0}\right)\frac{tr(MW)}{(n-k)} \quad (17\text{-}16)$$

$$Var[I] = \left(\frac{n}{S_0}\right)^2 \frac{[tr(MWMW') + tr(MW)^2 + \{tr(MW)\}^2]}{(n-k)(n-k+2)} - [E(I)]^2 \quad (17\text{-}17)$$

I が $E[I]$ より十分に大きければ正の空間的自己相関の存在が示唆され，逆に十分に小さければ負の空間的自己相関の存在が示唆されることになる．

Moran's I は，相関係数のアナロジーとして定義されるため直感的にわかりやすく，かつ計算が比較的容易であるため GISA として広く使用されている．しかし，Moran's I は，残差の空間的自己相関だけでなく，従属変数の空間的自己相関の検出能力があり，さらにダービン・ワトソン比と異なる点として，分散不均一の検出能力があることも示されている．したがって，Moran's I のみでは，空間的自己相関の存在は検定できても，最も望ましいモデルの特定化を行うことは難しく，対立仮説に特定の空間的自己相関構造を仮定した最尤法に基づく検定法が同時に用いられることが多い．代表的な検定法として，ワルド検定，尤度比検定，ラグランジェ乗数検定等がある．これらの手法は，空間計量経済学の分野で発展してきており，詳細については，Anselin（1988）をご参照いただきたい．

以上述べた指標のうち，バリオグラムについては，R の geoR や gstat パッケージ，ジョイン統計量，Moran's I や Geary's C については R の spdep パッケージで容易に実装可能である．R での実装については，Bivand et al.（2008）が参考になる．

【引用文献】
瀬谷 創・堤 盛人 2014．『空間統計学 －自然科学から人文・社会科学まで－』朝倉書店．
Anselin, L. 1988. Spatial Econometrics: Methods and Models. Dordrecht: Kluwer Academic Publishers.
Bivand, R.S., Pebesma, E.J. and Rubio, V.G. 2008. Applied Spatial Data Analysis with R, New York: Springer.
Cliff, A.D. and Ord, J.K. 1981. Spatial Processes: Methods and Applications. London: Pion.
Haining, R. 2003. Spatial Data Analysis, Theory and Practice. Cambridge: Cambridge University Press.
Schabenberger, O. and Gotway, C.A. 2005. Statistical Methods for Spatial Data Analysis. Boca Raton: Chapman & Hall/CRC.

【関連文献】
野上道男・杉浦芳夫 1986．『パソコンによる数理地理学演習』古今書院．
Cressie, N. A. C. 1993. Statistics for Spatial Data. New York: John Wiley & Sons.
Haining, R. 1990. Spatial Data Analysis in the Social and Environmental Sciences. Cambridge: Cambridge University Press.
LeSage, J.P. and Pace, R.K. 2009. Introduction to Spatial Econometrics. Boca Raton: Chapman & Hall/CRC.

18 空間補間

　空間補間とは，気温・降水量・標高のように任意の地点で観測可能な空間事象に関して，規則的あるいは不規則的に空間分布する観測点で得られた観測値に基づいて，観測がなされていない地点（補間点）の値（補間値）を推定することである．例えば，近隣の気象観測所における気温観測値を用いて自宅の気温を推定することは，空間補間の一例である．

　これまでに多くの空間補間法が提案されているが，すべて空間事象が空間相関を有していることを前提に構築されている．空間相関とは，17章で述べたトブラーが提唱した地理学の第一法則に示される，空間事象に共通の性質である．空間補間法の差異は，この空間相関の扱い方，モデル化の方法にあると言えよう．

　空間相関を考慮して補間を行う方法は，補間点の近傍で観測された局所的な観測値のみを用いるものと，離れた観測点も含めた分析対象領域内の大域的な観測値を用いるものに大別することができる．本章では，この観点から空間補間法を整理し，解説する．

18.1 補間点近傍の観測値を用いる空間補間法

　本節では，補間点近傍の観測点の観測値のみを使用して空間補間する手法について説明する．なお以降では，観測点における補間対象の空間事象に関する観測値を z，補間点における補間推定値を z^* と標記する．

18.1.1 距離に基づく近傍点選択

　補間点近傍に位置する点における観測値，あるいは，複数の近傍点の観測値平均を補間推定値とする方法である．補間点における空間事象の推定値は，空間相関の影響により近傍の観測値と類似の値を取ることを利用している．

　補間時に参照する近傍点の選択方法として，以下の3種類がよく用いられる．

a) 最近隣法

　補間点からの距離が最も短い観測点を近傍点とし，その点の観測値を補間推定値とする手法である（図18-1(b)）．この方法は，観測点を母点としたボロノイ図（13章を参照）を作成し，各ボロノイ領域の母点である観測点における値を，その領域内に位置する補間点の推定値として与えることを意味する．この方法では，観測点の位置の補間推定値は，観測値と一致する．

　また，同様の考えに基づき，補間点からの距離が短い一定数の観測点を近傍点として設定し，近傍点の観測値の平均を補間推定値とする手法もしばしば利用される．なお，この方法により観測点における値を推定すると，補間推定値と観測値は一致しないことに注意を要する．補間点から距離の短い2点の観測点を近傍点とする場合，この方法は，観測点を母点とした2次ボロノイ分割を行った上で，各ボロノイ領域に関する母点における観測値の平均値を，その領域内に位置する補間点の補間推定値に設定することを意味する．

　最近隣法による補間推定値は，ボロノイ領域の境界であるボロノイ辺を挟んで不連続となるが，補間に用いる近傍点の数が多いと，補間推定値は平滑化される．

　最近隣法では，分析対象領域の境界に近い所など，補間点と近傍点の距離が遠い場所では，良い推定値が得られない可能性がある．また，補間点からの方向により観測値が異なる水準を示す場合，近傍点の配置に偏りがあると良い推定値が得られない場合がある．

b) 半径法

　補間点から指定距離以内にある観測点を近傍点とし，近傍点における観測値の平均値を補間推定値とする方法である（図18-1(c)）．観測点から指定距離の円周上の地点で，補間値は不連続になる．

　補間点の場所によって近傍点の数が異なり，分析対象領域の境界に近い場所などでは，近傍点が少ない，あるいは，存在しない可能性がある．また，最近隣法と同様に，近傍点の配置に空間的偏りがあるとよい補間推定値が得られない場合がある．

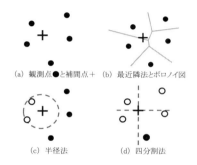

図 18-1 距離に基づいて近傍点を選択する空間補間法

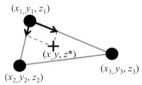

(a) ドローネ三角網を用いた近傍点探索　(b) 線形補間に基づく推定

図 18-2 不整三角網を用いる空間補間法

c) 四分割法・八分割法

最近隣法や半径法における近隣点配置の偏りに起因する問題を回避するため，補間点を中心に，四方位あるいは八方位の領域に分割し，各領域内で同数の距離の近い観測点を選択する方法である（図 18-1 (d)）．方向に起因する補間値のバイアスを避けることができるが，比較的遠い観測点が選択され，相対的に近い観測点が無視される可能性がある．

18.1.2 不整三角網（TIN: Triangulated Irregular Network）に基づく近傍点選択

不整三角網（不規則三角網とも呼ばれる）とは，不規則に空間分布する点を母点として，平面を連続的な小三角形面で領域分割した三角網である．ここでは，不整三角網を用いた補間値推定法について説明する．

この方法は，観測点を母点に作成した不整三角網に基づき，補間点を含む三角形の 3 頂点を近傍点として選択し，3 頂点の $x-y$ 座標と属性値 z から構成される平面上に補間点が存在するとの仮定の下，補間推定値 z^* を求める（図 18-2）．この方法は地形表現によく利用され，標高の観測点を母点に作成された不整三角網を用いて，観測点以外の標高の推定値が与えられる．なお，不規則に空間分布する点を母点とした三角網は，様々な点の連結基準によって作成できるが，通常，三角網に含まれる三角形の最も小さな内角を最大化するよう作成されたドローネ三角網（Delauney Triangulation）（Okabe et al. 2000，鈴木 2008）が用いられる．ただし，ある観測点を結ぶ線が尾根線・谷線を表すことがわかっている場合には，それらの観測点を結ぶ線が三角網の辺となるよう，不整三角網を構成することもできる．

補間点の位置座標を (x, y)，補間点を含む三角形の 3 頂点の位置座標と属性値を (x_1, y_1, z_1)，(x_2, y_2, z_2)，(x_3, y_3, z_3) とすると，三角形の平面線形方程式は式（18-1）となり，補間推定値 z^* が算出できる．

$$\begin{vmatrix} x-x_2 & y-y_2 & z^*-z_2 \\ x_0-x_2 & y_0-y_2 & z_0-z_2 \\ x_1-x_2 & y_1-y_2 & z_1-z_2 \end{vmatrix} = 0 \quad (18\text{-}1)$$

なお，この補間法は，各三角形内で異なる観測点を用いて補間推定値を求めるため，三角網の辺上では，x-y 座標に関して一階微分は不連続になる．

18.1.3 逆距離加重法（IDW: Inverse Distance Weighted）

補間点に近い観測点の値は遠い点の値よりも補間値との類似度が高いという空間相関の性質を利用し，補間点から観測点までの距離に応じて観測値を加重平均し，補間推定値を算出する方法である．観測点数を n，補間点と観測点 i の距離を d_i，$w(\ )$ を距離に応じた重みを設定する距離減衰関数とすると，逆距離加重法による補間推定値は式（18-2）で求められる．なお，各近傍点の観測値に重みを設定する距離減衰関数 $w(\ )$ は通常 $d^{-\alpha}$，$\exp(-\alpha d)$ などで定義される．

$$z^* = \sum_{i=1}^{n} z_i w(d_i) \Big/ \sum_{i=1}^{n} w(d_i) \quad (18\text{-}2)$$

逆距離加重法では，大域的な観測値を利用して加重平均を算出する場合もあるが，(1) 項で説明した距離に基づいて近傍点を選択する空間補間法と同様に，用いる観測点の数に上限を設定する，あるいは，観測点までの距離に上限を設定する，などの条件を置いて近傍点を選択し，それらの観測値のみを利用して推定することが多い．

逆距離加重法で得られる補間推定値は，当然，近傍点の選択基準や距離減衰関数の関数形・パラメータの設定によって大きく影響を受ける．そこで，補間に最も適した設定を探索する必要があるが，その際に交差検定（cross validation）を利用することが多い．

交差検定とは，補間値の推定精度を評価する方法である．補間精度を評価するためには，補間点における観測値を利用した比較が必要だが，通常，補間点における観測値はわからない．そこで，観測値の一部を精度評価用に使用して検証する方法が用いられる．一般的な交差検定は，leave-one-out 交差検定と呼ばれる手法である．まず，観測点 i の観測値 z_i を検証用として除去し，他の観測点のデータ $z_j (\forall j \neq i)$ を使用し，検証用の観測点 i の補間推定値 z_i^* を求める．ある観測点を検証用に指定して，その他の観測点をすべて用いてその補間推定値を求める操作をすべての観測点に関して繰り返し，二乗平均平方根（RMS: Root Mean Square）

$$RMS = \sqrt{\frac{1}{n}\sum_{i=1}^{n}(\hat{z}_i^* - z_i)^2} \quad (18\text{-}3)$$

を求めると，補間精度を評価することができる．

逆距離加重法の交差検定では，使用する近傍点の選択基準や，距離減衰関数の関数形・パラメータを変化させて RMS が最小となる設定を検索する．交差検定から得られた最適設定を用い，補間点の値を推定する．

18.2 大域的な観測値を用いる空間補間法

本節では，分析対象領域全域の観測点の観測値を活用した空間補間について記す．まず，補間対象の空間事象に関する観測値だけを用いた補間法について示した後，観測値と相関を持つ他の空間事象の観測値も活用する補間法について説明する．

18.2.1 補間対象の空間事象の観測値のみ用いる方法

a) スプライン補間（spline interpolation）

スプライン関数は，連続条件を満たすように多項式を接続する区分多項式である．そのため，スプライン関数は多項式に比べて振動が少なく，局所的な変化が全体に影響しにくい特徴を持っている．m 次のスプライン曲線は，$1,...,m-1$ 階微分が連続で，かつ，観測点上のスプライン関数の値が観測点の値と等しいという特性を有している．

2次元空間上に分布したデータを3次スプライン内挿する方法は，双3次スプライン（bicubic spline）と呼ばれる．ここでは，領域が矩形で観測点が格子上に配置されている場合の双3次スプライン内挿について，de Boor の方法について記す（市田・吉本 1979）．

今，矩形領域 $R: x_0 \leq x \leq x_I; y_0 \leq y \leq y_J;$ 内の格子点 (x_i, y_j) $(i=0,...,I; j=0,...,J)$ 上の観測値 $z_{ij}=f(x_i,y_j)$, 格子の境界点における法線方向の1次微分係数を $p_{ij}=f_x(x_i, y_j)$ $(i=0,...,I; j=0,...,J)$ および $q_{ij}=f_y(x_i, y_j)(i=0,...,I; j=0,...,J)$，領域 R_{ij} の4頂点での2次微分係数 $r_{ij}=f_{xy}(x_i, y_j)$ $(i=0,...,I; j=0,...,J)$ が与えられているとする．この下で，与えられた観測点を通る双3次スプライン関数 $S(x,y)$ を求めることを考える．これらを満たす双3次スプラインはただ1つだけ存在することが証明されている．

領域 $R_{ij}: x_{i-1} \leq x \leq x_i; y_{j-1} \leq y \leq y_j;$ において，双3次スプライン多項式は式（18-4）で表される．

$$S_{ij}(x,y) = \sum_{m=0}^{3}\sum_{n=0}^{3}\gamma_{ij,mn}(x-x_{i-1})^m(y-y_{j-1})^n \quad (18\text{-}4)$$

なお，係数 $\gamma_{ij,mn}$ は，行列方程式（18-5）より与える．

$$\boldsymbol{\Gamma}_{ij} = \mathbf{A}(\Delta x_{i-1})\mathbf{K}_{ij}\mathbf{A}(\Delta y_{j-1})'$$

$$\Delta x_{i-1} = x_i - x_{i-1}, \Delta y_{j-1} = y_j - y_{j-1},$$

$$\boldsymbol{\Gamma}_{ij} = \begin{bmatrix} \gamma_{00} & \gamma_{01} & \gamma_{02} & \gamma_{03} \\ \gamma_{10} & \gamma_{11} & \gamma_{12} & \gamma_{13} \\ \gamma_{20} & \gamma_{21} & \gamma_{22} & \gamma_{23} \\ \gamma_{30} & \gamma_{31} & \gamma_{32} & \gamma_{33} \end{bmatrix},$$

$$\mathbf{A}(h) = \begin{bmatrix} 1 & 0 & 0 & 0 \\ 0 & 1 & 0 & 0 \\ -3/h^2 & -2/h & 3/h^2 & -1/h \\ 2/h & 1/h^2 & -2/h^2 & 1/h^2 \end{bmatrix}, \quad (18\text{-}5)$$

$$\mathbf{K}_{ij} = \begin{bmatrix} f_{i-1,j-1} & q_{i-1,j-1} & f_{i-1,j} & q_{i-1,j} \\ p_{i-1,j-1} & r_{i-1,j-1} & p_{i-1,j} & r_{i-1,j} \\ f_{i,j-1} & q_{i,j-1} & f_{i,j} & q_{i,j} \\ p_{i,j-1} & r_{i,j-1} & p_{i,j} & r_{i,j} \end{bmatrix}$$

また，未知変数は式（18-6）から決定される．
$j=0,...,J$ に関して

$$\Delta x_{i-1}p_{i+1,j} + 2(\Delta x_{i-1} + \Delta x_i)p_{ij} + \Delta x_i p_{i-1,j}$$
$$= 3\left[\frac{\Delta x_{i-1}}{\Delta x_i}(f_{i+1,j} - f_{ij}) + \frac{\Delta x_i}{\Delta x_{i+1}}(f_{ij} - f_{i-1,j})\right] (i=1,...,I-1)$$

$$\Delta x_{i-1}r_{i+1,j} + 2(\Delta x_{i-1} + \Delta x_i)r_{ij} + \Delta x_i r_{i-1,j}$$
$$= 3\left[\frac{\Delta x_{i-1}}{\Delta x_i}(q_{i+1,j} - q_{ij}) + \frac{\Delta x_i}{\Delta x_{i+1}}(q_{ij} - q_{i-1,j})\right] (i=1,...,I-1)$$

$i=0,...,I$ に関して $\quad (18\text{-}6)$

$$\Delta y_{j-1}q_{i,j+1} + 2(\Delta y_{j-1} + \Delta y_j)q_{ij} + \Delta y_j q_{i,j-1}$$
$$= 3\left[\frac{\Delta y_{j-1}}{\Delta y_j}(f_{i,j+1} - f_{ij}) + \frac{\Delta y_j}{\Delta y_{j-1}}(f_{ij} - f_{i,j-1})\right](j=1,...,J-1)$$

$$\Delta y_{j-1}r_{i,j+1} + 2(\Delta y_{j-1} + \Delta y_j)r_{ij} + \Delta y_j r_{i,j-1}$$
$$= 3\left[\frac{\Delta y_{j-1}}{\Delta y_j}(p_{i,j+1} - p_{ij}) + \frac{\Delta y_j}{\Delta y_{j-1}}(p_{ij} - p_{i,j-1})\right](j=1,...,J-1)$$

計算は，まず式（18-6）より p_{ij}, q_{ij}, r_{ij} を決定した後，式（18-5）から各領域 R_{ij} における係数 $\gamma_{ij,mn}$ を算出し，双3次スプライン（式（18-4））のパラメータを決定する．補間点 (x, y) の推定値 z^* の算出は，内挿点が含まれる領域を探し，式（18-4）を用いて $z^*=S_{ij}(x,y)$ から補間値を推定する．

b）Akima の補間法

Akima の補間法は，ドローネ三角網分割された三角形毎に5次多項式（式（18-7））のパラメータを推定し，補間値を求める方法である（Akima 1978, Akima 1984）．

$$z(x,y) = \sum_{i=0}^{5} \sum_{j=0}^{5-i} q_{ij} x^i y^j \quad (18\text{-}7)$$

この補間法は，三角網の頂点，すなわち観測点，における観測値 z と，z の $x \cdot y$ に関する1階・2階微分値 $\partial z/\partial x, \partial z/\partial y, \partial^2 z/\partial x^2, \partial^2 z/\partial y^2, \partial^2 z/\partial x \partial y$，および，各三角網辺の鉛直方向に関する z の微分値を入力し，各入力値を完全に再現するパラメータ q_{ij} を推定する手法である．未知パラメータ数21に対し，頂点に関する条件が 6×3，辺に関する条件が 1×3，計21の拘束条件があるため，パラメータ q_{ij} は一意に定められる．また，三角形の境界にある辺や頂点について観測値の微分値に関する条件を設定するので，連続的な補間結果を得ることができる．

1階・2階微分値などの入力データは，各頂点の近傍点を18.1で示した方法を基に選択し，近傍点における観測値を利用して設定する．

18.2.2 補間対象の空間事象と相関を持つ空間事象の観測値を用いる方法－クリギング（kriging）

本項では，クリギングについて紹介する．なお，16章で記した傾向面分析や，19章で説明する地理的加重回帰を用いると，同様に補間対象の空間事象と相関を持つ空間事象の値を用いて空間補間を行うことも可能である．

クリギングとは，空間統計学（spatial statistics, Geostatistics）分野で開発された空間補間法である．空間統計学では，空間事象を連続空間確率場でモデル化し，観測値は確率場からの実現値と見なす．確率場の2次特性であるコバリオグラム（covariogram, 17章参照）を観測値から推定して，空間事象の空間相関を構造化する（Cressie 1993: 105-183; 間瀬・武田 2001: 135-151; 丸山 2008）．以降では，4種類のクリギング手法について解説する．

なお，空間統計学では，観測値の値から補間値を推定する問題を「空間予測」，補間推定値を「予測量」と呼ぶ．以降では補間推定値を予測量と標記する．また，本節では，$Z(\mathbf{s}_i)$ を点 $\mathbf{s}_i$ における確率変数と表す．

a）通常クリギング（ordinary kriging）

空間確率場 Z 上の確率変数 $Z(\mathbf{s}_i), Z(\mathbf{s}_j)$ は二次定常性に従うと仮定する．確率変数の未知の平均を μ，地点 $\mathbf{s}$ における期待値0の確率変数を $\delta(\mathbf{s})$ と標記すると，観測点における確率変数は式（18-8）と表せる．

$$Z(\mathbf{s}) = \mu + \delta(\mathbf{s}) \quad (18\text{-}8)$$

さて，補間点 $\mathbf{s}_0$ における補間値 z^* を，観測点における確率変数 $Z(\mathbf{s}_i)$ の線形和で推定することを考えよう．補間値の推定モデルは式（18-9）と書ける．

$$z^*(\mathbf{Z}; \mathbf{s}_0) = \sum_{i=1}^{n} \lambda_i Z(\mathbf{s}_i) \quad (18\text{-}9)$$

補間値 z^* の期待値は，空間確率場の平均 μ と等しくなることが望ましい．不偏性と呼ばれるこの統計的性質から式（18-10）が得られる．

$$E\big(z^*(\mathbf{Z}; \mathbf{s}_0)\big) = \mu \ \rightarrow\ \sum_{i=1}^{n} \lambda_i = 1 \quad (18\text{-}10)$$

また，補間値 z^* の予測量 $\hat{z}^*$ が持つべき望ましい性質は，予測量と確率変数 $Z(\mathbf{s}_0)$ の差の分散が最小（予測分散最小）になることである．この条件から，式（18-11）が得られる．

$$\min_{\lambda} \sigma_e^2 = \min_{\lambda} E\big(Z(\mathbf{s}_0) - z^*(\mathbf{Z}; \mathbf{s}_0)\big)^2 \quad s.t. \sum_{i=1}^{n} \lambda_i = 1 \quad (18\text{-}11)$$

式展開すると

$$\begin{aligned}
\big(Z(\mathbf{s}_0) - z^*(\mathbf{Z}; \mathbf{s}_0)\big)^2 &= \Big(Z(\mathbf{s}_0) - \sum_{i=1}^{n} \lambda_i Z(\mathbf{s}_i)\Big)^2 \\
&= (Z(\mathbf{s}_0) - \mu)^2 + \sum_{i=1}^{n}\sum_{j=1}^{n} \lambda_i \lambda_j (Z(\mathbf{s}_i) - \mu)(Z(\mathbf{s}_j) - \mu) \\
&\quad - 2\sum_{i=1}^{n} \lambda_i (Z(\mathbf{s}_0) - \mu)(Z(\mathbf{s}_i) - \mu) \quad s.t. \sum_{i=1}^{n} \lambda_i = 1
\end{aligned} \quad (18\text{-}12)$$

となるので，$Z(\mathbf{s})$ の共分散関数 $Cov(Z(\mathbf{s}_i),Z(\mathbf{s}_j))=C(\mathbf{s}_i - \mathbf{s}_j)$ を用いて表すと

$$\min_{\lambda} E\big(Z(s_0) - p(\mathbf{Z}; \mathbf{s}_0)\big)^2 = \min_{\lambda} \Big(C(\mathbf{0}) + \sum_{i=1}^{n}\sum_{j=1}^{n} \lambda_i \lambda_j C(\mathbf{s}_i - \mathbf{s}_j) - 2\sum_{i=1}^{n} \lambda_i C(\mathbf{s}_0 - \mathbf{s}_i) \Big) \quad s.t. \sum_{i=1}^{n} \lambda_i = 1 \quad (18\text{-}13)$$

と書ける．なお $\mathbf{Z}$ は，観測点 $\mathbf{s}_1,...,\mathbf{s}_n$ の確率変数ベクトル $(Z(\mathbf{s}_1),...,Z(\mathbf{s}_n))'$ である．この最適化問題を解くと，

式（18-14）が得られる．

$$\hat{z}^*(\mathbf{Z};\mathbf{s}_0) = \boldsymbol{\lambda}'\mathbf{Z}, \ \sigma(\mathbf{s}_0) = C(\mathbf{0}) - \boldsymbol{\lambda}'\mathbf{c} + m$$

$$\boldsymbol{\lambda}' = \left(\mathbf{c} + \mathbf{1}\frac{(1-\mathbf{1}'\boldsymbol{\Sigma}^{-1}\mathbf{c})}{\mathbf{1}'\boldsymbol{\Sigma}^{-1}\mathbf{1}}\right)'\boldsymbol{\Sigma}^{-1}, \ m = \frac{(1-\mathbf{1}'\boldsymbol{\Sigma}^{-1}\mathbf{c})}{\mathbf{1}'\boldsymbol{\Sigma}^{-1}\mathbf{1}}, \quad (18\text{-}14)$$

$$\mathbf{c} = \left(C(\mathbf{s}_0-\mathbf{s}_1),\ldots,C(\mathbf{s}_0-\mathbf{s}_i)\right)', \ \boldsymbol{\Sigma} = \left[C(\mathbf{s}_i-\mathbf{s}_j)\right]_{ij}$$

共分散関数推定結果から，観測点間の分散共分散行列 $\boldsymbol{\Sigma}$ や補間点と観測点間の共分散ベクトル $\mathbf{c}$ を与えると，式（18-14）より補間推定値の予測量を求められる．

b) 共クリギング（cokriging）

空間補間対象の空間事象の確率変数（対象変数）と，対象変数と相関を有する空間事象の確率変数（補助変数）が存在する場合に，補助変数の観測値も用いて対象変数の空間補間を行う方法を共クリギングもしくはコクリギングという（Cressie 1993, Wackernagel 2003）．

k 種類の空間事象に関して，観測点 $\mathbf{s}_i$ における確率変数を $\mathbf{Z}(\mathbf{s}_i)$（$k \times 1$ ベクトル），n 地点の観測点における k 種類の確率変数を $\mathbf{Z} \equiv (\mathbf{Z}(\mathbf{s}_1),\ldots,\mathbf{Z}(\mathbf{s}_n))'$（$n \times k$ 行列）で表す．ただし，$\mathbf{Z}$ の 1 列目 $\mathbf{Z}_1 = (Z_1(\mathbf{s}_1),\ldots,Z_1(\mathbf{s}_n))'$ の確率変数を対象変数，$2 \sim k$ 列目を補助変数とする．

共クリギングでは，1 種類の確率変数に関する二次定常性と同様の仮定として，対象変数・補助変数に以下の仮定を設定する．

$$\begin{aligned} E(\mathbf{Z}(\mathbf{s})) &= \boldsymbol{\mu} \\ Cov(\mathbf{Z}(\mathbf{s}_i),\mathbf{Z}(\mathbf{s}_j)) &= C(\mathbf{s}_i,\mathbf{s}_j) \end{aligned} \quad (18\text{-}15)$$

ここで，$\boldsymbol{\mu}$ は k 種類の確率変数の未知の平均（$k \times 1$ ベクトル），$C(\mathbf{s}_i,\mathbf{s}_j)$ は $k \times k$ の共分散行列である．なお，異なる空間事象に関する確率変数の共分散を表す共分散行列 $C(\mathbf{s}_i,\mathbf{s}_j)$ は，分散共分散行列とは異なり対称行列ではないことに注意が必要である．また，1 種類の空間事象の空間確率場の特徴を表現する共分散関数よりも，複数の空間確率場間の相関構造を表す共分散関数は推定が困難である．

この仮定の下で，通常クリギングと同様に観測点におけるモデル，補間点における推定モデルを立てる．$\boldsymbol{\delta}(\mathbf{s})$ を $k \times 1$ の確率変数ベクトルとすると，観測点 $\mathbf{s}$ におけるモデルは

$$\mathbf{Z}(\mathbf{s}) = \boldsymbol{\mu} + \boldsymbol{\delta}(\mathbf{s}) \quad (18\text{-}16)$$

となり，観測点の確率変数ベクトルの線形結合として補間点 $\mathbf{s}_0$ を推定するモデルは

$$z^*(\mathbf{Z};\mathbf{s}_0) = \sum_{i=1}^{n}\sum_{j=1}^{k} \lambda_{ji} Z_j(\mathbf{s}_i) \quad (18\text{-}17)$$

と表される．通常クリギングと同様に，不偏性に関する条件（$E(z_1^*(\mathbf{Z};\mathbf{s}_0)) = \mu_1$），および，予測分散最小の条件より，式（18-18）が導かれる．

$$\begin{aligned} \min_{\lambda} \sigma_e^2 &= \min_{\lambda} E(Z_1(\mathbf{s}_0) - z_1^*(\mathbf{s}_0))^2 \\ &= \min_{\lambda} E\left(Z_1(\mathbf{s}_0) - \sum_{i=1}^{n}\sum_{j=1}^{k} \lambda_{ji} Z_j(\mathbf{s}_i)\right)^2 \end{aligned} \quad (18\text{-}18)$$

$$\sum_{i=1}^{n} \lambda_{1i} = 1, \ \sum_{i=1}^{n} \lambda_{ji} = 0, \ \text{for } j = 2,\cdots,k$$

この最適化問題を解いて λ_{ji} を求めれば，補間推定値の予測量が求まる．

c) 普遍クリギング（universal kriging）

普遍クリギングは，補間対象の空間事象の観測値を被説明変数とした回帰モデルの撹乱項に対して二次定常性を仮定して空間補間を行う手法である（Cressie 1993, 間瀬・武田 2001）．回帰モデルの説明変数として，補間対象の変数と相関を持つ空間事象の観測値を空間補間に利用することができる．

ここで，観測点 $\mathbf{s}$ における回帰モデルの説明変数ベクトルを $\mathbf{x}(\mathbf{s})$，撹乱項を $\delta(\mathbf{s})$，回帰モデルのパラメータを $\boldsymbol{\beta}$ で表すと，観測点 $\mathbf{s}$ におけるモデルは

$$Z(\mathbf{s}) = \mathbf{x}(\mathbf{s})'\boldsymbol{\beta} + \delta(\mathbf{s}) \quad (18\text{-}19)$$

と表される．なお，撹乱項 $\delta(\mathbf{s})$ の期待値は 0 で，二次定常性に従う空間相関を有することを仮定する．標記の簡略化のため，補間対象の確率変数である被説明変数ベクトルを $\mathbf{Z} = (Z(\mathbf{s}_1),\ldots,Z(\mathbf{s}_n))'$，説明変数行列を $\mathbf{X} = (\mathbf{x}(\mathbf{s}_1),\ldots,\mathbf{x}(\mathbf{s}_n))'$，撹乱項ベクトルを $\boldsymbol{\delta} = (\delta(\mathbf{s}_1),\ldots,\delta(\mathbf{s}_n))'$ と表すと，式（18-20）が得られる．

$$\mathbf{Z} = \mathbf{X}\boldsymbol{\beta} + \boldsymbol{\delta} \quad (18\text{-}20)$$

ここで，撹乱項ベクトルの分散共分散行列を共分散関数を用いて表すと

$$\boldsymbol{\Sigma} = \left[C(\mathbf{s}_i - \mathbf{s}_j)\right]_{ij} \quad (18\text{-}21)$$

となる．共分散関数が既知，すなわち撹乱項の分散共分散行列が既知なら，一般化最小二乗法（GLS: Generalized Least Squares）によるパラメータ推定となり，式（18-22）が得られる．

$$\hat{\boldsymbol{\beta}}_{\text{GLS}} = (\mathbf{X}'\boldsymbol{\Sigma}^{-1}\mathbf{X})^{-1}\mathbf{X}'\boldsymbol{\Sigma}^{-1}\mathbf{Z} \quad (18\text{-}22)$$

通常，共分散関数は既知ではない．そのため，回帰モデルのパラメータ推定結果から得られる残差を利用

した共分散関数の推定，その推定結果を用いた一般化最小二乗法によるパラメータ推定を繰り返し，共分散関数を推定する．

補間値は，他のクリギングと同様に，他の観測点における被説明変数の線形和で表す．観測点と補間点の攪乱項間の共分散ベクトルを $\mathbf{c}=(C(\mathbf{s}_0-\mathbf{s}_1),...,C(\mathbf{s}_0-\mathbf{s}_i))'$ と表すと，補間推定値の予測量 $\hat{z}^*(\mathbf{Z};\mathbf{s}_0)$ は式 (18-23) で表すことができる．

$$\hat{z}^*(\mathbf{Z};\mathbf{s}_0) = \mathbf{x}'\hat{\boldsymbol{\beta}}_{GLS} + \mathbf{c}'\boldsymbol{\Sigma}^{-1}(\mathbf{Z}-\mathbf{X}\hat{\boldsymbol{\beta}}_{GLS}) \qquad (18\text{-}23)$$

この補間値は，最良線形不偏予測量（BLUP: Best Linear Unbiased Predictor）と呼ばれる優れた性質を有する．これは，線形式で表され，不偏性 $\left(E(z^*(\mathbf{Z};\mathbf{s}_0)-Z(\mathbf{s}_0))=0\right)$ を有する補間値 $z^*(\mathbf{Z};\mathbf{s}_0)$ の中で，予測分散が最小であることを意味する．

なお，通常クリギングは，説明変数が定数項だけで表された普遍クリギングと解釈することができる．

また，普遍クリギングに，傾向面分析の回帰モデルを導入する分析法も提案されており，大域的な被説明変数の変動を傾向面分析で，局所的な空間相関を二次定常性で表現した空間補間を行うことができる（Cressie 1993）．

d）普遍共クリギング（universal cokriging）

$Z_1(\mathbf{s})$ のモデルの攪乱項と $Z_2(\mathbf{s})$ のモデルの攪乱項間に空間相関があり，二次定常性を仮定する場合を考える．これまでのクリギング手法と同様に，観測点 $\mathbf{s}$ におけるモデル

$$\begin{aligned}\mathbf{Z}_1(\mathbf{s}) &= \mathbf{X}_1(\mathbf{s})\boldsymbol{\beta}_1 + \boldsymbol{\delta}_1(\mathbf{s}) \\ \mathbf{Z}_2(\mathbf{s}) &= \mathbf{X}_2(\mathbf{s})\boldsymbol{\beta}_2 + \boldsymbol{\delta}_2(\mathbf{s})\end{aligned} \qquad (18\text{-}24)$$

を設定した上で，BLUP を求めると式 (18-25) を得る．

$$\begin{aligned}z_1^*(\mathbf{Z};\mathbf{s}_0) &= \mathbf{x}'\hat{\boldsymbol{\beta}}_{GLS} + \mathbf{c}'\boldsymbol{\Sigma}^{-1}(\mathbf{Z}-\mathbf{X}\hat{\boldsymbol{\beta}}_{GLS}) \\ \mathbf{X} &= \begin{bmatrix}\mathbf{X}_1 & \mathbf{0} \\ \mathbf{0} & \mathbf{X}_2\end{bmatrix}, \mathbf{x} = \begin{bmatrix}\mathbf{x}_1(\mathbf{s}_0) \\ \mathbf{x}_2(\mathbf{s}_0)\end{bmatrix}, \\ \boldsymbol{\Sigma} &= \begin{bmatrix}\boldsymbol{\Sigma}_{11} & \boldsymbol{\Sigma}_{12} \\ \boldsymbol{\Sigma}_{21} & \boldsymbol{\Sigma}_{22}\end{bmatrix}, \mathbf{c} = \begin{bmatrix}\mathbf{c}_1 \\ \mathbf{c}_2\end{bmatrix}, \mathbf{Z} = \begin{bmatrix}\mathbf{Z}_1 \\ \mathbf{Z}_2\end{bmatrix} \\ \boldsymbol{\Sigma}_{11} &= \left[C_{11}(\mathbf{s}_i-\mathbf{s}_j)\right]_{ij}, \boldsymbol{\Sigma}_{12} = \boldsymbol{\Sigma}_{21} = \left[C_{12}(\mathbf{s}_i-\mathbf{s}_j)\right]_{ij}, \\ \boldsymbol{\Sigma}_{22} &= \left[C_{22}(\mathbf{s}_i-\mathbf{s}_j)\right]_{ij} \\ \mathbf{c}_1 &= \left[C_{11}(\mathbf{s}_0-\mathbf{s}_i)\right]_i, \mathbf{c}_2 = \left[C_{12}(\mathbf{s}_0-\mathbf{s}_i)\right]_i \\ \hat{\boldsymbol{\beta}}_{GLS} &= (\mathbf{X}'\boldsymbol{\Sigma}^{-1}\mathbf{X})^{-1}\mathbf{X}'\boldsymbol{\Sigma}^{-1}\mathbf{Z}\end{aligned} \qquad (18\text{-}25)$$

【引用文献】

市田浩三・吉本富士一 1979.『スプライン関数とその応用』教育出版, 62-74.

鈴木 勉 2008. 地理空間データの操作と計算幾何学. 村山祐司・柴崎亮介編『GISの理論』71-84.

間瀬 茂・武田 純 2001.『空間データモデリング―空間統計学の応用』共立出版.

丸山祐造 2008. 空間統計学入門. 村山祐司・柴崎亮介編『GISの理論』85-101.

Akima, H. 1978. A method of bivariate interpolation and smooth surface fitting for irregularly distributed data points. *ACM Transactions on Mathematical Software*, 4: 148-159.

Akima, H. 1984. On estimating partial derivatives for bivariate interpolation of scattered data. *Rocky Mountain Journal of Mathematics*, 14: 41-52.

Cressie, N. A. C. 1993. *Statistics for Spatial Data*, 151-162. John Wiley & Sons.

Fotheringham, A.S., Brunsdon, C. and Charlton, M. 2002. *Geographically Weighted Regression –the analysis of spatially varying relationship*. John Wiley & Sons.

Okabe, A., Boots, B., Sugihara, K., and Chium S. N. 2000. *Spatial Tessellations: Concepts and Applications of Voronoi Diagrams*, 2nd ed. John Wiley & Sons.

Tobler W. 1970. A computer movie simulating urban growth in the Detroit region. *Economic Geography*, 46 (2): 234-240.

Wackernagel, H. 著, 青木謙治監訳 2003.『地球統計学』森北出版.

【関連文献】

高阪宏行 2002.『地理情報技術ハンドブック』朝倉書店.

張 長平 2001.『地理情報システムを用いた空間データ分析』古今書院.

古谷知之 2011.『Rによる空間データの統計分析』朝倉書店.

Cressie, N., Wikle, C. K. 2011. *Statistics for Spatio-Temporal Data*. John Wiley & Sons.

Haining, R. 1990. *Spatial Data Analysis in the Social and Environmental Sciences*. Cambridge University Press.

19
空間相関分析

　空間相関分析とは，2つの空間変数，つまり空間的属性値の間の相関関係を検証する分析手法である．空間的自己相関が異なる地点で観測された同一の空間変数間の関係性を扱うのに対し，空間相関では異なる2つの空間変数に着目する．

　空間的な属性の間の相関関係を明らかにすることは，空間事象の分布の説明あるいは予測を可能とするだけでなく，空間モデルの構築にも有用である．例えば，地域の住環境と肥満など住民の健康状態との間に，空間的な相関が確認されたとしよう．一般に地域住民の健康状態を直接的に広く観測することは容易ではないが，相関を持つ住環境指標を代替的に利用できれば，健康リスクが高い地域を推測して抽出することが可能となり，効率的・効果的な健康施策の実施に貢献できる．また，2つ以上の住環境指標の間に強い相関が検出されれば，健康リスクを説明する空間モデルを構築する際，その相関に基づいて説明変数を取捨選択して，モデルの簡素化を図ることも可能である．さらに，住環境指標に基づき高リスク・低リスクの地域をあらかじめ選択してから，地域住民の詳細な健康指標を収集し，それぞれに空間モデルを構築して比較することもできる．

　有限個の地区に分割された空間（あるいは有限個の観測地点を持つ空間）において，それぞれの地区で変数 X と Y が観測されたと仮定する．ピアソンの積率相関係数（Pearson's product-moment correlation coefficient）や通常の回帰分析（regression analysis）など，（空間的要素を明示的に組み込まないという意味で）一般的な統計的手法を用いて，空間変数 X, Y の相関を分析・モデル化することも行われる．しかしながら，こうした手法は同じ地点で観測された値同士のみに着目し，値の空間的な位置を考慮していないため，空間的な相関構造を把握するには不十分である．

　例えば，上述の住民の健康と住環境の例では，住民は通勤通学や買い物，旅行などで空間内を行き来しており，居住地域の住環境のみから影響を受けているとは考えがたい．また，都市開発等による特定地域の地価上昇は，周辺地域へも波及的効果を有することから，ある地域の地価をその地域の属性のみで説明・推定するには限界がある．前者は，ある地区 i ($i=1, ..., n$; n は地区の総数）で観測された被説明変数 y_i が，その地区で観測された説明変数 x_i のみでなくその他の地区の x_j ($j=1, ..., n$) からも影響を受ける可能性を，後者は，地区 i の被説明変数 y_i が，その他の地区の y_j ($j=1, ..., n$) にも影響を与える可能性を，それぞれ表した例である．さらにその影響力の大きさは，地区間の近接性，結びつきの強さに依存すると予想される．

　こうした地区を越えた関係性は，同地区で観測された x_i と y_i のみを扱う通常の統計手法では分析することができないため，空間的な関係性を明示的に組み込んだ相関分析・回帰分析の手法が必要となる．本章では，空間的相関関係を計量化する手法と，相関関係を組み込んだ空間モデリングの手法について説明する．

19.1 空間的相関関係の計量化

19.1.1 クロス バリオグラム (cross-variogram)

　クロス バリオグラムは，コクリギング（cokriging; 共クリギングともいう．18章参照）と呼ばれる多変量クリギングで用いる概念である．1変数 Y のみを扱う一般的なクリギング（kriging, 18章参照）が，バリオグラム（variogram, 17章参照）で表される2地点間の Y の共分散に基づき空間補間を行うのに対し，コクリギングでは，クロス バリオグラムで表される2地点間の変数 X と Y の間のクロス共分散を考慮する (Cressie 1991)．つまり，ある地点 i の未知の値 y_i を推測するのに，クリギングではその近傍の変数 Y の観測値データのみを利用するが，コクリギングではさらに，変数 Y と強い相関を持つ他の変数 X の地点 i 近

傍での観測値データも利用し，推定精度の向上を目指している．

クロス バリオグラムは，変数 X と Y の間の空間的な従属性を表す関数であり，2 地点間の空間的隔たり h に応じた 2 変数間の共分散を示している．地点 s における空間変数 X, Y を表す空間過程をそれぞれ $X(s)$，$Y(s)$，期待値を $E(\cdot)$ とすると，理論クロス バリオグラム（theoretical cross-variogram）$2\gamma_{YX}(h)$ は次のように定義される．

$$2\gamma_{YX}(\boldsymbol{h}) = E((Y(\boldsymbol{s}+\boldsymbol{h})-Y(\boldsymbol{s}))(X(\boldsymbol{s}+\boldsymbol{h})-X(\boldsymbol{s}))) \quad (19\text{-}1)$$

一方，n 箇所の地点 s_i ($i=1,...,n$) における観測値 ($y(s_i)$, $x(s_i)$) が与えられたとき，クロス バリオグラムの推定量は次式で得られる．

$$2\hat{\gamma}_{YX}(\boldsymbol{h}) = \frac{1}{n(\boldsymbol{h})} \sum_{s_i-s_j=\boldsymbol{h}} (y(s_i)-y(s_j))(x(s_i)-x(s_j)) \quad (19\text{-}2)$$

ここでは，空間的隔たりが h である全ての 2 地点の組み合わせについて総和が取られており，$n(h)$ はそうした組み合わせの数を表す．実際の分析においては，地点間の距離を適当なレンジに分割し，レンジごとに式 (19-2) の値を算出して，標本（または経験）クロス バリオグラム（sample（or empirical）cross-variogram）を求める．

このようにして得られたクロス バリオグラムにより，2 変数間の空間的な従属性を探索的に調査することができる．クロス バリオグラムをコクリギングによる空間補間に利用するためには，バリオグラムの場合と同様に，さらに適当な理論曲線を当てはめて，クロス バリオグラム関数を推定する必要がある．

19.1.2 空間的クロス相関（spatial cross correlation）

空間的クロス相関（空間相互相関ともいう）は，ある地点で観測された空間的属性 X と，別の地点で観測された他の空間的属性 Y との間の相関関係を表す．異なる地点で観測された同一の空間変数の相関を表す空間的自己相関と明確に区別するため，2 変数の相関関係にあえて「クロス相関」という用語を用いている．いずれの場合も，相関関係を測定・計量化する手法には様々なものがあるが，ここでは空間的自己相関指標として広く用いられている Moran's I（モランの I）統計量（17 章参照）を拡張した 2 変数の Moran's I 統計量（bivariate Moran's I statistic）を考える．

n 個の地区あるいは地点について，2 つの空間的属性 x_i, y_i ($i=1,...,n$) が観測されているとする．それぞれの平均値を $\bar{x}, \bar{y}$，標準偏差を σ_x, σ_y，地区 i-j 間の空間的な近接性・関連性を重み w_{ij}，重み w_{ij} の総和を $W\left(=\sum_{i=1}^{n}\sum_{j=1}^{n}w_{ij}\right)$ とすると，通常の Moran's I 統計量は次式により定義される．

$$\text{自己相関係数}: I_x = \frac{1}{W} \frac{\sum_{i=1}^{n}\sum_{j=1}^{n} w_{ij}(x_i-\bar{x})(x_j-\bar{x})}{\sigma_x^2} \quad (19\text{-}3)$$

なお，Moran's I 統計量には一般に添え字 x は必要ないが，次のクロス相関係数との関連性を明確にするためここでは標記している．

この Moran's I 統計量を異なる 2 地点で観測された異なる変数 X, Y の相関へと拡張すると，クロス相関係数として 2 変量の Moran's I 統計量が得られる．

$$\text{クロス相関係数}: I_{xy} = \frac{1}{W} \frac{\sum_{i=1}^{n}\sum_{j=1}^{n} w_{ij}(x_i-\bar{x})(y_j-\bar{y})}{\sigma_x \sigma_y} \quad (19\text{-}4)$$

これはピアソンの積率相関係数 r_{xy}（式 (19-5)）に空間的な重みを導入して，異なる 2 地点間の相関を表すように拡張した，重み付き積率相関係数とも考えることができる．

$$\text{(非空間的な)相関係数}: r_{xy} = \frac{\sum_{i=1}^{n}(x_i-\bar{x})(y_i-\bar{y})}{\sigma_x \sigma_y} \quad (19\text{-}5)$$

図 19-1 に，関東地方 1 都 6 県について，住宅密度と医療サービスへのアクセシビリティ（最寄りの医療機関までの距離が 500m 未満の住宅の割合として算出）の空間分布と，それらの関連性を示す．総務省の「平成 20 年住宅・土地統計調査」から抽出したデータで，空間単位は市区町村，表象対象となった 309 市区町村が含まれている．図 19-1 (a)・(b) からわかるように，どちらの変数も強い正の空間的自己相関を示しており，式 (19-3) により算出される Moran's I 統計量はそれぞれ 0.85，0.63 である．図 19-1(c) が示すように 2 変数の間には強い正の相関関係も見られ，式 (19-5) により算出される相関係数は 0.73 である．この 2 変数に式 (19-4) を適用すると，空間的クロス相関係数として 0.66 という値が得られる．これは，ある地域における医療サービスへのアクセシビリティと周辺地域の住宅密度との間に強い正のクロス相関があることを示しており，都市部への医療サービスの集中，

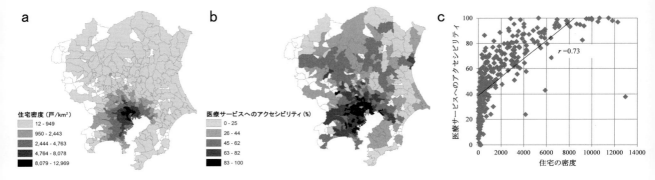

図 19-1 空間的クロス相関の事例：住宅密度と医療サービスへのアクセシビリティの関連性
(a) 住宅密度，(b) 医療サービスへのアクセシビリティ，(c) 散布図

医療サービスへのアクセシビリティの空間的格差を反映した結果となっている．なお，ここではクイーンの隣接行列（Queen's connectivity matrix）を重み $\mathbf{W}$ として用いた．クイーンの隣接行列では，地区 i と j が境界線を共有している場合（頂点のみを共有する場合を含む）に $w_{ij}=1$，それ以外では $w_{ij}=0$ と定義する．ただし，このままでは各地区 i が統計量に及ぼす影響が隣接地区数，$W_i = \sum_{j=1}^{n} w_{ij}$，により変動してしまうため，$W_i$ で w_{ij} を除して標準化した値を用いるのが一般的であり，ここでもその手法を踏襲している．

19.2 空間的相関関係を組み込んだモデリング

19.2.1 一般的（非空間的）な回帰分析と空間モデル

ある変数の値を他の変数を用いて説明あるいは予測したい場合，最も基本的な統計的データモデリングは回帰分析である．説明に用いる変数が単一の場合は単回帰分析（univariate regression analysis），複数の場合は重回帰分析（multivariate regression analysis）と呼ぶ．一般に回帰分析では，被説明変数 y_i ($i=1,...,n$) の予測値を p 種類の説明変数 x_{ik} ($k=1,...,p$) の線形結合によって表す．予測誤差を e_i，未知の回帰係数（regression coefficients）を β_k とすると，重回帰モデルは次のように記述される．

$$y_i = \beta_0 + \beta_1 x_{i1} + \beta_2 x_{i2} + \cdots \beta_p x_{ip} + e_i$$
$$= \beta_0 + \sum_{k=1}^{p} \beta_k x_{ik} + e_i \quad (19\text{-}6)$$

このとき，予測誤差 e_i は互いに独立であり，平均が 0 で一定の分散 σ^2 を持つ正規分布に従うとするのが，回帰分析における基本仮定である．式 (19-6) を行列式で記述すると，Y を被説明変数ベクタ，$\mathbf{X}$ を説明変数行列，$\boldsymbol{\beta}$ を回帰係数ベクタ，e を誤差項ベクタとして，

$$Y = \mathbf{X}\boldsymbol{\beta} + e \quad (19\text{-}7)$$

$$Y = \begin{pmatrix} y_1 \\ y_2 \\ \vdots \\ y_n \end{pmatrix}, \mathbf{X} = \begin{pmatrix} 1 & x_{11} & x_{12} & \cdots & x_{1p} \\ 1 & x_{21} & x_{22} & \cdots & x_{2p} \\ \vdots & \vdots & \vdots & & \vdots \\ 1 & x_{n1} & x_{n2} & \cdots & x_{np} \end{pmatrix},$$

$$\boldsymbol{\beta} = \begin{pmatrix} \beta_0 \\ \beta_1 \\ \vdots \\ \beta_p \end{pmatrix}, e = \begin{pmatrix} e_1 \\ e_2 \\ \vdots \\ e_n \end{pmatrix}$$

となる．

空間データを用いた解析においても，地区 i の空間的属性 y_i を，その地区の他の空間変数 x_{ik} を用いてモデル化する回帰分析は広く行われている．式 (19-6) のうち，β_k ($k=0,...,p$) の線形和で示される部分は，地区の空間特性により説明づけられた分布傾向（トレンド）であり，誤差項は説明されない空間的な変動成分（ノイズ）に相当する．

しかしながら，空間データにこのような一般的な回帰分析手法を適用した場合，残差は正の空間的自己相関を持つことが多く，予測誤差は独立とする回帰分析の基本仮定が満たされているとは言い難い．さらに，誤差が空間的に独立でないならば，被説明変数には空間的従属性（spatial dependency）が存在することとなり，実質的なサンプル数は地区数 n よりも少なくなってしまう．これは，近接した 2 地点で観測されたデータは互いに相関しているために，独立した 2 地点のデータに比べ，情報量が限られることによる．サンプ

ル数を過大評価して推定されたモデルには，係数や予測値の変動を過小評価するなどのバイアスが生じる．

また，予測誤差の分散は均一である（homoscedasticity）とする仮定も，地域的・地理的な特徴を有することが多い空間データでは問題になりやすい．例えば，アメリカの国勢調査で用いられる調査区は人口に応じて設定されるため，都市部と郊外部，地方部ではその面積や人口密度が大きく異なり，誤差にも空間的な変動があることが容易に予想される．さらに，説明変数と被説明変数との関係性が地域により異なると考えられる場合には，回帰係数 β の空間的な変動も考慮する必要がある．先に挙げた健康と住環境の問題では，低所得者層の居住する地域の方が高所得者層の居住する地域に比べ，住民の健康が住環境の影響を受けやすいと考えられている．住宅地の地価が公園などへのアクセシビリティから受ける影響を考えても，都心部と公園以外の緑地が十分に確保された地方部とでは，その影響力の強さは一定ではないであろう．これらの問題を，空間的異質性（spatial heterogeneity）と呼ぶ．

従って，空間的従属性または空間的異質性を伴う事象をモデル化する場合，一般的な回帰分析をそのまま適用するのではなく，それらの空間的特性を明示的にモデルに導入することが求められる．そうしたモデルは空間的回帰モデル（spatial regression models）と呼ばれる．以下の2項では，空間的従属性に重点を置き変数や誤差項の空間的自己相関・クロス相関を明示的に導入したモデルと，空間的異質性に着目しそれを係数の空間変動として導入したモデルを，それぞれ説明する．なお，各モデルの推定方法などの詳細はここでは範囲外であるので，章末に示す関連文献等を参照されたい．

19.2.2 空間的従属性を取り入れたモデル

空間的従属性を回帰モデルに取り入れる方法は様々に提案されているが，ここでは，空間的自己回帰モデル（spatial autoregressive model）と空間的誤差自己回帰モデル（spatial error model；空間誤差モデルともいう）を紹介する．

空間的自己回帰モデルは，被説明変数 Y に空間的従属性を仮定したモデルである．つまり，ある地区 i における被説明変数 y_i の値は，周辺地域の同一の変数 y_j の値に影響されるとしたもので，地価上昇などの空間的波及効果をモデル化している．空間的な自己回帰成分の大きさを示すパラメータを ρ，地区 i-j 間の空間的な近接性・相互作用の強さを示す重み w_{ij} からなる行列を $\mathbf{W}$ として，空間的自己回帰モデルは次式で表される．

$$Y = \mathbf{X}\boldsymbol{\beta} + \rho\mathbf{W}Y + e \quad (19\text{-}8)$$

一方，空間的誤差自己回帰モデルは，誤差項に空間的従属性を仮定する．具体的には，予測誤差を空間的従属性のある部分 $\rho\mathbf{W}U$ と，空間的従属性のない部分 ε とに分け，以下のように定式化する．

$$\begin{aligned} Y &= \mathbf{X}\boldsymbol{\beta} + U \\ U &= \rho\mathbf{W}U + \varepsilon \end{aligned} \quad (19\text{-}9)$$

空間的誤差自己回帰モデルは，被説明変数の空間的変動のうち，説明変数のみでは説明することのできない未知の部分が，空間的従属性を持って分布している状況に対応している．例えば，住民の健康レベルは，地域の社会経済属性によってある程度は説明されるものの，住環境や医療サービスなどその他の地域特性の影響も受けていることは想像に難くない．そうした特性がモデルに含まれていない場合，予測誤差として残る未知の部分に空間的従属性が生じる．

これらのモデルは，同時自己回帰モデル（simultaneous autoregressive model）または条件付き自己回帰モデル（conditional autoregressive model）を適用して推定されることが多い．前者では地区 i における y_i を予測する際，その他の地区における y_j を同時に推定されるべきランダム変数として扱うのに対し，後者では y_i の予測は他地区における y_j の値を前提とする条件付きの確率分布として扱う．なお，各モデルの詳細については関連文献を参照のこと．

19.2.3 空間的異質性を取り入れたモデル

空間的異質性を回帰係数の地域差として想定し，回帰係数の空間的変動を許容するモデルを，空間的可変パラメータモデル（spatially varying coefficient models）という．ここでは代表的な空間的拡張法（spatial expansion method）と地理的加重回帰（GWR: Geographically Weighted Regression）モデルを取り上げる．前節までで扱った空間的回帰モデルでは，回帰係数 $\boldsymbol{\beta}$ はモデル全体すなわち全地区に共通に適用される，グローバルなパラメータである．これに対し空間的可変パラメータモデルでは，回帰係数 $\boldsymbol{\beta}$ はローカルに推定される空間的に変動するパラメータとなる．

拡張法（expansion method）は，既存モデルのパラメー

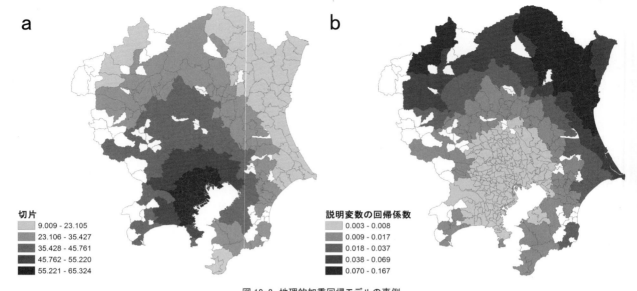

図 19-2　地理的加重回帰モデルの事例
（説明変数 X_i：住宅密度；被説明変数 Y：医療サービスへのアクセシビリティ）
(a) 切片 β_{i0}, (b) X_1 の係数 β_{i1}

タの変動をモデルに組み込むための手法で，回帰モデルであれば，ある説明変数 X_k の回帰係数 β_k を他の変数の関数として表現し推定を行う．拡張法は非空間的な分析で広く用いられているが，回帰係数 β_k を「場所」を表す変数の関数として扱えば，推定されたモデルは β_k の空間的変動，つまり被説明変数 Y と説明変数 X_k との関連性の空間的変動を反映したものとなる．これが空間的拡張法であり，既存モデルのパラメータを空間的に拡張することにより，空間的異質性をモデルに組み込む．場所を表す変数としては，位置座標 $s_i = (u_i, v_i)$ の他，特定の地点（例えば，中心業務地区や海岸線）からの距離なども用いることができる．また，拡張法では直接的に場所を表す変数でなくとも，都市化指標等の空間的な文脈を表す変数を用いた拡張も可能であり，後述する地理的加重回帰モデルにはないメリットとなっている．

位置座標 $s_i = (u_i, v_i)$ を用いて回帰係数 β_k を拡張する場合，最も単純には，

$$\beta_k = \beta_{k0} + \beta_{k1}u_i + \beta_{k2}v_i \quad (19\text{-}10)$$

となるが，級数展開によるさらに複雑な多項式などを導入してもよい．拡張した回帰係数 β_k（例えば式（19-10））を元の回帰モデルに代入すれば，観測位置の座標を説明変数に加えた一般的な回帰モデルが得られる．

GWR モデルは，回帰係数は空間的に変動するものと仮定した上で，それをローカルに推定するモデルであり，以下のように記述される．

$$y_i = \beta_{i0} + \sum_{k=1}^{p} \beta_{ik}x_{ik} + e_i \quad (19\text{-}11)$$

一般的な回帰モデルを表す式（19-6）と比較すると，回帰係数 β_{ik} に地区を表す i が添えられていることがわかる．GWR モデルは，同じ被説明変数・説明変数を持つ回帰モデルが，解析対象地域上に多数推定される状態をイメージすると理解しやすい．

GWR モデルで特定の地区 i における回帰係数を推定する際には，その近傍で観測された値は遠方で観測された値に比べ，地区 i の値とより強く結びついていると考え，距離減衰関数（distance-decay function）であるカーネル関数（kernel function）を利用して地区 i 近傍の値に重み付けする．カーネル関数には指数関数，ガウス関数などが用いられ，カーネルの広がりを表すバンド幅と呼ばれるパラメータが，推定に利用する近傍の範囲を定める．バンド幅が小さすぎると，少ないサンプル数で回帰係数を推定するため，局所的なデータへの適合度は高くなる反面，係数値の信頼性が低くなる．一方でバンド幅が大きすぎると，回帰係数の空間的変動を詳細に把握することが難しくなる．従ってバンド幅は，対象とする空間事象やデータの特徴を考慮して決める必要があり，その指針としてクロスバリデー

ション法などの統計的手法を用いることもできる．

　例として，図19-1（a），（b）に示した2つの変数によるモデルを考える．住宅密度を説明変数 X_1，医療サービスへのアクセシビリティを被説明変数 Y とする．一般の線形回帰モデルでは，回帰係数はデータ全体に対して1組のみ推定され，ここでは，$Y=38.976+0.007X_1$ という結果となった．一方，GWR モデルでは回帰係数はそれぞれの地区に対して推定されるので，図19-2に示すように結果を地図化することにより，その空間分布の傾向が把握しやすくなる．この例では，切片 $β_{i0}$ は東京23区および神奈川県沿岸部で大きな値を取り，そこから離れるにつれて減少していく分布を取っており（図19-2（a）），X_1 の係数 $β_i$ はその逆である（図19-2（b））．これは，都心部とその周辺では医療サービスへのアクセシビリティは一様に高く，地域の住宅密度による変動は小さいが，地方部ではアクセシビリティは全体に低く，医療サービスは住宅密度が高い，つまり人口がある程度集中している地域に偏って分布している状況を捉えたものと考えられる．上述した一般の線形回帰モデルの係数はどちらも，GWR モデルでは都心部とその周辺に対して推定された係数の値に近く，この一般の線形回帰モデルが地方部の状況を反映し切れていないことがうかがえる．GWR モデルではさらに，回帰残差や決定係数などを利用して，モデルの当てはまりの良さの空間的変動を調べることにより，モデルの改善や新たな仮説構築への示唆を得られる場合もある．

【引用文献】

Cressie, N. 1991. *Statistics for spatial data. Part I: Geostatistical data*. Chichester: John Wiley & Sons.

【関連文献】

Bailey T.C. and A.C. Gatrell. 1995. *Interactive spatial data analysis*. Harlow: Longman.

Fotheringham, A.S., C. Brunsdon, and M. Charlton. 2000. *Quantitative geography: Perspectives on spatial data analysis*. London: SAGE Publications.

Haining, R. 1990. *Spatial data analysis in the social and environmental sciences*. Cambridge: Cambridge University Press.

張 長平 2009.『増補版 地理情報システムを用いた空間データ分析』古今書院．

20
空間分析におけるスケール

　地理情報と関連した空間的スケールは，地図の縮尺を意味して用いられる場合がある．この場合のスケール（縮尺）とは，1/500 や 1/25,000 のような「地図上の長さ／現実の長さ」である距離の比率で示される．この比率の値が大きいほど（分母が小さいほど）大縮尺となる．一般に，大縮尺の地図ほど，きめ細かく狭い範囲を精緻に記録するために用いられ，小縮尺の地図は，広い範囲を対象として，現実をより単純化して描き出すために用いられる．

　しかし，空間分析において，大きな・小さなスケールの分析という表現は，異なった意味で用いられることが多い．まず，解像度に相当する分析単位のきめ細かさを意味する場合がある．分析単位が国家や地方自治体など大きい場合には大きなスケール，分析単位が個人や建物のように小さい場合には小さなスケールの分析といった使用法である．一方，分析範囲の広さをもって判断する場合もある．例えば，地球全体を対象とするような広範囲の分析は大きなスケールの分析，逆に1つの自治体の中や特定の敷地の範囲内だけを対象とするような狭い範囲の分析は小さなスケールの分析と表現される場合がある．

　すなわち，空間分析における空間スケールとは，空間的な分析単位（解像度）と，分析の対象とする空間的範囲の2つの観点から二義性を持って用いられてきた．ここで問題となるのは，地理情報を用いた分布図の作成や，各種の空間データ解析を行う際に，利用する空間単位の大きさと空間的範囲の違いが，しばしば決定的な分析結果の違いをもたらすことである．そのため，空間分析を実施するにあたって，どのようなスケール問題が生じうるのかを理解しておくことは重要である．本章では，空間分析におけるスケール問題に関する基本的な論点を整理する．

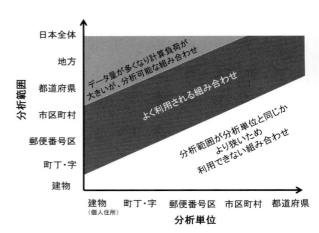

図 20-1　空間分析における分析単位の大きさと分析範囲の広がり

20.1　2つの空間スケール問題

　まず，空間単位（空間的解像度）のスケールと分析範囲のスケールの関係について図 20-1 に基づいて考えてみたい．この図では，横軸は分析単位となる地理的単位の平均的な大きさ（広さ），縦軸は分析範囲となる研究対象領域全域の大きさ（広さ）を示している．分析単位は分析範囲よりも小さい必要があるため（例えば，1市を対象とした都道府県単位のデータによる分析は実施しえない）ため，「空間単位の大きさ＞分析範囲の大きさ」となる図中の白領域では，空間分析は実施しえない．それ以外の領域では分析の実施が可能だが，扱うデータ量の問題もあって，分析範囲が広いほど分析単位も大きいものを利用することが多い（図中の濃い灰色領域）．例えば，日本全国を対象とする研究では都道府県や市区町村を分析単位とし，ある都市を対象とした分析では町丁・字を分析単位とするような場合である．しかし，地理情報の整備や GIS などの地理情報処理技術の発達によって，現在では大量の地理情報処理も可能となってきた．例えば，町丁・字やメッシュ，あるいは建物単位のような小さな空間

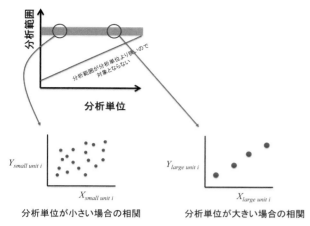

図 20-2 空間単位のスケール問題

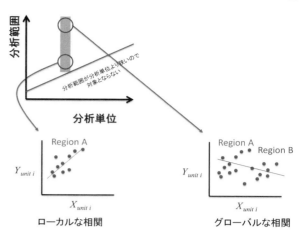

図 20-3 分析範囲のスケール問題

単位を利用して，日本全国のデータ分析を行うような状況である（図中の薄い灰色領域）．すなわち，地理情報の充実や情報処理技術の高度化は，これまでよりも多様な分析単位と分析範囲の組み合わせをもった分析上の自由度をもたらしており，その結果として分析におけるスケール問題への一層の注意を払う必要が求められることとなった．

具体的にこの2つのスケール問題を理解するために，分析単位ごとに計測されるXとYの2変量の相関問題を考えてみたい（例えば，平均所得と死亡率のような関係）．まず，スケール問題の1つである分析単位の問題を考えるには，分析範囲を一定とし，利用する分析単位が複数考えられる状況を想定すればよい．図20-2において，図中の水平方向に伸びた帯は，分析範囲が一定だが，様々な大きさの分析単位を利用できる状況を指し示す．例えば，日本全国という範囲の分析に際して，地方，都道府県，市郡，市区町村，町丁・字，基本単位区など，平均的な大きさの異なる様々な地理的単位が，分析単位として利用できる状況である．この利用する分析単位のスケールによって分析結果が変わる問題は，より一般には可変単位地区問題（MAUP：Modifiable Areal Unit Problem）の1つとして知られている．2変量の相関分析では，対象とする地理的な範囲（例えば，日本全国）は一定としながら，小さな空間単位（例えば，市区町村）ではあまり相関関係ははっきりとしないが，大きな空間単位（都道府県）でみると，強い相関関係が確認されやすいなど，空間単位のスケール問題は比較的古くから指摘されてきた．

一方，分析範囲の空間スケール問題は，図20-3において垂直方向に伸びる帯で示されているように，分析単位を固定しながらも，分析する範囲が多様に考えられる場合で生じる．例えば，町丁・字という単位で分析するとしても，1都市を対象とする場合，1県を対象とする場合，日本全国を対象とする場合，のように分析範囲は複数想定しうる．このような分析範囲が異なると，たとえ同じ空間単位を利用していても空間分析で得られる結果が異なることも多い．これは，分析範囲の一部の領域で得られる特性が，他の地域のそれと異なるために，全体（グローバル）でならしてみた特性と，局地的（ローカル）に絞ってみた場合の特性とでは得られる結果が異なるためである．これをローカル・グローバル問題と呼ぶことにしたい．

例えば，2変量の相関分析では，ある地理的範囲での相関関係が，別の範囲での相関関係と異なる場合が，しばしば観察される．ある地域Aでは，X-Yに正の相関関係があって，同様に，地域Bでも同じように正の相関がみられるが，XとYの平均的な水準が地域Aよりも地域Bでは格段に低いとしよう．すると，対象地域全体では，X-Yに負の相関があると計測されてしまうことさえある（図20-3）．このように，地域AやBのそれぞれでのみ観察される局地的（ローカル）なパターンは，全体をあわせた際にみえる大局的（グローバル）パターンとは，大きく異なることがある．これは分析範囲の変更が，空間分析の結果にいかに大きな影響を及ぼしうるのかを示す一例である．

20.2 空間分析単位の問題

空間単位のスケール問題は，生態学的誤謬（ecological fallacy）と呼ばれる統計的推論の問題とみなされる場合がある．社会学者のロビンソン（William Robinson）は，地理的な集計データを単位とするマクロ・レベルの相関を，個人を単位とするミクロ・レベルの相関とみなす推論上の誤りを，生態学的誤謬と命名し，地理的な集計データの誤った利用を警告した（Robinson 1950）．センサス（国勢調査）資料を利用すれば，さまざまな社会科学的な問題についての相関分析が可能だが，センサス資料は地理的単位（州や郡）に集計されており，この地理的単位を利用して計算したマクロ・レベルの相関関係は必ずしも個人レベル（ミクロ・レベル）の相関関係と一致しない点に留意が必要である．ロビンソンがとりあげた題材は，人種と識字率の関係であるが，個人レベルでは両変数間はほぼ無相関であるものの，州単位のデータでは非白人の割合が高いほど識字率は低くなる相関関係が明確に認められた．それは，州レベルの人種構成と識字率は，州の貧困度によって規定されているために生じた疑似相関の一種として説明される（貧困な州であるほど，非白人が多いが，非白人と白人の両方で文字の読めない人が多い）．すなわち，マクロ・レベルとミクロ・レベルの相関は，それぞれ違う要因に規定されて生じている異なった現象であり，これを混同することが問題なのである．

しかし，空間単位のスケール問題がすべて生態学的誤謬の問題と対応するわけではない．なぜなら，空間分析においては，考察に利用したい基礎的な単位が明確に存在するとは限らないからである．例えば，収穫率（土地面積あたりの収穫量）や人口密度，あるいは投票率のような指標は，適当な地理的単位で集計して観測しなければならない．また，ある程度のサンプル数を確保する意味で，集計することでより信頼性のある値が得られるならば，集計によるメリットもある．しかし，地理的単位はいくらでも変更可能（modifiable）である点がやっかいである．実際，分析に利用する地理的単位を変更すると，相関係数のような分析結果が異なるため，分析結果は「たまたま」利用できた地理的単位に依存してしまう一面がある．そうであるとすれば，空間的な単位を利用した分析では，統計的なデー

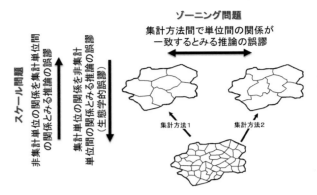

図20-4 可変単位地区問題（MAUP）と関連する推論上の誤り

タの代表性や分析の妥当性，結果の一般化が妨げられることになる．

ここで空間単位の設定問題について考えると，空間単位の大きさを変更した場合に生じる，スケール問題とならび，同じ程度の大きさ（あるいは数）の空間単位であっても，その空間単位の作り方によって，結果が変わってしまうゾーニング問題もある．これらをあわせて，空間単位の設定如何により空間分析の結果が異なってしまう問題を，可変単位地区問題（MAUP）と呼ぶ（図20-4）．スケール問題では，異なる集計レベル間で，結果が一貫したものとみなすことで生じる推論上のリスクがあったが，ゾーニング問題では，結果の一般性をめぐる推論上の問題が強調される．すなわち，ある地理的単位で得られた結果を，同程度の大きさの分析単位だが違う方法で作成された分析単位で得られた結果でも成立すると考えてよいだろうか．

オープンショー（Stan Openshaw）は，この問いに答えるべくシミュレーション研究を実施した（Openshaw 1984）．99の郡から構成されるアイオワ州の高齢者比率（X）と共和党支持者への投票率（Y）の相関関係を題材に，これが集計のスケールとゾーニングによって，どのように変化しうるのかを調べたのである．例えば，地区数54のケースでは，99の郡を54の連続する地区に集計するのだが，いろいろな集計の仕方を調べてみると，最も低い相関係数値は-0.42，最も高いそれは0.82であった．さらに，地区数が12になると，ほぼ-1から+1まで，つまり相関係数のとりうる値の全てが，空間単位の設定の変更によって生み出されることがわかった．空間単位のスケールはもとより，どのように空間単位を集計するかによって，結果は大きく変わりうるのである．もっとも，オープンショーが

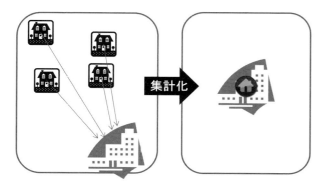

図 20-5 空間的集計による位置情報の集計問題
地理的集計によって，施設の位置も全ての住居も，地区の代表点（重心など）にあるとみなされる場合，集計単位内では，住居から施設までの移動に必要な距離がすべてゼロになってしまう．

実験的に作成した集計地区の中には，極めて不自然と思える地区割りもあり，また形状のみならず空間単位の大きさのばらつきも大きい．しかし，現実の統計単位である空間単位の形状や大きさにも多様性があり，どのような空間単位が「自然」であるのかは判断が難しい．

ところで，相関分析のような集計された統計資料での集計問題と別に，位置の情報が集計されることで生じる空間単位問題もある（図 20-5）．例えば，施設立地モデルや，買物行動あるいは人口移動などの目的地を選択するモデルでは，個々の行為者の住所と施設あるいは目的地までの距離を利用したモデルが利用される．しかし，正確な地理的な位置は，個人のプライバシー保護の問題もあって得られないことが多いため，適当な空間単位で集計された上で，その代表点（例，重心）に，全ての人が居住していると仮定されることが多い．また，病院や買物場所のような施設の位置も同様である．こうした位置情報を単純化してしまうことによって，実際の距離が大きく歪められてしまう場合があり，最適な施設立地点として示される位置や，空間選択モデルの係数に大きなバイアスがかかることがある．

ではどのようにこれらの問題に向き合うべきだろうか．空間的な単位によって集計されたデータしか利用できない場合，分析単位によって結果が変わりうる点に留意し，分析単位のスケールに対応する解釈を行うことが最も重要である．ただし，ゾーニング問題と関係して，空間単位のスケール問題は，分析の単位としての適切さやその記述の曖昧さから生じる場合も多

い．理想的には，都市圏のような統一した基準で分析に適した地理的単位を作成する作業（ゾーンデザイン）を実施することで，分析結果の意義を明確にすることが望ましい．あるいは，個人や建物などミクロ・レベルのデータが利用可能できるのであれば，後述するようなマルチレベル分析のような複数の空間的集計レベルの効果を同時に考慮するモデルや，空間的集計による影響をモデル化し，これを説明・予測する分析も考えられる．空間的集計によって失われた情報を復元するために，様々な情報を組み合わせて蓋然性の高いミクロ・レベルの空間データを作成する空間的マイクロシミュレーションも，スケール問題に対処する1つのアプローチである（中谷・花岡 2008）．

20.3 ローカル・グローバル問題

次に，分析範囲からみた空間分析のスケール問題として，空間分析におけるローカル・グローバル問題を考える．既に図 20-3 で議論したように，対象地域全体の特性を要約する指標では，対象地域内の特性の多様性を適切に取り出せないどころか，時には誤った結論に達してしまう．このような，対象地域全体の統計的特性を要約する指標をグローバルな統計量と呼ぶ．これに対して，対象地域内部の局所的な統計的特性を要約する指標をローカルな統計量と呼ぶ．このローカルな統計量は分布図として地理的に視覚化できるため，GIS 環境と親和性の高い空間分析の方法である．

例として，空間的自己相関の指標を用いた，死亡率の分布パターンの問題を考えることにしよう．死亡率を地図化すると，特定の地域に高い死亡率の地区が集まっているようにみえることがある．17 章で論じた Moran's I のような空間的自己相関の指標を利用すれば，高い死亡率を持つ地区が地理的に集積する傾向について，それが統計的に有意なものかを判定できる．ただし，これはあくまでも対象地域全体の傾向を問題としており，どこに注目すべき高死亡率の集積地があるのか，という局所的な特性については答えてくれない．

アンセリンは，空間的自己相関の指標の多くが，地区ごとの自己相関成分の和として定義されていることに着目し，この各成分をローカルな空間的関連性の指標と考えることを提案した（LISA：Local Indicator of Spatial Association）．その典型例が Local Moran's I（ローカルモラン統計量）である（Anselin 1995）．通常，空間

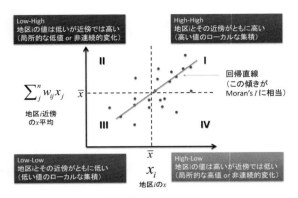

図 20-6 Moran散布図

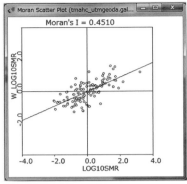

Moran散布図

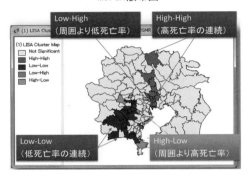

図 20-7 Local Moran's I による分析例

的重み（行列）は行基準化されるので，式（20-1）のように，Moran's I 統計量を書き直すことができる．全体の関連性に対する地点 i ごとの寄与成分を I_i とおき，これを Local Moran's I と命名した．

$$I = \sum_{i}^{n} I_i$$

$$I_i = \frac{1}{n} \cdot \frac{(x_i - \bar{x}) \cdot \left(\sum_{j}^{n} w_{ij} x_j - \bar{x} \right)}{\sigma^2} \quad (20\text{-}1)$$

通常の Moran's I は，x_i（各地区のデータ値）と $\Sigma w_{ij} x_j$（各地区の近傍のデータ平均値）の関連性を測る指標とみなせる．なお，n は地区数である．ここで，I_i が正に大きいのは，地区 i とその周辺に高い値が集積している（地区 i も平均以上で近傍平均値も平均以上）か，地区 i とその周辺に低い値が集積しているのか，のどちらかである．逆に，この I_i がマイナスであるなら，地区 i とその周辺地区の値とのずれが大きい状況が示唆される．この Local Moran's I における I_i は，地区 i 以外の観測値の空間的分布についてランダムか（帰無仮説），あるいは地区 i の周辺で値の局所的な分布傾向があるのか（対立仮説）を評価することで，ローカルな空間的な関連性の有無を検定することができる．

この Local Moran's I を，よりわかりやすく解釈するためには，Moran 散布図を利用すると便利である（図20-6）．横軸は地区 i の値，縦軸は地区 i 周辺の平均値である．この散布図は，横軸・縦軸の平均値（$\bar{x}$）の位置で 4 つの象限に区切られる．それぞれの象限は，High-High, Low-High, Low-Low, High-Low と区別される．なお，グローバル統計量である従来の Moran's I は，この散布図の相関係数ではなく，この散布図上で回帰直線を引いた時のその傾きに相当する．

図 20-7 に，東京大都市圏の死亡率（対数値）について Local Moran's I による分析を実施した例を示した．Moran 散布図の右上がりの傾向から，全体としてここでの死亡率の分布には，正の空間的自己相関が明瞭である．地図には，5％水準で空間的自己相関が有意であった Local Moran's I を，4 つのタイプ別に示してある．東京都区部の東側から北側へ向かうセクターに高い死亡率の集積（High-High）が明らかである一方，東京都心部からみて西および南西方向の郊外部に低い死亡率の地域が集積（Low-Low）している．

単変量の空間的自己相関による分布パターンと同様に，多変量の相関あるいは回帰モデルについても，ローカルな空間分析のためのモデルが提案されてきた．代表的なものに地理的加重回帰法（Geographically Weighted Regression: GWR）がある（式など詳細は 19章参照のこと）．この GWR は通常の線形回帰モデルと同様なモデル式を想定するが，局所的な重みづけを行うカーネル関数を利用して，各地点周辺のデータに基づく（偏）回帰係数の推定を繰り返す（図 20-8 左図）．これによってローカル（局所的）な（偏）回帰係数の分布が推定される（図 20-8 右図）．通常の回帰モ

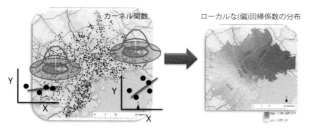

図 20-8 地理的加重回帰法（GWR）

デルが，対象地域全体で一貫した変数間の関係を捉えるグローバルなモデルとみなされるのに対し，対象地域内で変数間の関係の局所的な違いを見出す GWR は，ローカルなモデルとみなされる．

GWR に関連して，係数の変動をモデル化する統計学的手法にマルチレベル分析（クレフト・デリウー 2006）がある．GWR は事前に係数のとりうる統計的分布については問わない点でノンパラメトリックな手法であるが，マルチレベル分析は係数が特定の確率分布に従って変動することを想定して定式化されるパラメトリックな分析手法であり，より確証的な分析に利用されることが多い．空間分析におけるマルチレベル分析では，事前に，パラメータの変動をみる上位の地域単位（分析単位の地理的グループ）を設定し，この上位の地域単位ごとに異なった係数値が推定され，これをもって係数の地理的変動を分析できる．その一例は，次のような階層線形モデルである．

$$y_i = \beta_{0(j)} + \sum_{k}^{K} \beta_{k(j)} x_{k,i} + \varepsilon_i$$
$$\beta_{0(j)} = \gamma_0 + \xi_{0(j)} \quad (20\text{-}2)$$
$$\beta_{k(j)} = \gamma_k + \xi_{k(j)}$$

ここで y_i, $x_{k,i}$ はデータ観測地点 i の被説明変数と種類 k の説明変数，$\beta_{k(j)}$ は（偏）回帰係数（以下，係数）である．ただし，j は，地区 i が属している地域とし，ε_i は，分析単位（地区）レベルのモデルの誤差項，$\xi_{0(j)}$ と $\xi_{k(j)}$ は地域レベルの誤差項である．このモデルにおいて，切片および説明変数 k に対応するそれぞれの係数は地域 j ごとに異なり，それはある平均的水準（γ_0 ないし γ_k）まわりに，正規分布にしたがって変動を許されるものと定式化されている．

このような地理的な係数のローカルな変動が重要である理由は，既に図 20-3 で説明した通りである．マルチレベル分析では，地域ごとに切片と傾きが（一定の確率分布に従うという制約はあるが）変動すると想定したモデルを適用できるため，図 20-3 で説明されるような状況でも，各地域でみられるローカルな X-Y の間の正の相関関係（正の回帰係数）を把握して理解することが可能となる．GWR は，係数の変動する地域を事前に仮定せずに，空間的に連続した係数の変動を推定する探索的なデータ解析の方法と考えることもできる．

なお，マルチレベル分析は，地域レベルの説明変数を加えたり，さらに上位の地域レベルを複数同時に含めたりするような定式化も可能である．こうした複数の異なる空間的階層を同時に考慮するモデルは，生態学的誤謬のような空間的集計による推論上の誤りを回避する 1 つの方法としても知られる．ただし，どのように空間単位を設定すべきなのかという問いは残される．また，Local Moran's I や GWR のように空間的な近傍を定義して，ローカルな特性を抽出する方法でも，どのように近傍を定義するのかという問題は，空間単位の設定と通底する問題である．予測精度という評価尺度を用いれば，統計学的に最適な近傍や集計単位を決めることが可能な場合もある．しかし，空間分析のための単位や範囲の設定は，利用可能なものを便宜的に用いるのではなく，分析上の目的に応じて解釈の可能性や結果の有用性の観点からも評価されるべきであることは，言うまでもない．

【引用文献】

中谷友樹・花岡和聖 2008．ジオシミュレーションと空間的マイクロシミュレーション．村山祐司・柴崎亮介 編『GIS の理論』142-160．朝倉書店．

Kreft, I. and de Leeuw, J. 著，小野寺孝義 編訳，岩田 昇・菱村 豊・長谷川孝治・村山 航訳 2006．『基礎から学ぶマルチレベルモデル』ナカニシヤ出版．

Anselin, L.1995. Local indicators of spatial association – LISA. *Geographical Analysis*, 27: 93-115.

Fotheringham, A.S., Brunsdon, C., and Charlton, M.E. 2002. *Geographically Weighted Regression: The Analysis of Spatially Varying Relationships*, Chichester: Wiley.

Robinson, W.S. 1950. Ecological correlations and the behavior of individuals. *American Sociological Review*, 15:351–357.

Openshaw, S. 1984. *The Modifiable Areal Unit Problem*. Norwich: Geo Books.

【関連文献】

de Smith, M., Goodchild, M. F., and Longley, P. A. 2009. *Geospatial Analysis: A Comprehensive Guide to Principles, Techniques and Software Tools*. Leicester, UK: Metador.

21 視覚的伝達

21.1 ビジュアリゼーションとは

一般に視覚的伝達（visual communication），ないしビジュアリゼーション（視覚化）（visualisation）とは，様々な事象や情報などを写真や動画，記号，イラストのような視覚に訴える形で表現して利用者に伝えるための伝達手段と考えられる．広義には，絵画・彫刻や映画，広告表示，道路標識など，多様な形式の視覚表現があり，またその用途も，ある事象や状態を忠実に記録することから特定の思想や主張を文字以外の形態で発信することまで多岐にわたる．しかしながら，地理情報科学の分野に限定した場合，その主眼は，様々な位置情報や属性値の空間的分布などを効果的に視覚化して，利用者にわかりやすい形で情報提供することにある．言い換えるならば，地理情報科学の分野におけるビジュアリゼーションとは，様々な主題の空間的な分布および数理的分析の結果を目にみえる形で表す方法とその枠組み全体を指すことから，GISを利用する上で最も基本的な機能の1つと言える．

なお，視覚的伝達の訳語として visual transmission という語句がしばしば用いられるが，これは利用者がそれらの視覚情報を生理学的に取り込む際のメカニズムを捉えたものである．例えば空間情報が感覚器を通じて体内に取り込まれる際の仕組みを考えた場合，視覚と聴覚はそれぞれ感覚器が一対あり，遠近や方向を3次元的に認識することが可能で，空間的な位置情報の把握に適している．特に視覚は，空間の広がりを直接観察することができることから，その縮小モデルである地図の観察に最適である．このことは空間情報がもっぱら視覚的に伝達されることと無縁ではない．

しかしながら，本章で扱うのは，同じ視覚的伝達の中でも visual communication，すなわち地図や空間データなどを介して，作成者ないし送り手がさまざまな空間情報を利用者ないし受け手に視覚的に伝達する行為とその方法である．そしてそれらの空間情報を如何にわかりやすくかつ効果的にみせられるかは，地図の表現モデルやデザインの選択にかかっている．

21.2 空間情報の視覚化の起こり

地理的な情報を目にみえる形で表現することは，古くから地図を介して行われてきた．地図の起源については諸説がある．一説には言語の発達より前に登場したともいわれており，実際，先史時代の洞窟の壁画などにも地図表現がみられる．その後，古代から中世にかけて，地図による空間情報の視覚的伝達手段は次第に発達するも，都市の計画図や戦時の勢力図，プトレマイオスの天空図などの一部の例を除いては，空間情報を正確に伝達することはさほど優先されず，むしろ自国や特定の宗教など，自身の世界観やアイデンティティを象徴的に表現するシンボルとしての利用が多かった．その意味では，当時視覚的に伝達される情報は，地理情報に政治的・宗教的な要素を加味したものであったと言える．図21-1は，中世ヨーロッパ世界において広く普及したTO図（T-in-O map）の一例である．地球の輪郭ないし外洋を表す球体のOの字の中に，エルサレムを中心に地中海，ナイル川，ドン（タイナス）川の三水系がT字状に分岐して，アジア，アフリカ，ヨーロッパの三大陸を隔てているという構図に見立てられることからこの名称がついている．これをみると，当時知られていた三大陸がキリスト教世界の思想を色濃く反映しつつ抽象的に描かれていることがわかる．

地図表現による空間的な正確さが本格的に追求され始めたのは，長距離および大陸間の移動が盛んになり，地理情報の重要性が認識されてからであった．さらに大航海時代を経て，広域貿易や植民地政策が推進されるにいたって，地図情報の正確さと地図表現のわかりやすさを追求する地図学が大いに発展した．しかしながら，これらの知識と技術を活用して実際に地図を作

図 21-1 T-in-O Map の一例
(Wikipedia 収録のパブリックドメインの図を転載．http://commons.wikimedia.org/wiki/File:T_and_O_map_Guntherus_Ziner_1472_bw.jpg)

成する作業は，もっぱら専門知識をもつ一部の組織や個人に委ねられていた．

それに対し，近年の GIS の発達，豊富な地図・測量データの蓄積，およびインターネット・オンラインサービスの提供により，地図の作成自体が容易になったことから，空間情報のビジュアリゼーションが誰でも手軽に行えるようになった．すなわち，GIS やオンラインマップを利用して，空間情報を日常的に視覚的に伝達できる環境が整ってきているが，それと同時に，適切な地図表現を用いることの重要性がますます高まってきたとも言える．地図に関する投影法やデータの入手先などについては，現在，義務教育の段階である程度カバーされているが，実際に地理情報を視覚的に表現する際に留意すべき点については，未だ体系的に整理されていない．

21.3 視覚的伝達の意義

GIS を用いた情報処理や数理的分析は，空間情報を理解する上で重要な役割を担っているが，その解釈を利用者に正しく伝えるには，地理情報の効果的な視覚的伝達が欠かせない．いかに正確な情報を入手して緻密な分析を行ったとしても，その結果をわかりやすく表現できなければ，情報のもつ意味について十分な理解が得られないからである．例えば，記号・表現などが判別しづらかったり，複数の意味に解釈されてしまうような曖昧さを含んでいたり，主題とは関係のない情報が含まれるなど読図を妨げる要素があると，伝達力が低下し，利用者に誤った印象を与えてしまう恐れがある．逆に言えば，視覚的伝達の方法と完成度次第で空間情報の解釈を向上させることが可能であることから，空間情報の視覚的表現が GIS 利用の鍵を握るといっても過言ではない．

例えば，図 21-2 および図 21-3 は，ウェールズの首都カーディフ市内の各区人口に占める外国人の比率を表したものである．図 21-2 は，等間隔分類（Equal intervals），等量分類（Quantiles），自然分類（Natural breaks），標準偏差分類（Mean-standard deviation）を用いて同一エリアの同一データを視覚化したものであるが，分類方法によって外国人率が高いという印象を与えるエリアが大きく違ってくる．また，図 21-3 はすべて等間隔分類を用いた図であるが，分類する際の閾値（1％，2.5％，5％，7.5％）を変えただけで，まったく異なる印象の図が出来上がることを示している．空間情報を適切に表現して利用者に正しく理解してもらうことは，地図表現の主目的であるが，実際に正確な印象を伝達することは容易ではない．上記の例では，地図下方部分にあたる港湾地区の外国人率が約 40％ と際立って高く，分類方法や閾値の取り方によって地図全体の印象も大きく異なってくる．しかしながら，どの地図をもって適正な表現と判断するかは地図の用途にもよるため，一概には言えない．閾値や分類方法が変わることで地図の印象が著しく違ってくる問題は，これまでにも幾度となく指摘されてきており，モンモニア（Mark Monmonier）の著書『地図はうそつきである（"How to Lie with Maps"）』（モンモニア 1995）などでも取り上げられているので，詳しくはそちらを参照されたい．また，地図を作成する際の主題の分類方法や階級数，色調などの組み合わせを実際に試すためのツールとしては，ブルーワ（Cynthia Brewer）が開発したカラーブルーワ（ColorBrewer, Harrower & Brewer 2003）というツールが無料公開されているので利用されたい．

この他にも，国勢調査やリモートセンシングなどを介してまとめられる自然環境や都市・社会を取り巻く様々なデータを手軽に入手できる環境が整ってきたことや，各種センサによって自動記録されるデータやインターネット・SNS などの大量データ，いわゆるビッグデータの利用が提唱され始めたことによって，もは

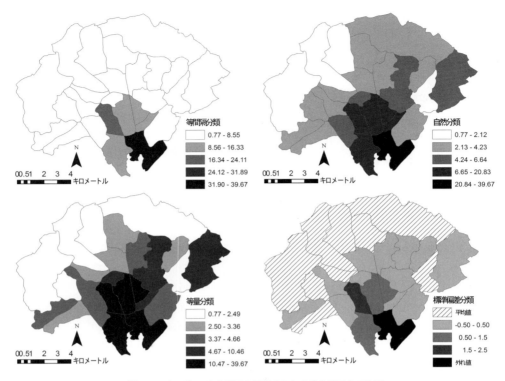

図 21-2 カーディフ市内各区の居住人口に占める外国人の比率
データを階級分けする分類方法によって，印象が違ってくることがわかる．

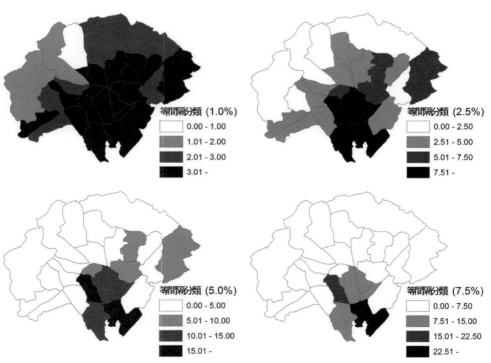

図 21-3 カーディフ市内各区の居住人口に占める外国人の比率
閾値の取り方によって，印象が違ってくることがわかる．

やコンピュータプログラムの助けなしでは，情報が処理しきれない時代になってきている．そのように情報が氾濫する中で，大規模データを効率よく整理し，その特徴をわかりやすい形で視覚表現することは，もはや地図学の範疇にとどまらず，我々の生活全般に関わっており，今後さまざまな社会基盤や安全・保全機能，交通機関の運行・整備など，幅広いエリアで益々重要な役割を担うであろう．

21.4 視覚的伝達方法の類型化

地図は現実空間の縮小モデルであり，通常は図形として平面上に視覚的に表現される．また，立体的な地球儀や地形模型，3D眼鏡でみる3D表示なども空間の縮小モデルであると言える．このような縮小モデルを作成する上で，どの情報を主題として取り入れ，どの情報を削除するか，またどのような色，記号，分類方法を用いるかといったことを総合的に考慮し，正確かつわかりやすい地図表現を追求することで，効果的な視覚的伝達が実現される．

図21-4は，地理情報のビジュアリゼーションの分野に大きく貢献してきたマッカクレン（Alan MacEachren）が提唱したダイヤグラムで，視覚的伝達の枠組みの中でさまざまな地図表現がどのように位置づけられるかを論じたものである（MacEachren 1994）．このダイヤグラムでは，ビジュアリゼーション（visualization）とコミュニケーション（communication）が対比される形で提示されている．この考え方によると，地図を介したコミュニケーションは既知の情報を利用者に伝達するための情報共有手段であり，プレゼンテーションの一形態であると捉えることができる．この場合，伝達される空間情報の送り手は，地図の作成・デザインの知識を有する者であり，受け手はその情報を享受して，それを特定の目的に活用する政策決定者や一般利用者などであると想定される．これに対して，地図によるビジュアリゼーションとは，分析者が地理情報とインタラクティブに関わって視覚的分析を行うプロセスであると言える．この場合，視覚情報の送り手と受け手は同一人物ないし組織であることが多く，GIS上で自ら空間操作を行うことにより，それまで知られていなかったパターンや空間的特徴を視覚的に探求・考察することができる．このように考えると，GISにおける視覚的伝達は，空間情報を共有す

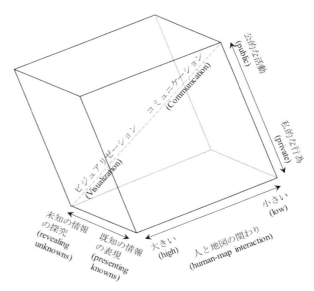

図21-4 地図の位置づけに関するダイヤグラム
（MacEachren (1994) を基に，著者作成）

るための伝達手段としての利用が考えられる一方で，様々な地理的な情報を解釈するための視覚的分析手法としても用いられると言える．そして，我々の地図との関わり方は，このダイヤグラムで示される表現空間のどこかに位置づけられると解釈できる．

また，図21-5は，同じくマッカクレン（MacEachren）が1992年に発表した図で，扱う主題が定まれば，その主題を表現するために適切なパターンも自ずと決まるという考え方を提唱している．この図によると，地図上で視覚表現される主題は，その空間的連続性や属性値の変化に応じて9タイプに類型化される．例えば，あるエリアの上空における気圧配置のように，空間的にも連続しており属性値も連続している主題は，等圧図（isometric map）を用いて等値線で空間内を連続して結ぶ曲線群で表現するのが適している．これに対して，分析対象エリアに立地する各企業の業績のように，空間的に離散しており属性値も不連続なものを表す際には，比例記号（proportional symbol）を用いるのがわかりやすい．このことは，視覚化される地理情報と出力される地図のパターンの間に，情報を正確に伝達する上でより適切な組み合わせがあることを示している．このように既に関係が確立された組み合わせは，視覚的伝達の方法を選択する際の重要な指針となるであろう（塩出2008）．詳細は23章を参照していただきたい．

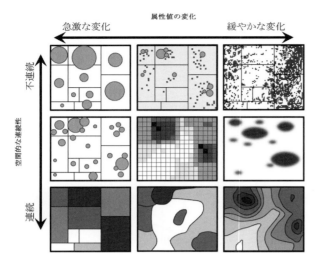

図 21-5 データモデルに対応した地図の種類
(MacEachren (1992) を基に，著者作成)

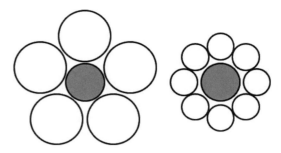

図 21-6 エビングハウス錯視 (Ebbinghaus illusion) の一例
同じ大きさの円を大きな円と小さな円でそれぞれ囲んだ場合に，前者は小さく，後者は大きく知覚される．

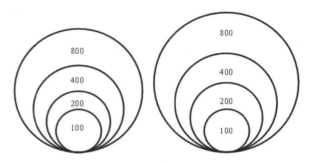

図 21-7 数学的に正しい絶対尺度に基づく円記号サイズ（左図）と，利用者の目に自然に映る感覚尺度による円記号サイズ（右図）

21.5 錯視（オプティカル・イルージョン）

　視覚的伝達を考える上で忘れてはならないのが，視覚情報は脳内で処理される信号に過ぎないということである．したがって，図形や色調の組み合わせによっては，錯視，すなわち対象物に対して誤った視覚的認識をする可能性もある．特に地図の形で表現された空間情報を視覚的に分析する際など，主観的な解釈を行う場合には注意が必要である．中でも，生理的錯視・幾何学的錯視などとして知られる図形や対象物の配置・状態に応じて実際とは異なるパターンや状態を認識するタイプの錯視は，ほぼ全ての人が経験することから，正しい視覚的認識ができるよう地図表現を工夫するべきである．例えば，エビングハウス錯視 (Ebbinghaus illusion) は，相対的な大きさの認識に関する錯視であるが，よく知られている例として，同じ大きさの円を大きな円か小さな円で囲んだ場合に，前者は小さく，後者は大きく知覚されるという現象が挙げられる（図 21-6）．実際，ある地域における市町村の人口分布を示す際に，それぞれの人口規模を比例シンボル，段階シンボルなどを用いて円で表示することを考えたとき，人口1万人のA村と2万人のB町の人口規模を示す記号は，Bの人口規模を示す記号をAの人口規模を示す記号の2倍のサイズにすると，ほとんどの人がBの記号のサイズを小さいと感じるため，Bの記号をさらに13%程度拡大して感覚尺度に合わせる必要があることが経験的にわかっている．市販の多くの GIS ソフトは既にこの概念を取り入れており，円記号を用いる場合などには，自動的にサイズを調整するように設定されているが，記号を1つずつ手作業で入力する際には，感覚尺度に合うように記号自体の大きさを調整する必要がある（図 21-7 参照）．

　この他にも，色の対比や色の同化など，色に関する様々な錯視も空間情報の視覚伝達に影響を及ぼすことがある．例えば，各都道府県の主要産業の種別のように数量化に適さない名目データを表現する場合は，定性データのカラー表現 (qualitative color scheme)，すなわちコントラストの似通った複数の色相やパターンを用いて各地区の特色を示すのが通例であるが，その際，原色の赤と緑では，前者の方が強い印象を与えてしまうため，赤色のトーンを落として，緑や他の色とのバランスを調整する必要がある．また，領域データを表現する際に，階級区分が多すぎて隣接する領域同士のコントラストが明瞭でないときは，逆に生理的錯視を活用して，黒い太めの実線を境界に引くことで，コントラストをより明確にすることができる．このような錯視とデザインの関係の詳細については，Brewer (2005)，Slocum ほか (2005) などを参照されたい．

21.6 視覚的分析

前章までのさまざまな数理的分析に対して，地図上に表現された地理情報や属性情報を視覚的にとらえて解釈する分析手法を視覚的分析ということがある．例えば，主題図や統計地図などを作成して利用者に提示するのがこれにあたる．それぞれ用途や地図表現の印象などは異なるものの，共通する特徴として，市販のGISソフトを用いることで比較的簡単に作成できることや，専門知識を持たない一般利用者にも容易に理解できる形で空間情報を視覚化できることが挙げられる．そのため，地図表現の一形態として利用されることが多いが，その解釈には自ずと主観が入るため，精緻な分析や大量データの処理には必ずしも適していない．例えば，統計地図は，地図上の各地域の面積や河川の長さなどを統計データに応じて変えることで，主題となる属性値の分布を視覚的に表現するものであり，各都道府県の地図上の大きさを居住人口に比例するように変更するなどはこれにあたる（この例の場合，東京都や大阪府など，面積に比して人口の多いエリアは拡大表示される）．図21-8は，2012年の米国大統領選の投票結果を郡レベルで表したもので，薄いグレーで表示された郡は共和党のロムニー候補が，黒色の郡は民主党のオバマ候補がそれぞれ勝利を収めた．選挙自体はオバマ候補が勝利して再選を果たしたにもかかわらず，元の地形のまま表示された左図をみると，黒色の割合が少ないようにみえる．これに対して，各郡の投票人口に比例して郡の大きさを変えた面積統計地図（右図）の方をみると，黒色部分の面積が格段に大きくなり，若干ながらグレーの面積を超える．これは，共和党は人口密度の低い地方に，民主党は人口密度の高い都市部にもっぱら政権基盤をもつ傾向を反映している．しかしながら，このような手法は利用者が対象地域の本来の地理的な配置を正しく理解していることが前提となる．図21-8の場合，利用者が米国の地理に精通していない限り，各地方や都市の対応関係を正しく認識することは困難である．

一般に，地理情報を視覚化する場合，地図表現の方法によって印象が大きく異なる場合があるため，視覚

図21-8 2012年の米国大統領選の投票結果
（薄いグレーの郡では共和党，黒色の郡では民主党がそれぞれ勝利を収めた）左の図は元の地形のままなのに対して，右図は，各郡の面積を投票人口に比例した大きさに変えた面積統計地図で表示されている．(Mark Newmanによる原図を基に，著者作成．原図出典リンクは，http://www-personal.umich.edu/~mejn/election/2012/).

的分析のみに依存することは危険である．例えば，図21-2および図21-3は，いずれも同じデータを表現しているにも関わらず，閾値の取り方や分類方法によってその印象は大きく異なっている．その意味で，視覚的分析のもつ本来の役割とは，手段統計・解析的手法に基づく数理的分析を補完しながら，全体の印象をわかりやすく伝えることにあると考えられるだろう．視覚的分析手法の詳細について，関連文献としては，Robinson et al.(1995)やSlocum et al.(2005)などがわかりやすい．

【引用文献】

Brewer, C.A., 2015, *Designing Better Maps: A Guide for GIS Users, 2nd Edition,* ESRI Press.

Harrower, M. and Brewer, C.A. 2003. ColorBrewer.org: An online tool for selecting colour schemes for maps. *The Cartographic Journal*, 40(1): 27-37（ColorBrewerの公開サイトのアドレス：http://colorbrewer2.org/).

MacEachren, A.M. 1992. Visualizing uncertain information. *Cartographic Perspectives*, 13, 10-19.

MacEachren, A.M. and Taylor, D. R. F. eds. 1994. *Visualization in Modern Cartography*, Elsevier.

Robinson, A.H., et al. 1995. *Elements of Cartography, 6th Edition*, John Wiley and Sons.

Slocum, T.A., et al. 2008. *Thematic Cartography and Geographic Visualization, 3rd Edition*, Prentice Hall.

塩出徳成 2008. ビジュアライゼーション．村山祐司・柴崎亮介編『GISの理論』102-121. 朝倉書店．

マーク・モンモニア著，渡辺 潤訳 1995.『地図は嘘つきである』晶文社．

【関連文献】

織田武雄 1995.『地図の歴史 世界篇』講談社現代新書．

22
地図の表現モデル

地図には，例えば案内図のように目的地までの行き方を矢印などで現地に即して具体的に示してくれるものから，分析用の分布図のように主題に関する事物の空間的配置を記号を用いて抽象的に示すものまで，さまざまなタイプ（表現モデル）が見られるが，それらはどのように類型化できるであろうか．

地理的空間スケールの現象の視覚表現には昔から地図が用いられるが，その特徴は大きな空間を小さく縮小して記号を用いて表現することであり，その始まりは文字より古いと言われている．実際に 5,000 年前に岩に刻みつけたものが現存しているが，それより古いものは物理的に"もの"として残っていないだけで更に大幅に遡れるであろうことは容易に想像がつく．そして，やがて大きな表示面積が確保でき持ち運びに便利な紙の利用がはじまり，近年ではディスプレー表示の画面表示が柔軟に操作できるデジタル地図が広まるなど，これまでに実に多種多様そして大量の地図が作られてきた．また，現況を把握するために作られた地

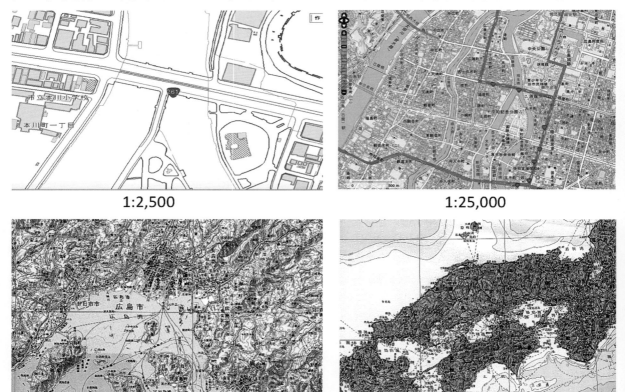

図 22-1 基本図類
（出典：国土地理院の紙地図および電子国土 Web による広島）

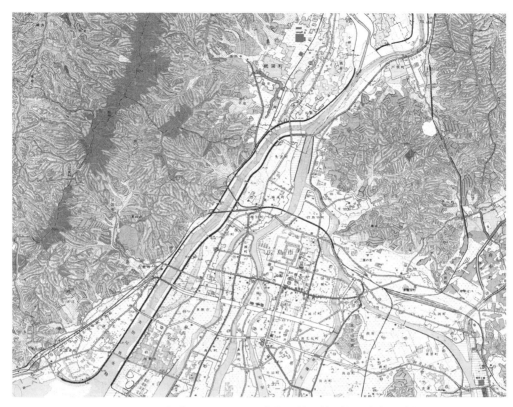

図 22-2 主題図（出典：地理院地図土地条件図（初期整備版）の広島の一部）

図も，時間が経てば過去の状況を表していることになる．未来についても計画図やシミュレーション結果として予測図として示すことができる．従って，過去・現在・未来という時間軸上の表現も可能であり，利用目的に応じてさまざまなタイプの地図が存在している．

さて，地図は，経緯度などの座標系を持ち空間表現について基本的枠組を与える基本図と，それを利用してさらに固有のテーマを展開する主題図に大別される．基本図は主として国や自治体など公の機関により，対象地域の地表に関する基本情報を測量などにより明らかにして作成された地図であり，その種類は縮尺や範囲によって体系化され，表現方法もどのような情報をどのような表現を通して表すのかを定めた図式規定と呼ばれる基本指針により標準化されている（図 22-1）．一方，主題図は，基本図より得られる情報に基づいて対象空間の基本的枠組を与える背景図を作成し，その上に，主題に沿った空間情報を記号化して表現するものである（図 22-2）．その種類は主題の数だけ存在しほとんど無限である．本章で取り上げる地図は，主題図が主体となる．主題図の表現方法は，データの意味性，記号化の基本パターン，量的データの分類，誇張・省略の操作，表現上の次元操作，および座標の対応付け，などにより幾つかの表現に類型化できる．

22.1 表現モデル

空間事象を視覚的に表現するには幾何学的な基本要素である点，線，面による記号化（図 22-3）が基本となるが，線や面を点の集り（図 22-4）として表すこともできるし，線を並べて面を表す（図 22-5）こともできる．立体表現には，平面上への投影変換による疑似立体表現を行いさらに影や濃淡をつける方法（図 22-6），視差を利用して形を直接的に立体視させる方法，など，また時間的変化を表すには各時期の地図を時系列的に並置する，二次期の差分を表示する（図 22-7），変化を動画的に表示する，などがある．記号化するということは抽象化であり，現実そのものではない．表された記号の位置的精度は目的により異なり相対的なものである．通常は均質な座標を用いるが，目的によっては，例えばイラスト入りの案内図など強調したい部

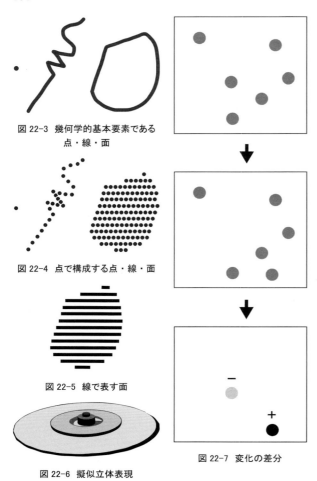

図 22-3 幾何学的基本要素である点・線・面

図 22-4 点で構成する点・線・面

図 22-5 線で表す面

図 22-6 擬似立体表現

図 22-7 変化の差分

については 2500 分の 1 国土基本図が作成されてきているが，現在，整備が進んでいるデジタル化された電子国土基本図では，基盤地図情報と呼ぶ 2500 分の 1 レベルの 13 のデータ項目と従来の 2 万 5 千分の 1 地形図が与える情報とを結合させたものとなっている．図式規定もデジタル化されたデータの処理に適合するように全面改定された．より広域的なものとしては 20 万分の 1 地勢図，50 万分の 1 の地方図，100 万分の 1 三葉で構成される日本，500 万分の 1 の日本及びその周辺までが整備されている．これらは国土地理院の地理院地図のサイトで参照できる．海域については，航海用海図と海の基本図がある．沿岸部は 1 万分の 1 から 5 万分の 1，それより広域になれば 30 万分の 1 程度から海域の広さに応じて 400 万分の 1，更には世界図までが整備されている．なお，港湾部については更に大縮尺の案内図が存在している．これらについては海上保安庁海洋情報部が主務官庁である．また関連して，基本図と重ね合わせることが出来る正射投影の空中写真やメッシュ化された標高や水深データも存在している．

・**図式規定**：地図は通常対象空間の拡がりに応じて一枚の地図に収まるように縮尺を定めるが，逆に表現すべき詳しさによって縮尺を決める場合もある．この時に縮尺よりも相対的に大きな拡がりを持つ空間は複数の地図によって覆われることになるが，各々の地図が独自の表現を持っては混乱する．従って，それらの地図の図化・記号表現に当たっては標準的な仕様によって統一的に表されることが必要であり，それを体系化するために図式規定が定められている．利用者は凡例を通してその図式を理解し地図に画かれた内容を読みとることになる．

22.1.2 主題図

主題図は，地理空間に関する質的あるいは量的な情報について，背景図上に重ねて表示することにより特定の場所に関する情報，空間分布パターン，空間分布パターン相互の比較，それらの変化などを表示するものである．統計情報を表示する場合は統計地図と呼ばれることもある．背景情報となる鉄道，道路，河川，水涯線，等高線，地名・施設名などの主要参照事物，あるいは，行政区界，標準メッシュ，国勢調査区などのデータの取得区域を表す情報は，基本図や関係資料

分を拡大表現し配置も単純化させるなどデフォルメさせてユーザインターフェースの快適性を図ることもある．後者の場合は不均質な座標となり図上で距離や面積を計測するには注意が必要である．

22.1.1 基本図

近代国家では，国土安全・計画・管理に地図が必要であり，陸域においては地形図，海域においては海図が，国の機関により測量を組織的に行うことにより基本図として作成されている．これらは，国土空間の基本骨格を主要な事物と地図記号との対応関係として，図式規定により縮尺に応じた表現方法により体系化され，整備されている．実は，これらは国際的に統一されているわけではなく各国が状況に応じて独自の体系を持っている．また，時代によっても変化し日本では現在以下のようになっている．

・**種類**：陸域については国土全体を覆っている最も詳細な地形図は 2 万 5 千分の 1 であり，さらに都市部

を用いて背景図として予め作成する．

・**種類**：主題図においても基本図と同様，公的機関が業務を遂行するために必要な基本となる主題図が各行政機関において作成されている．地質図，森林計画図，航空図，航海図，地籍図，土地利用図，植生図，気象図，交通量図，人口分布図，都市計画図など，その種類は極めて多様である．それらの情報を編集し，あるいは関連統計データや独自のデータを取得することにより，ビジネス，観光，安全，研究，教育，日常生活など，目的に応じて各種の主題図が作成されている．地価分布図，観光案内図，グルメマップ，交通・道案内図，遺跡地図，台風進路図，ハザードマップ，野外観察図，トイレマップ，病院地図，住宅地図，桜前線図など，きわめて多種であり表現も多様である．近年，例えばビッグデータと呼ばれるこれまで扱うことが不可能であった大量データがコンピュータや計測機器の発達で処理可能となり大きな可能性が期待されている．また，行政上必要なデータが位置データを伴って大量に蓄積されてきておりオープンデータ化の呼びかけのもとに公開が始まっている．しかし，効果的な利用方法・表現が発展途上であり埋もれたままのデータも多い．さまざまなデータの更なる主題図表現を通した"見える化"，およびそれらの正確さやわかりやすさの追求といった質の向上も求められている．

22.2 主題図の表現方法

主題図を表現するには，まず，データが質的なのか量的なのかを検討する（1. データの意味性）．次に，そのような意味はどのような記号に変換すればよいのかを検討する（2. 記号化の基本パターン）．特に，量的データについては，段階区分に分類し記号を対応づけて表現するとわかりやすくなる（3. 量的データの分類）．さらに，許容の範囲で強調表現を行う（4. 誇張と省略）．また，立体表現や動画化を施すと訴求力が向上する場合がある（5. 次元操作）．最後に，必要に応じて人が持つ必ずしも均質ではない空間イメージへの対応も検討する（6. 座標の対応付け）．

22.2.1 データの意味性

主題図として表現するデータの意味性は，名義（nominal），順序（ordinal），間隔（interval），比例（ratio）の4つの尺度に分けることができる（図22-8）．名義，順序は質的な意味があり，間隔，比例は量的な意味を持つ．これらは，名義＜順序＜間隔＜比例の順に情報量が増加する．つまり，以下のように上位の概念は下位の性質を包含しているが，逆は成立しない．

・**名義尺度**：名前や番号などの識別子を与えることであり，それが他と区別できるような性質を持つこと．地名，施設名・番号，現象名，などである．相互の相違や類似性に意味がある．

・**順序尺度**：並べたときに相互の順序がわかること．明るさ，強さ，など，その程度により並べることができる．順序に意味がある．

・**間隔尺度**：比べたときに相互の差がわかること．気温，階数，など等間隔に目盛が与えられる．差の程度に意味がある．

・**比例尺度**：数量が与えられることであり，さまざまな演算ができる．距離，面積，人口，所得，など相互の比率が数値として把握できる．この尺度は情報量が最も多く，間隔，順序，名義の各尺度の意味性も併せ持つことができる．

22.2.2 記号化の基本パターン

データを地図記号に置き換えて主題図を作成するが，データの意味性，および記号の幾何学的性質である点・線・面を考慮することにより，(1) 点記号による位置図，点描図，比例記号図，(2) 線記号による位置図，等値線図，流線図，(3) 面記号による位置図，塗り分け図，段彩図，などの基本パターンが設定できる．

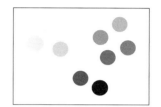
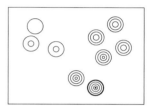
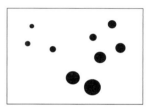

図 22-8 データの意味と記号表現
（上から名義，順序，間隔，比例の尺度）

- 位置図：点的・線的・面的記号により，質的意味を持つデータをしかるべき位置にプロットして示す（図22-9）．記号の形状は，幾何学図形，アイコン（類像），シンボルのいずれでも凡例で定義することにより利用できる．　例：公共施設の位置図
- 点描図：大きさが一定の点的記号をデータが存在する位置にプロットさせたもの（図22-10）．ドットマップとも呼ぶ．データの分布と密度が観察できる．
　例：小学校分布図
- 比例記号図：記号の大きさを数量に比例して与えプロットしたもの（図22-11）．　例：地区別人口分布図
- 等値線図：同じ値のデータを線で結んでプロットしたもの（図22-12）．同じ値のデータのつながり方，および線密度によりデータの変化が大きいところがわかる．　例：等高線図，気温分布図
- 流線図：起点終点間を線で結び，データの種類を線種や色で区別する．量的な意味を加えるには，区間の流動量を線の太さに比例させて示す（図22-13）．
　例：交通量図
- 塗り分け図：面分割されている対象の各々の面を質的に識別できるように濃淡，ハッチング，色彩などにより塗り分けて示す（図22-14）．　例：方言分布図
- 段彩図：データに階級区分を明示的に与え，対応する色面に濃淡を割り振る（図22-15），あるいは例えば平均値以上と以下を二つの異なる色相に割り当てることなどにより，量に意味を持たせる．色面が格子状に区切られている場合はメッシュマップであり，等高線間を塗る場合は地形段彩図となる．また，地形を強調表現するために影を付与すると陰影段彩図となる（図22-16-a）（図22-16-b）．
　例：地区別人口密度分布図，人口密度メッシュマップ，犯罪発生カーネル密度分布図，地形段彩図

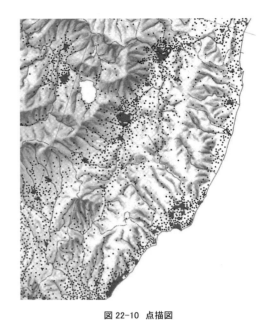

図 22-10　点描図
（出典：新版日本国勢地図（1990年刊行）人口分布（1985）の一部）

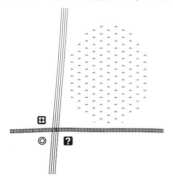

図 22-9　位置図

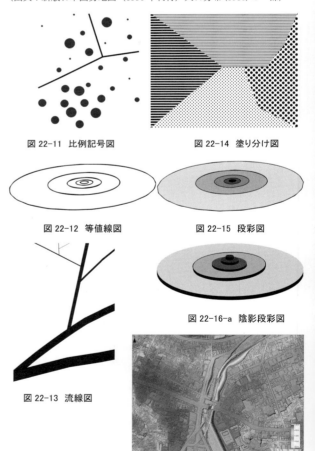

図 22-11　比例記号図　　図 22-14　塗り分け図

図 22-12　等値線図　　図 22-15　段彩図

図 22-16-a　陰影段彩図

図 22-13　流線図

図 22-16-b　詳細地形陰影段彩図
（2mメッシュ標高データ利用：東京四谷付近）

22.2.3 量的データの分類

量的データに階級区分を与えるには自然分類，等間隔分類，等量分類，標準偏差分類，などがある．設定した階級区分に比例記号を対応させて分布を表す．

・**自然分類**：頻度分布などによりグループを形成させ，各グループに階級区分を割り当てる．

・**等間隔分類**：分割したい階級数で最大値－最小値を除し（特異値を除き別に考慮する場合もある），等しい間隔に階級区分を割り当てる．

・**等量分類**：一列に並べたデータに，分割したい階級数にデータ数が等しくなるように割り当てる．

・**標準偏差分類**：平均値から標準偏差を加減し階級区分を作成する．

図22-17 は，東京都区部の地価の公示価格（2007年：国土数値情報ダウンロードサービス http://nlftp.mlit.go.jp/ksj/ より）を上記4分類の方法で示したものである．地価は場所によって大きく変動し，価格データを片対数をとって並べてみても頻度分布が正規分布から大きく外れて偏りがみられる．このような場合，特に標準偏差分類では階級区分も偏り，期待する効果は得にくくなることに注意が必要である．

22.2.4 誇張と省略

主題図では，情報は網羅的ではなく主題というフィルタをかけ主題に関係のない情報は省略する一方で必要な情報はその特徴を明瞭に示すために記号を通して強調（誇張）表現がなされる．階級区分に比例記号を対応させる表現は

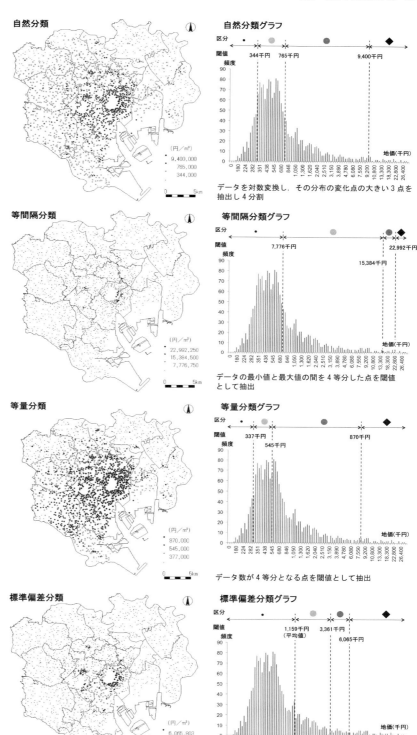

図22-17 階級区分の設定

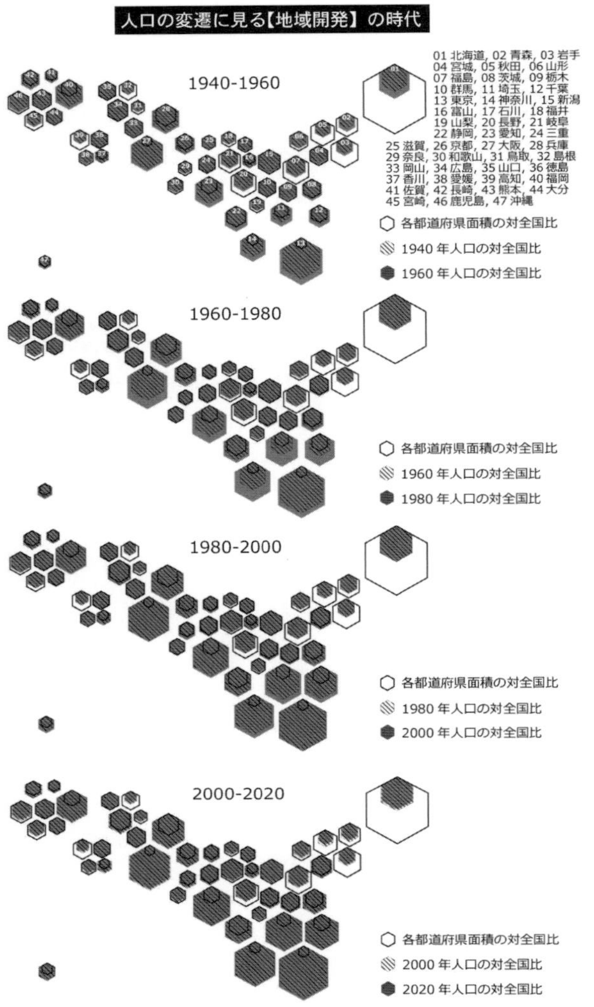

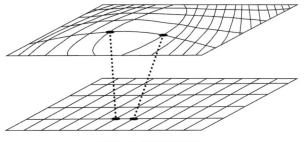

図22-19 座標の対応付け

22.2.5 次元操作

　地図は，平面上に描かれるが，垂直投影の平面図，斜めの鳥瞰図，横からの側面景観図，など多様な角度からの描写がある．平面図以外は疑似立体表現となり，投影法上は3軸を持つ立体表現であるが，平面上で表示されるため2.5次元と呼ばれることもある．また，視差を作り出すことにより映像が浮かび出る感覚が得られる立体視の方法（余色立体など）もある．これらに時間による変化を加えると動画（アニメーション）となり四次元となる．

22.2.6 座標の対応付け

　背景図を用いないで直接手描きなどにより作成するスケッチマップは，均質な座標を持たない．また，多くのいわゆるイラストマップも同様に伸縮自在に表現する．GISでは座標系の設定によりその後の操作が組織化されるため，座標が不均質なスケッチマップやイラストマップは扱わないか，あるいは均質座標にあわせてもとの地図を再構成するなどしてきた．しかし，目的によっては逆にこれらの地図をわかりやすいヒューマンインターフェースとしてそのまま残し，個々の参照点に個別に経緯度などの均質な共通座標を与え（図22-19），その後のGIS的な処理は背後で行うという方法も行われるようになってきている．

図22-18 カルトグラム

その一例である．また，強調表現の一つとしてデフォルメがある．例えば，実距離に対して時間距離を用いて伸縮させた時間地図を作成すると，実感に近い地図が得られる場合がある．デフォルメを再現可能な演算モデルとして定式化して作成した地図をカルトグラムと呼ぶ．

　図22-18で示した地図は，都道府県別の人口の対全国比を面積で表し，その変化を追ったものである．対面積比を黒縁の六角形で示し日本列島の基本骨格を形成したあと，六角形のハッチングの面積により人口の変遷を示している．東京への一極集中傾向が強調して示されている．

【引用文献】
国土地理院 1990.『日本国勢地図』日本地図センター．

【関連文献】
ジャック・ベルタン 著，森田 喬 訳 1982.『図の記号学』平凡社．
アーサー・H・ロビンソンほか，永井信夫訳 1984.『地図学の基礎』帝国書院．
Menno-Jan Hraak and Ferjan Ormeling 2010, *Cartography: Visualization of Spatial Data*, Pearson Education, 198p.
Jacques Bertin, Translated by William J. Berg 2011, *Semiology of Graphics*, Esri Press, 438p.

23 地図のデザイン

　地図のデザインとは，空間情報を作者側が利用者側に視覚化して伝達する際，視覚的品質を維持するよう図的表現に必要な計画を立てて作図し，利用者側の意思決定に供することを指す．地図化の過程には，計画，データ分析，表現，編集の各段階があり，これらの段階を経て地図は作成される．「計画」の段階において，地図製作者は目的に関する明確な考えや話題を持ち，利用対象を想定して地図の姿を検討する．具体的には，地図表示のための物理的大きさを考慮して表示範囲を決め，主題情報を配置する背景図を選択することもその重要な作業である．「データ分析」では資料の収集や選択や統合を行い，必要な数的処理を施す．「表現」では地図の構成要素のレイアウトや表現媒体を確定する．すなわち，どのような意味や性質を表現したいのかを，地図記号体系に基づきデータを視覚表現する．地図表現に使用する記号やその大きさや色については自ら構築する場合もある．さらに，方位，縮尺，凡例，注記，図郭線等を付加して整飾を行い，レイアウトを調整する．最後の「編集」では記号の色や大きさ，線や文字に至るまでを確認し，地図を完成させる．

23.1 表示範囲

　どのような空間的広がりを有する現象を，どのような物理的大きさで表現するのかを決定する．最初にこのようなことを適切に決定しておかないと，地図の持つ一覧性や変数相互の関係，周辺や背景との関係の観察が困難となるので注意を要する．

- **縮尺**：地図の縮尺とは，地上の2点間の距離と，それに相応した地図上の2点間の長さの比であり，一般に 1:25,000 または 1/25,000 のように，分子を1とする図上距離と，分母を地上距離とした分数で表す．デジタル表示の場合，縮尺は情報の詳しさの目安（種類と精度）と見なされる．
- **総描**：地図の総描とは，編集・製図において，縮尺

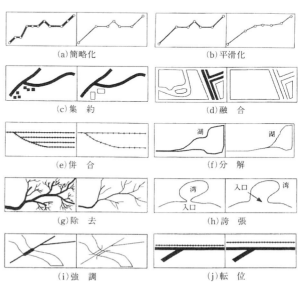

図 23-1　総描オペレータ（関根 2004）

上の制限や利用目的からみた必要度に応じて，細かいもの，密集したものなどを取捨選択し簡略化して表現する方法のことをいう．地図の表示範囲に応じて，縮小の場合は単純化が，拡大の場合は情報の追加が行われる．GIS上で使用する特にベクトル型の地理要素については，図23-1に示すような総描オペレータが開発されている．

- **投影法**：地図には経緯度や平面直角座標系などを通じて均質な空間を与える．球体の地球を平面上に表すには地図投影法による変換が必要である．面積，距離，方位（角度）すべてを正しく表示することは不可能なので，それぞれの目的に応じた地図投影法が考案されている．地形図などに使用されているUTM（ユニバーサル横メルカトル）図法は，100 km²～数千km²の範囲を表す中縮尺地図に適しているが，地球の丸さを気にしなくてもよい大縮尺地図の範囲になると，平面直角座標系による距離方眼が用いられる．日本でのUTM図法による座標系は図23-2に

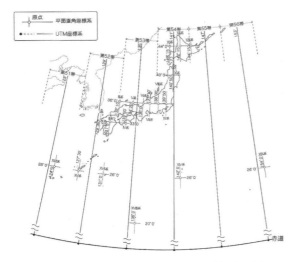

図 23-2 平面直角座標系と UTM 図法による座標系の原点
(日本地図センター編 2013)

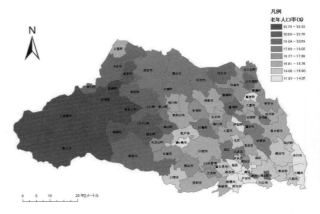

図 23-3 埼玉県行政界白地図＋老年人口率階級区分図 (2005年)

図 23-4 埼玉県行政界白地図＋等高段彩図＋陰影図

図 23-5 3次元地形表現と水系 (雁坂峠付近)

示す第51帯〜第56帯が，平面直角座標系では同じ図23-2より全体で19系の座標系原点が定められている．後者は日本の公共測量で使用される座標系でもある．

23.2 背景図

主題情報の背景として位置的な骨格を与えるもので，行政区や統計区や学校区などの属性情報による白地図から，地名や自然地形や交通路 (道路や鉄道路線) 名を入れたもの，さらには空中写真や衛星画像を背景図とする場合がある．いずれの場合も主題情報の読み取りを妨げるような表現は避けるべきであるが，表現すべき主題情報の年代と背景図の作成年代は極力一致させるよう心がけるべきである (図23-3)．

数値標高モデル (DEM: Digital Elevation Model) の普及により，直感的でわかりやすい地形の立体表現が行われるようになった (図23-4)．垂直投影として地形に陰影や等高段彩を施してその凹凸 (レリーフ) を斜め方向から鳥瞰表現し，こうした図を背景図とすることもある (図23-5)．地形上の特徴が，主題情報の理解に役立つ場合には大変有効である．

23.3 地図記号の体系化

データを記号化するには，表現すべきデータの持つ意味と記号の種類や性質を適合させることが大切である．また，これらの対応付けを確実に行うことが，見やすく信頼性のある地図表現にも通じている．

・**記号の性質**：地図記号には自ら作り出すものも含めると，さまざまな形があり，大きさがあり，色がある．これらを整理したものが視覚変数 (visual variables) であり，表23-1のように記号の種類 (点記号・線記号・面記号) と組み合わせて説明すると次のようになる．

・**形**：おもに定性的なデータの表現に使用する．点

23. 地図のデザイン

表 23-1 視覚変数と地図記号との関係

視覚変数	点記号	線記号	面記号
①形	◎	◎	×
②大きさ	◎	◎	×
③模様	○	○	◎
④濃淡	○	○	◎
⑤方向	○	×	×
⑥色	◎	◎	◎

◎：活用しなければならない
○：補助的な部分で活用できる
×：用いられない
(浮田・森 2004)

記号の形の相違を識別するが，○◎●のように，形の変容という副次的機能がある．線記号の形には，実線・破線・点線などの線種をさす．面記号には適用されない．

- **大きさ**：大きさには長さ・個数・太さを含みおもに定量的データの表現に使用する．太さは線記号の視覚変数である．
- **模様**：元来，面記号の視覚変数であるが，表現内容の豊富さから，点記号や線記号にも補助的に侵用される．順序を表す場合にも使用し，定性的データと定量的データ双方で使用する．
- **濃淡**：グラデーションによる変化であり，視覚への物理的刺激が変化するので量や順序を表すのに適している．
- **方向**：角度の変化を使用し，その相違を識別する．点記号のみ適用できる変数である．
- **色**：色相を変化させるが，濃淡も関係する．RGBやCMYKシステムにより，いずれの地図記号においても容易に彩色が可能となっている．
- **記号の種類**：地図上に記載されるデータは，点データ・線データ・面データの三つに分けられ，それに対応して記号も点記号・線記号・面記号に大別される．

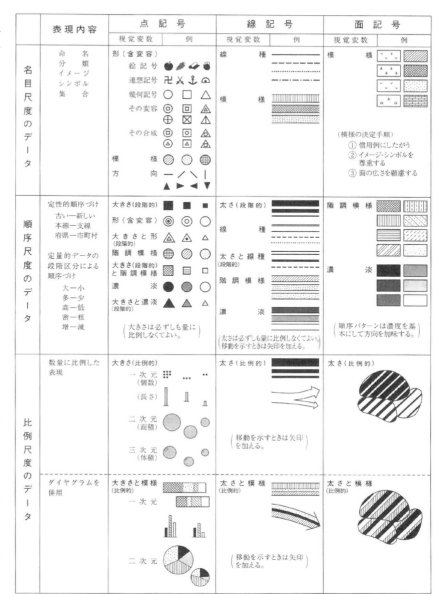

図 23-6 データの種類別にみた地図記号の表現例（浮田・森 2004）

この地図記号をデータの種類に応じて分類し，視覚変数に基づいて整理すると図 23-6 のようになる．

- **点記号**：点を記号として認識できなければならないため，小さくても面積を持ち，形や色などを通して位置と同時に多様な意味を表すことができる．点描図（ドットマップ）は定性的データを，面積図（図形表現図）は定量的データを表す主題図である．
- **線記号**：線により連続した位置や，関係する点と

点または面と面の関係や結びつきを表す．境界図や路線図は定性的データを，流線図は定量的データを表す主題図である．

- 面記号：面によって広がりを持つ領域（形状や面積のある）を示すことができ，おもに模様と濃淡により面の情報を表現する．地域区分図や色区分図は定性的データを，階級区分図（コロプレスマップ）は定量的データを表す主題図である．
- 凡例：データ項目に対応する記号とその内容を示すものであり，地図の構成要素の一つである．定性的データを示す場合はその名称や内容を，定量的データを示す場合は該当する数値や数値の範囲を示す．定量的データの場合は表す数値の単位を必ず表記すべきである．

23.4 地図の整飾とレイアウト

一般に地図の整飾とは図郭外の表示の総称であり，これらの表示の体裁を整えることをいう．図郭外の表示には，地図の種類・縮尺・番号・図名・測量図歴等の地図使用に必要な事項が表示されるが，例外的に図郭内にこれらを表示することもある．こうした整飾は，地形図や海図の場合，図23-7のように図式の一部として定められている．

GISを使用して自ら地図を作成し出力する場合，最低でも次の6つを構成要素としているかどうかを確認するとよい．すなわち，(1) 地図 (2) 縮尺 (3) 方位 (4) 凡例 (5) 図名 (6) 資料である．これら6つの要素を円滑な視線の動きと，全体のバランスを配慮してレイアウトすることが必要である（図23-8）．

それでは，バランス良くレイアウトされた地図にはどのような内容が備わるべきだろうか？　以下にそのポイントを指摘しておきたい．

- 明瞭性：明快ではない地図は役に立たない．地図の明瞭性を確保するには，作成する地図の目的を吟味して表現上のポイントを強調し，目的やその地図のメッセージとは関係のないあらゆるものを取り除くことが大切である．例えば，点描図（ドットマップ）で表現した人口分布図にすべての河川名を記載すれば，その表現は散らかったものとなり，主題情報の読図は困難なものとなってしまう．
- 秩序：秩序は地図の論理を言及する．作成した地図に視覚上の断片や混乱はないか，地図の構成要素は

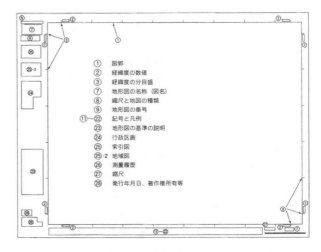

図23-7 地形図の整飾例（日本地図センター編 2013）

図23-8 地図のレイアウト例（Tyner 2010）

論理的に配置されているか，利用者の視線は作成した地図によって適切に導かれているか等の確認が必要である．地図は決して続き物ではなく，梗概であり一つの伝達である．利用者は最初に図名を，続いて凡例やその他の構成要素を見ていくとは限らない．

- バランス：地図の構成要素にはそれぞれに視覚的な重みがある．それぞれは，図郭の中央よりも若干上部に置かれる視覚的中心の周囲にバランスを保ち配置する．構成要素の視覚的な重みは，大きさや形やその位置に依存する（例えば，図郭内の上部の構成要素は下部の配置された時よりも重みが増して見える）．さらに，図郭内の空白部もバランスと密接に係わっている．空白部が多いからといって，それぞれの構成要素を大きめにとり，詰め込みすぎないよ

うにすべきである．

- **コントラスト**：地図の明快さはコントラストに由来することが多い．コントラストとは対象物の明るさ，厚さ，重さ等の比の違いであり，地図全体としての明暗の調子を指す．一種類の線や文字や文字の大きさのみで作成された地図はコントラストが不足し，見るにも退屈であり，読図さえも困難にする．今日のGISソフトウェアや出力機器は，地図のコントラストを保つのに十分な機能を持ち，かつ対応している．
- **統一性**：統一性とは，地図が一つのまとまりのあるものとして見えることを意味する．例えば，地図中の文字は，背景色や使用する地図記号と調和し，かつテーマと合致したものとしなくてはならない．地図で使用する記号や縮尺や色等のすべての構成要素は相互依存の関係にある．
- **調和**：地図の構成要素は相互に役割を果たし，うまく調和しているだろうか？　色合いや模様は調和を欠いていないだろうか？　作成した地図が，作者自身の地理的関心を分析・表現しているのではなく，より多くの人々に向けて作成しているのであれば，調和はその地図が受け入れられるか否かを大きく左右する．要するに，利用者は見て心地よい地図を好むものなのである．

地図のデザインは，このように心理的かつ物理的な読み取りやすさ（バランスやコントラスト）や，記述内容の特徴抽出（地図記号の識別と分類）と可読性，そして地図記号や配色等の輻輳を確認・検討し，進めるべきである．さらに，色覚異常者に対応した色相や明度の確認も，チェック用アプリケーション等を使用し行うとよい．

23.5 出力図の作成

GISによるもっとも一般的な出力図の形態は地図である．地図をGIS利用者や市民に伝達するための機器や媒体は多岐にわたるが，それらは大きく2つのタイプに分類できる．第1はPC操作によりディスプレイに画像として出力し，それをプロジェクタでスクリーン等に投影する画面出力であり，第2はプリンタやプロッタを使用し印刷図として出力する場合である．出力図使用期間の長短より，前者は短期の使用，後者はより長期の使用期間となる場合が多い．それゆえ，第1をソフトコピー，第2をハードコピーと呼称している．出力図の使用目的に応じ，双方の特徴を活かした選択と利用がなされるべきである．

- **画面出力**：地理空間情報に対する検索や演算の結果は，地図という出力形態でディスプレイやプロジェクタに出力される．それらは，利用者が次の操作や作業に移行すれば出力機器から消えてしまうため，出力画像は比較的短命である．こうしたソフトコピー用のおもな出力機器には，液晶ディスプレイや液晶プロジェクタそしてヘッドマウントディスプレイなどがある．

　最もよく利用されている液晶ディプレイは，画面の精細度に優れ，薄さや重量そして消費電力の点でも良好と言える．タブレット型携帯情報端末には，一段と高精細な液晶ディスプレイが装備されるようになり，ディスプレイ上の地図とGPSによる位置情報とを組み合わせた，さまざまなアプリケーションが展開されている．

　液晶プロジェクタは，出力図をより大きなスクリーンに投影することを可能にする．ただし，使用する部屋面積に適したスクリーン・サイズや液晶ディスプレイの明るさ（光束）や内装する液晶パネル画素数を選択すべきである．また，こうした機器を使用して地図を出力する場合は，地図中で使用する字体とその大きさ，線種とその太さなどに十分な配慮をし，視認性を確保すべきである．

　最近の研究動向として，地理空間情報を加工して仮想現実（VR: Virtual Reality）ディスプレイ上に展開する適用例がみられる．こうした出力図を表示するのがヘッドマウントディスプレイ（Head-Mounted Display）やグラステレビ（Glass TV）と称されるウェアラブル機器類（wearable devices）である．新しい地図類の画面出力機器として，さらには地図のユビキタス化を実現する入出力機器としても注目されている．

　画面出力された地図は，画像ファイルとしてコンピュータや格納装置に保存できる．こうした画像ファイル（出力図）はさまざまなファイル形式に変換され，インターネットを通し流通できることも特徴の一つである．

- **印刷図**：印刷図として出力された地図は長期間にわたる利用や展示が可能である．GISによるこうした

表23-2 印刷図出力機器の特徴 (Heywood et al. 2011 (一部改変))

機器	色	品質	解像度	コスト
ドットマトリクスプリンタ	大半はモノクロ	低	低	低
インクジェットプリンタ	モノクロ／カラー	中	中	低
インクジェットプロッタ	モノクロ／カラー	中	中	中
レーザープリンタ	モノクロ／カラー	高	高	中
感熱式プリンタ	カラー	高	高	高
静電プロッタ	カラー	高	高	高

ハードコピーは，紙やフィルムやクロスなどの媒体に印刷またはプロットされる．こうした出力機器はこれまで多くの種類が製造され，それぞれは異なる印刷品質や出力コストを発生させる．表23-2はおもな出力機器とそれぞれの特徴をまとめたものである．

印刷図を出力する際，GIS利用者はA3サイズの出力紙を境として機器を選択することとなる．すなわち，出力したい印刷図がA3以下の場合は，印刷コストや利便性の観点からインクジェットプリンタやレーザープリンタを使用する機会が多くなる．その時，原画をカラーで作成しモノクロで出力する場合は，グレースケールを採用するなど可読性への配慮が必要である．A2サイズ以上の出力図，さらに作成した地図類をポスターに編集し出力する場合は，インクジェットプロッタを使用する．その際，使用する用紙やインクの組み合わせにより，発色が異なる場合があるので注意が必要である．

3Dプリンタや3Dプロッタの登場により，地形や構造物等の断面形状を保持し樹脂等へ出力できるようになった．こうした材料を積層造形する機器を3Dプリンタ，切削造形する機器を3Dプロッタと呼称している．国土地理院の提供する「地理院地図3D」では3Dデータの出力サービスも開始された．このような出力もハードコピーの一つに分類される．

【引用文献】

小野邦彦 2004. 地図のデザイン．地理情報システム学会編『地理情報科学事典』100-101. 朝倉書店．
関根智子 2004. 総描．地理情報システム学会編『地理情報科学事典』98-99. 朝倉書店．
鈴木厚志 2004. 作図法．地理情報システム学会編『地理情報科学事典』94-97. 朝倉書店．
日本地図センター編 2013.『地図と測量のQ&A』日本地図センター．
浮田典良・森 三紀 2004.『地図表現ガイドブック―主題図作成の原理と応用―』ナカニシヤ出版．
Bolstad, P. 2012. *GIS Fundamentals: A First Text on Geographic Information Systems 4th Edition*. Eider Press.
Heywood, I., Cornelius, S. and Carver, S. 2011. *An Introduction to Geographical Information Systems 4th Edition*. Prentice Hall.
Tyner, J. A. 2010. *Principles of Map Design*. The Guilford Press.

【関連文献】

Brewer, C. A. 2005. *Designing Better Maps: a Guide for GIS Users*. ESRI Press.
Kraak, M. J. and Ormeling, F. 2010. *Cartography: Visualization of Geospatial Data. 3rd Edition*. Prentice Hall.

24
双方向環境のマッピング

　空間の中で生活する私たちにとって,「場所の情報」は基本的かつ不可欠なものである.例えば,住まい周辺のコンビニエンスストアの場所を知りたい,はじめて訪れる街で駅からホテルまで行きたい,いつも通る道が工事中なので目的地まで迂回したいなど,「場所」,「方角」,「どこ?」について知ることは,我々の日常生活で欠かすことができない.

　この重要な場所情報を表現・利用する際に大きな役割を果たすのが地図である.私たちが,地上の限られた視点からは全体を見渡すことができない周辺の様子を,1枚の紙の上で表現できるという点で,地図は非常に強力なツールである.古代の昔から,石に刻まれた地図や洞窟の壁に描かれた地図があるように,身の回りの空間を知り,その知識を地図という形で他人に伝え,共有することは,私たちにとってごく自然な行動であると言える.

　このように身近でありかつ重要な地図であるが,最近の情報通信技術の発展により,その表現方法や利用環境が大きく変わりつつある.地図が紙ではなく,コンピュータあるいは携帯端末の画面上で表現されるという点に限らず,インターネットを介したデータやアプリケーションとの通信,利用者の状況・目的に応じた地図の作成や情報の提供,他の利用者とのデータの共有など,さまざまな新機能を可能にする「未来のマッピング環境」が出現している.本章では,これら新しいシステムや取り組みについて,「双方向環境のマッピング」という視点から,具体的な事例を紹介しながら概観する.

24.1 地図の利用とマッピング環境

　まず,基本的な事柄であるが,私たちが地図(あるいは最新の各種地図情報システム)を利用する状況について,その特徴を見てみよう.地図の利用においては,図24-1に示すように,一方に利用者である私たち,そしてもう一方に私たちが見ている地図があり,両者の間で情報がやり取りされている.すなわち,地図に表現されている情報を私たちが利用しているのであるが,おそらく読者の皆さんもすぐ思い当たるように,一口に地図の利用といっても多様な目的が考えられる.例えば,目的地までの道順を確かめるため,ある地域の人口分布を調べるため,明日の天気や気温を知るためなど色々な目的があるであろう.さらに,利用者の属性についてもさまざまなものが考えられる.地図を読むことが得意な人と不得意な人,方向感覚がいい人と悪い人(方向音痴な人),該当地域に長年住んでいる人と最近引っ越してきた人などである.

　また,地図について考えてみると,これは実空間の1つの表現であり,地図に示された情報は,地図の作成者が重要と考え取捨選択したものである.言い換えると,現実の都市は膨大な情報から成り立っているため,そのすべてを地図上に示すことは不可能あるいは非現実的であり,これが地図表現において「一般化」・「単純化」と呼ばれる操作が行われる所以である.

　このように見ていくと,一見簡単そうに見える地図の利用,地図の表現は,それほど単純ではないことに気づかれると思う.その証拠に,皆さんの中でも地図を読むのが得意な人と,地図を利用することをあまり楽しいと思わない人がいるのではないだろうか.人間が地図をどのように利用し,理解するのかという点については,地図学においても,特に認知地図学と呼ばれる分野で,「情報伝達(コミュニケーション)」という観点から研究がなされてきた(Koláčný 1969).

　ところで,先ほども述べたように,最近の情報技術の発展により,地図利用における情報の流れが固定化されたものではなくなりつつある.具体的には,利用者が作成者から与えられた地図・情報をそのまま使うだけではなく,自分の目的に合った情報を好きな表現方法で表示させることや,情報をアップロードし,他

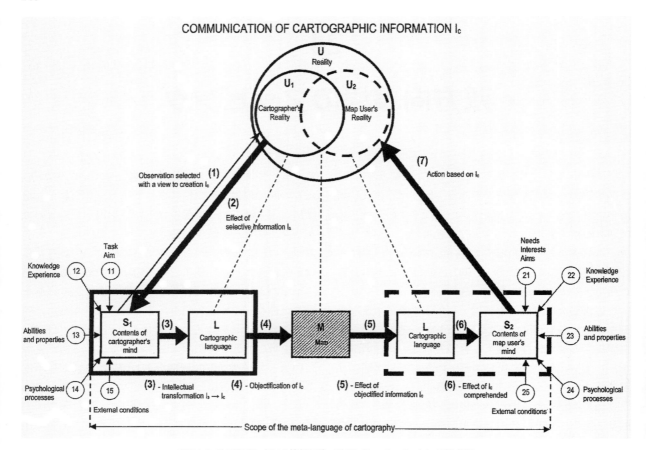

図 24-1　地図利用における情報伝達（地図コミュニケーション）の概念図
実空間に関する情報（reality）が，地図の作成者（cartographer）から，地図（map）を通して，地図の利用者（map user）へと伝達されていく様子がわかる．実空間と地図作成者・利用者の空間知識との関係，および，地図利用における各種属性や状況・目的の影響も示されている．（Reproduced by permission of Maney Publishing from Koláčný 1969, p. 48. http://www.maneyonline.com/caj/）

の利用者と共有することなどが可能になっている．すなわち，先ほどの図 24-1 で見ると，情報の流れが，利用者と地図の間で双方向（あるいは多方向）となりつつある．このことから，認知地図学においては，地図の利用を先述の「伝達」という視点ではなく，より動的な「ビジュアリゼーション」という視点から議論する傾向にある．

　この点を模式的に示した概念図が図 24-2 である．従来は，利用者は与えられた情報を特定の目的のために利用することが多かった（図の立方体の奥，上の頂点）．それに対して，最近では，自分が必要な情報を，その目的・状況に応じて，自らが好む表現法で表示させることができるようになっている（図の立方体の手前，下の頂点）．さらに，利用者の目的あるいは知りたい情報が事前に決まっているという状況のみではな

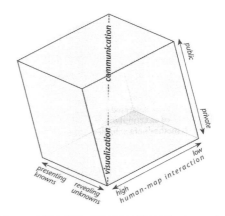

図 24-2　地図と人間の相互関係を説明する3次元モデル
地図の利用・表現を，(1) 不特定多数を対象とした表現か個人的な利用か（public vs. private），(2) 既知の情報を表現するか未知の情報を探索するか（presenting knowns vs. revealing unknowns），(3) 地図とのインタラクティブな操作が含まれるか否か（high vs. low human-map interaction）についての3つの軸で分類しており，「伝達（communication）」と「ビジュアリゼーション（visualization）」が対照的な位置にあることがわかる．(Reproduced by permission of Elsevier from MacEachren 1995, p. 358, fig. PIII.1.) 図 21-4 の再掲．

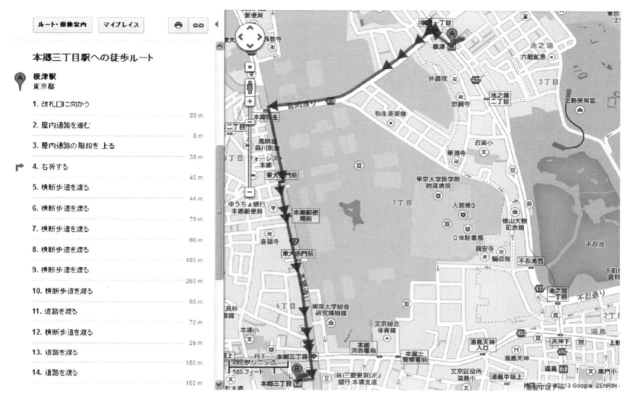

図24-3 インターネット地図サービスによるルート検索の例 (地図データ ©2013 Google, ZENRIN)

く，データやツールをインタラクティブに検索・利用しながら必要な情報が何なのかを探るという状況も多くなってきた．この点は，データの視覚化（可視化）やビッグデータの解析の問題とも関連して，学問的にも応用的にも今後大きな発展の可能性を有するトピックとなっている．

次節以下では，このように地図利用における情報の流れが双方向になり，利用者が情報を自由に操作できる点に着目しながら，最新のマッピング環境や情報システムについて見ていこう．

24.2 ウェブマッピング

最近では，GISソフトなどのアプリケーションをデスクトップパソコンやモバイルツールにインストールして作業をおこなうだけでなく，インターネットを介して利用者とサーバが相互に情報をやり取りしながら作業をおこなうという方法が一般的になっている．これらは「ウェブマッピング」あるいは「マッシュアップによるマッピング」と呼ばれ，多様な作図・表示機能を備えたツールやシステムが提供されている．

インターネットによる地図サービス，カーナビゲーションシステム，携帯電話（スマートフォン）を用いたナビゲーションシステムなどはその代表的な例であり，皆さんもこういった位置情報サービスを日ごろ利用することが多いと思う．グーグルを利用した情報検索のうち，その20%は場所に関する検索であり，ナビゲーションや道案内に関する検索がカテゴリー検索とともに上位に位置している (Riegelsberger 2013)．このことからも，インターネットでの地図利用や場所情報の検索が，私たちにとって日常的なものになっていることがわかる．

例えば，インターネット地図やナビゲーションシステムにおいて出発地と目的地を入力すれば，最短ルートの情報が経路距離や所要時間とともに地図上に表示される．図24-3は，一例として，東京メトロ・千代田線根津駅から丸ノ内線本郷三丁目駅までのルート検索の結果を示したものである．また，ルート検索だけではなく，ルート周辺の様子を360度のパノラマ写真で示す機能も提供されており，地図だけでなく3次元的な情報も現地に行かずして得られるようになって

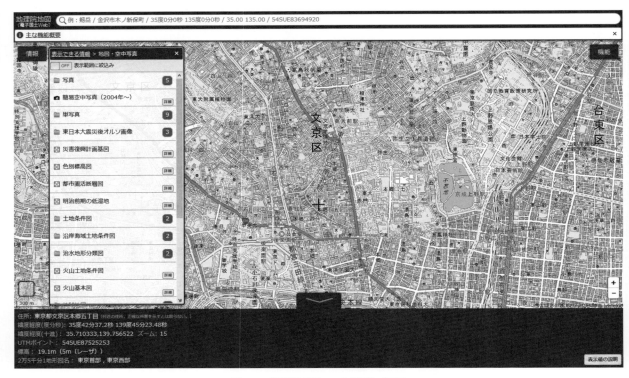

図 24-4 「地理院地図」の主題図作成画面
利用者は，気象情報，土地条件，年代別の写真などから必要な情報を選択し，背景地図に重ね合わせて表示することができる．
（この背景地図等データは，国土地理院の地理院地図（電子国土 Web）から配信されたものである）

いる．このような機能は，旅行先の様子を前もって知るなどの目的とともに，地球科学におけるフィールドワークなど教育の場面においても大きな役割を果たすと期待されている．

政府によるウェブマッピング機能の提供も進んでおり，国土交通省・国土地理院は，「地理院地図（電子国土 Web）」と呼ばれるツールを提供している．同ツールは，国土に関するさまざまな情報を位置・場所に関連づけてコンピュータ上で扱うことを可能にし，見たい地域や地図の縮尺を自由に選び，適宜必要な情報を重ね合わせながら利用できるようになっている（http://maps.gsi.go.jp/）．背景となる地図は随時更新されており，用いるデータの書式についても定められているため，利用者相互でデータを共有することもできる．

図 24-4 は，「地理院地図」の主題図作成画面を示す．利用者は，台風による大雨や突風などの気象情報，都市圏の活断層，明治前期の低湿地，土地条件，標高，宅地利用動向調査や，年代別の写真などから必要な情報を選択することができる．

利用者が自分の目的に合った地図を自由に作成できる機能とともに，個人が情報を地図上にアップロードし，他の利用者と共有するサービスも盛んになっている．例えば，局地的な豪雨などの気象情報や不審者情報など安心・安全に関する情報が，防災マップや犯罪マップとしてリアルタイムに近い状況で参照できるようになっている．2011 年 3 月の東日本大震災の際には，地震直後の交通状況や避難所の避難者情報について，災害時の特別利用として公開される事例も見られた（例えば，東北地方太平洋地震緊急地図作成チーム（EMT）http://www.drs.dpri.kyoto-u.ac.jp/emt/）．

24.3 ユビキタスマッピング

本章の最初の節で見たように，従来の一般的な地図の利用においては，一方に利用者が，他方に紙に印刷された地図があり，両者が分離しており情報の流れも一方向であったが，最近の地図情報システムにおいては，利用者と地図，および地図と実空間が限りなく一致するようになっている．特に，現実世界に各種情報

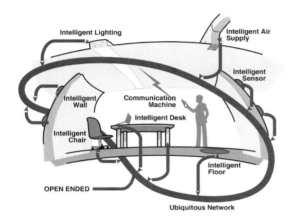

図 24-5 ユビキタスコンピューティングの概念図
環境中にコンピュータ要素を遍在的に組み込むことにより，いつでも，どこでも，だれでもが，その時，その場，その人に適したサービスを利用することができる社会を創り出すことを目指す．（図は YRP ユビキタス・ネットワーキング研究所の作成）

を重ね合わせて表示する「強化現実」や「拡張現実」の技術により，つい数年前までは映画の中の話だと思われていた世界が実現されようとしている．

このように「実空間」と「仮想空間」が融合した環境を可能にする技術体系は，「ユビキタスコンピューティング」あるいは「パーベイシブコンピューティング」と呼ばれ，「いつでも，どこでも，だれでも」が，その時，その場，その人に適したサービスを利用することができるような社会を創り出すことを目標としている（図24-5）．前節のウェブマッピングはそのようなシステムの一例であるが，居室に置かれたパソコンに向かっているときだけでなく，外出先でも自由に情報にアクセスできる点が「いつでも，どこでも」の新しい点であり，いわば「どこでもコンピュータ」が実現された社会と言える．

情報の遍在化とともにユビキタスコンピューティングの特徴をなすのが，「状況認識（コンテクストアウェアネス）」であり，利用者が置かれている状況をリアルタイムに判断し，その人に最適な情報を提供することを可能にする．そのために，光，温度，速度などを計測する各種センサを環境中に設置し，無線ネットワークを通じて状況の把握をおこなうという「センサネットワーク」の技術がある．また，利用者の行動履歴を蓄積し，その人にふさわしい情報を提供しようという取り組みも進んでいる．皆さんもインターネットショッピングの際に「あなたにお勧めの商品」の一覧を提示された経験があると思うが，この機能の背後にあるのは，購買履歴に基づく状況認識という考え方である．

社会的な関心も高まっており，最近では，地理空間情報活用推進基本法の制定（2007年），国土地理院によるインテリジェント基準点・電子国土基本図の整備，各種位置情報サービスの展開など，場所情報が社会インフラとして整備された「ユビキタス状況認識社会」の実現に向けた取り組みが進められている．

ここで，都市におけるユビキタスコンピューティングの具体例として，東京都で進められている「東京ユビキタス計画」（http://www.tokyo-ubinavi.jp/）からいくつかの事例を紹介したい．同計画は，安心安全なユニバーサル社会の実現に向けて国土交通省が推進した「自律移動支援プロジェクト」の一部として開始され，都市空間におけるすべての人の自律的な移動を，物質面の整備のみならず情報の提供をおこなうことで支援することを目指している．2005年度には上野恩賜公園・動物園において「上野まちナビ実験」が開始され，2006年度からは銀座地区において「東京ユビキタス計画・銀座」が実施されている．後者においては，銀座四丁目交差点を中心とした銀座通り・晴海通りの歩道，地下街，店舗，ビルなどあらゆる場所に位置特定インフラ（IC タグ，赤外線マーカ，QR コードなど）を設置し，利用者の現在地を把握し，その場所に関連づけられた情報を提供している．

銀座において提供されている支援サービスの1つは歩行者ナビゲーションであり，歩行者は携帯端末を持ちながら歩くことで，ナビゲーション情報を地図，3Dパノラマ，音声案内の形で得ることができる．具体的には，晴天時，雨天時，日曜・祝日（歩行者天国が利用可）で異なるルートが検索できるなど状況に応じた移動支援が可能となっており，電車の乗り換え案内や運行状況といった交通機関の情報，障害者用トイレやバリアフリールートの案内，店舗や商品に関する情報，多言語での観光情報など，周辺に関するさまざまな情報も提供されている（図24-6）．同様な実証実験は，青森，静岡，奈良，神戸など全国各地でおこなわれている．

また，東京ミッドタウンにおいては，「ユビキタス・アートツアー」と称して，携帯端末を利用した作品解説を受けながらのアート作品の観覧が可能となっており，ツアー時間の長さ（120分コース，30分コース），

図 24-6 「東京ユビキタス計画・銀座」における移動支援ツールでの情報提供の例（図は YRP ユビキタス・ネットワーキング研究所の作成）

興味対象（アート，建築，庭園，彫刻），天候（雨の日コース）に応じたオプションも自由に選択できるようになっている．

ユビキタスコンピューティング技術の応用例としてもう1つあげられるのが，都市における公物管理の取り組みである（石川 2010）．都市には，道路，橋，トンネル，照明，標識など多種多様な施設（公物）があり，それらの維持管理に当たっては，各種台帳や調書など膨大な量と種類の情報を扱う必要がある．現在では関係各部署が個別の台帳を持つなど独自の方法で管理しているが，より一層の業務効率化を図るためには，標準化・共有化された方法での情報管理が求められている．そのために，公物そのものや台帳・帳票だけではなく，公物の管理に付随する業務（通常の道路巡回，住民からの苦情通報などに基づく緊急パトロール）やそれに伴い発生する情報（事故や破損の日時，程度，状況など）に固有の識別子（番号，コード）を振り，事務所および現場での情報の管理・利用・検索を支援するためのシステム開発が行われている（図 24-7）．

このような取り組みは，熟練技術者の異動・退職，初心者あるいは外部委託業者による作業，非常・緊急時の対応を考えた場合に，特にその重要性が大きい．さらに，このように場所をキーとして都市情報が管理され，主要な都市施設の位置情報が共有化したシステムのもとに管理されていれば，先述の自律移動支援などにも有効に利用することができ，公物の維持管理という目的を超えた応用展開の可能性を有している．

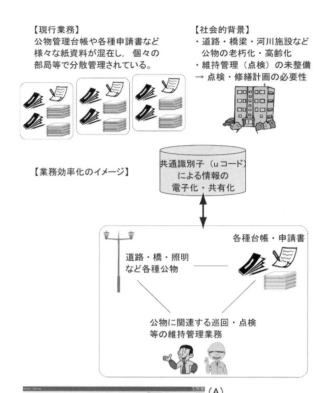

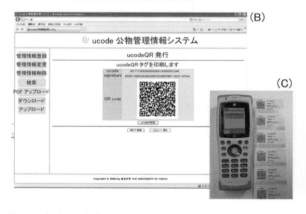

図 24-7 都市の公物管理におけるユビキタスコンピューティングの応用例
公物管理業務の現状と課題および業務効率化のイメージ（上）と，事務所および現場での情報の管理・利用・検索を支援するためのシステム（下）

さらには，位置情報がインフラとして整備された将来の都市においては，ロボットが現実空間をナビゲーションし，人間の生活をサポートするような社会も実現可能となる（図 24-8）．同様に，最近では自動運転車の開発・試験走行も始まっているが，その基礎となるのが場所の認識と位置データである．また，本節冒頭で述べた強化現実の技術と結びつくと，実空間

に情報が重ね合わせられた「縮尺 1:1 の地図」ができあがることになり，地図の概念も変わりうる（Morita 2007）．これらのことは，空間データを社会基盤として整備することは，個々の情報システムを可能にするだけでなく，社会全体を変革する大きな可能性を有していることを示している．

24.4 バーチャルマップ

前節では，特に実空間と仮想空間の融合に関する事例を見たが，仮想空間の中においても，位置情報や地図データに基づいた先進の応用システム開発の事例が多く見られる．なかでも，「仮想現実」・「仮想空間」の技術を駆使しながらコンピュータ上に 3 次元空間を構築し，その中をウォークスルーやフライスルーなどの機能を用いて疑似体験するシステムや，コンピュータ上の 3 次元空間をプラットフォームとしてさまざまな情報を蓄積・検索・表示するシステムが提供されるようになっている．

以下では，このようなバーチャルマップ（バーチャルシティ）の代表的事例として，「バーチャル京都」を紹介したい．本取り組みは，地理情報システムと仮想現実の技術を応用して，現在と過去，および未来の京都の都市空間をコンピュータ上で実現・再現するものである（http://www.geo.lt.ritsumei.ac.jp/webgis/ritscoe.html）．

「バーチャル京都 3D マップ」では，現在と過去（平安時代と昭和初期）の京都の景観を上空から眺めたり（フライスルー），地上を歩いて散策する（ウォークス

図 24-8 将来のロボットナビゲーションのイメージ図
空間データ基盤やユビキタスネットワークを基礎として，車いす型ロボットによる店舗間回遊支援サービスの開発が進められている（図は株式会社国際電気通信基礎技術研究所（ATR）知能ロボティクス研究所の作成）

図 24-9 「バーチャル京都」による 3 次元マップ．現在の京都駅周辺と平安時代の朱雀大路のフライスルー（上），および現在と昭和初期の南座周辺のウォークスルー（下）の画像（図は http://www.geo.lt.ritsumei.ac.jp/webgis/virtualkyoto3d.html から引用掲載）

ルー）機能が提供されている．図 24-9 には，現在の京都駅周辺と平安時代の朱雀大路のフライスルー，および現在と昭和初期の南座周辺のウォークスルーの画像を示している．京都に関する歴史・文化的なコンテンツも提供されており，浮世絵の画像や能の動画，祇園祭の山鉾巡行のイメージなども見ることができる．

「バーチャル京都 2D マップ」では，京都市内の近代建築物，文化財，社寺，平安京に関する史跡，江戸期から戦後までの芝居小屋や映画館，江戸時代の浮世絵等に登場する名所などの情報を見ることができる．また，本システムは，災害・犯罪のリスクマップや防災マップとの連携が進められ，未来の景観シミュレーション（例えば京都市新景観条例の影響評価など）の目的で利用されるなど，多方面での応用が期待されている．

このような取り組みは，都市や構造物（建築や遺跡など）を各種センサにより網羅的に計測することで詳細な 3 次元データを取得し，デジタルな形で保存しようというデジタルアーカイブの試みにも位置づけられる．古地図や古文書の保存・デジタル化とともに，人間の知や財産のアーカイブという大きな目的を果たす重要な取り組みである．さらに，仮想空間は，人間の空間認識や行動を調べる実験・シミュレーションの場としても利用され，都市計画や各種政策の立案など社会実験をおこなうことが難しい分野においても実証データの取得を可能とするという点で，大きな応用的価値をもつ．

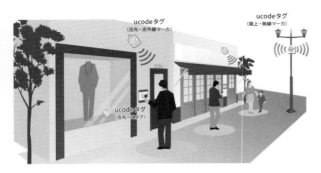

図 24-10 来たるべき「ユビキタス空間情報社会」のイメージ図
コンピュータがモノだけでなく場所にも埋め込まれ、「どこでもコンピュータ」が都市レベルで展開した社会が実現される。「u コード」はそのための情報インフラとして用いられる 128 bit の識別子体系である。（図は YRP ユビキタス・ネットワーキング研究所の作成）

24.5 ユビキタス空間情報社会の展望と課題

最後に，最新の情報通信技術により，さまざまなツールやシステムが展開されている双方向マッピング環境について，その展望や課題を見てみよう．

まず，本章で見てきた地図情報システムや場所情報システムが可能となる基本的な条件となるのが，空間データの整備である．現在では GPS データを筆頭に多くの空間データが利用可能であるが，今後より効率的な空間データ利用を考えるに当たっては，個々のシステムやアプリケーションに即した個別のデータベースを用意するだけにとどまらず，標準化・共有化された形式での時空間データを社会基盤（情報インフラ）として整備することが求められる．国土地理院が進めているインテリジェント基準点の整備や場所情報コードの設置は，それを目指した代表的な取り組みであり，実空間にコードが埋め込まれ，主要な基準点が IT 化されることにより，屋外・屋内を問わず，シームレスに場所情報を利用可能な社会が実現する．すなわち，「ユビキタス空間情報社会」の到来であり（図 24-10），「超精密郵便番号」とでも呼べる位置特定体系の実現である．

一方で，場所に関する情報の特徴を考えた場合に，位置特定に付随する曖昧さや困難さを考慮することも重要である．図 24-11 に示すように，ある 1 つの場所（「ここ」）を示すにも，多くの異なった表現が用いられる．これらの中には，私たちが日常会話でよく使う表現があれば，容易には理解しがたい表現もある．例えば，緯度・経度は，技術的には GPS レシーバで読

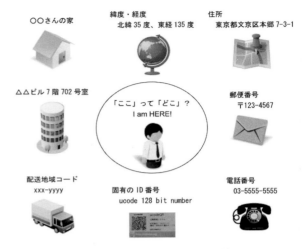

図 24-11 場所を記述する表現の多様性
1 つの場所（「ここ」）に対して，複数の異なる表現法が存在する．このように多様な場所識別子を相互に関連づける取り組みが進められている．（図は財団法人日本情報処理開発協会（JIPDEC）による場所識別子（PI）の資料を参考に作成）

み取り可能であるが，私たちが日常会話において「明日の集合場所は北緯 35 度 42 分，東経 139 度 45 分」などと指定することはまずない．これらの点を考慮し，同一の場所に関する異なる表現（場所識別子とも呼ばれる）を相互に関連づける「辞書」（データベース）を整備する取り組みも進められている．これらの取り組みは，場所特定のための技術・方法についての標準化の問題とも関連し，国際標準化機構（ISO）や国際電気通信連合（ITU）において，アドレッシング体系や場所情報のサービス，アーキテクチャ，ID 体系についての国際標準が議論されている．

同時に，社会的・制度的な観点からもこれらの取り組みを支えることが重要であり，1 つには，空間データ・位置情報の利用に関するガイドラインを作成すること，特に平時のみならず非常時・災害時のデータ利用について指針を作成することが求められている．同様に，このような大量のデータにまつわるプライバシー保護の問題も社会的な関心を呼んでいる．社会的には有用なデータであっても，サンプル数が少ないなど特定の条件下では，個人の属性や行動が特定される可能性がある．そのため，個人の特定は避けつつ，データの全般的な傾向分析を可能とするようなデータ秘匿化の方法も研究されている．このことは，空間データの整備・利用においては，データのオープン化・共有化がもたらす有用性や付加価値と，データのプライバ

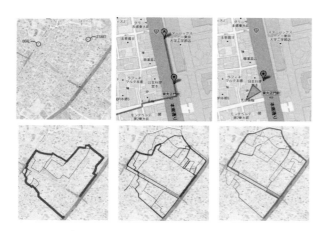

図 24-12 ナビゲーション情報の提供法の違いによる利用者の行動の変化
紙地図，ルート表示ツール，方向表示ツール（上）により，利用者が歩いたルート（下）が異なる様子がわかる．線の太さはそのルートを歩いた人数に比例．（システムは Google Maps API を利用して開発．地図データ ©2012 Google, ZENRIN. Figure first published in Ishikawa and Takahashi 2014.）

シー保護の必要性の両者を考慮に入れながら，情報インフラ整備を進めていく必要があることを示す．

さらに，利用者の視点からこれらの技術を考えることも重要であろう．いわゆるヒューマンマシンインタフェースの概念でもあるが，利用者にやさしいツール，使いやすいシステム，理解しやすい情報提示法を探ることは，「情報を使う人間」，「空間を移動する人間」に焦点を当て，「空間－情報－人間」の相互関係を調べるという地理情報科学の理念とも合致している．

例えば，歩行者ナビゲーションシステムにおいて，目的地の情報をどのように提示するかによって，利用者の行動も変わる（Ishikawa and Takahashi 2014）．図24-12 は，3 種類の異なる情報提示法を用いたツールを示し，紙地図に目的地の位置を示した場合，目的地までのルートを示した場合，目的地の方向を矢印で示した場合で，利用者が取るルートが違うことがわかる．また，利用者の空間能力や方向感覚によっても，使いやすいと思うツールは異なり，属性に応じた情報提示法を考えることが必要である．その一方で，今回見た位置情報サービスの利便性・有用性の認識とともに，このように便利なツールの利用が人間の空間認知や能力に影響を与える可能性を指摘する声もある（Frean 2006）．この点は，方向感覚や地理的・空間的思考能力の教育の問題（空間リテラシー）とも関連し，広い視点からの議論が求められている．

今後，いつでも，どこでも，だれでもが必要な情報を取得・利用できる「ユビキタス空間情報社会」の実現に向けたさらなる取り組みが進められると考えられるが，そのような社会をより「人間にやさしい」ものにするためには，「いつ」，「どこで」，「だれが」，「どのような目的で」その情報を利用するのかを考えながら，技術・社会・人間それぞれの側面から考察を進めることが望まれる．

【引用文献】

石川 徹 2010. 都市における公物管理とユビキタス ID 技術－インフラとしての空間情報整備の取り組み－. 日本建築学会総合論文誌 8: 61-64.

Ishikawa, T., and Takahashi, K. 2014. Relationships between methods for presenting information on navigation tools and users' wayfinding behavior. *Cartographic Perspectives* 75: 17-28.

Frean, A. 2006. Use satellite navigation and you'll miss the chance of finding your inner self. *Times*, December 27.

Koláčný, A. 1969. Cartographic information: A fundamental concept and term in modern cartography. *Cartographic Journal* 6(1): 47-49.

Morita, T. 2007. Concept of real scale map and the allocation of reference points in ubiquitous mapping. Paper presented at the 23rd International Cartographic Conference (ICC 2007), Moscow, Russia.

Riegelsberger, J. 2013. User research at Google Maps. Keynote speech at the 11th International Conference on Spatial Information Theory (COSIT 2013), Scarborough, England.

【関連文献】

坂村 健 編 2006.『ユビキタスでつくる情報社会基盤』東京大学出版会.

矢野桂司・中谷友樹・磯田弦 2007.『バーチャル京都：過去・現在・未来への旅：京の"時空散歩"』ナカニシヤ出版.

Golledge, R.G., and Stimson, R.J. 1997. *Spatial behavior: A geographic perspective*. New York: Guilford Press.

MacEachren, A.M. 1995. *How maps work: Representation, visualization, and design*. New York: Guilford.

National Research Council. 2006. *Learning to think spatially*. Washington, DC: National Academies Press.

Slocum, T.A., McMaster, R.B., Kessler, F.C., and Howard, H.H. 2009. *Thematic cartography and geovisualization*, 3rd ed. Upper Saddle River, NJ: Prentice Hall.

25
GIS の社会貢献

今日では，GIS が基盤技術として広く社会に貢献している．本章では，25.1 節で地図自動作成と施設管理，25.2 節で空間意思決定支援システム，25.3 節で位置情報サービスを取り上げ，その学問的基礎と社会での応用を論じる．

25.1 地図自動作成と施設管理

25.1.1 地図自動作成

地図の製図は，昔は製図師が，墨・インキでポリエステルベースなどに鮮明な画像を描画することで行われていた．コンピュータの発達により，その技術を地図製図に導入するため，「コンピュータ地図学」が成立した．地図データの入力から格納・処理・出力に至る処理技術とデータベースに関する技術などのソフトウェアのほかに，図形処理のためのデジタイザ・プロッタ・スキャナなどのハードウェアもコンピュータ地図学の構成要素である．

コンピュータ地図学の社会への応用のひとつとして，「地図自動作成 AM；Automated Mapping」がある．AM とは，ガス・電力・電信・上下水道・道路・鉄道のような公益事業（ユーティリティ）が，そこで維持する施設（ガス管・電線・水道管・道路・線路）の図面や地図を作成するため，大縮尺の地図・図面を自動作成するシステムである．機能は空間データの入力と更新に特化する．公益事業では，地図自動作成と後述の施設管理を一体化したシステムを運用する必要があり，AM／FM (Automated Mapping / Facilities Management) システムが構築されてきた．

公益事業の関係者は，施設や道路の建設図面や地図を作成するため，CAD（Computer-Aided Drafting or Design）を使用する．公益事業の業務は，設計，施工，管理，保守に大きく分けられる．設計と施工では CAD によって設計図や施工図が作成される一方，管理のためのシステムは GIS が使われ，保守作業に

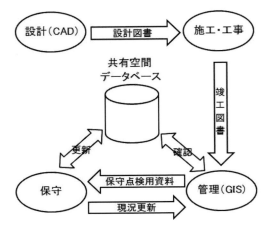

図 25-1　GIS と CAD の統合　（出典：井上 2009）

おいて保守点検用の資料が GIS をベースに出力され，現場で行われた作業結果がまた GIS に反映される（井上 2009）．図 25-1 は，それぞれの業務間の情報のやり取りを表している．設計業務では CAD を用いて設計図書が作成され，施工・工事業務で利用され，竣工図書は GIS を用いて管理業務で保管される．また，管理業務は，GIS を用いて保守点検用資料を作成し，保守業務へ送る．保守業務での現況更新は，最終的に GIS に反映される．

このような情報のやり取りのネックになっているのは，管理・保守の GIS と設計・施工の CAD 間の空間データベースの互換性の問題である．GIS の空間データベースは地理座標を持つのに対し，設計図・施工図の多くは平面図であっても紙座標しか持たない．異なる空間データベース間のシームレスなアクセスを実現するために，FDO（Feature Data Object）技術が開発されている．この技術は，空間データベースの内部構造については不問にし，そのインタフェースだけを標準化しており，OGC（Open Geospatial Consortium）は，OpenGIS Simple Features Implementation Specification という標準を開発した．この技術は，現在オープンソー

スとして，OSGeo財団日本支部（http://www.osgeo.jp）からダウンロードできる．

25.1.2 施設管理

ガス・電力・通信など公益事業では，広域に基幹となる施設を設置している．広域に設置された施設の保守管理，変更管理，工事管理を実施するうえで，地図と図面は欠かすことができないものである．一般に，「施設管理（FM）」システムとは，施設の位置や状況を把握して，さまざまな属性情報と関係づけるためのシステムであり，機能は問い合わせに特化する．

実際の業務の中でのFMシステムの利用について，ガス供給事業を例として見てみよう（桜井1997, 65-72）．製造所で生成された高圧ガスは，高圧導管を経由して，ガバナー・ステーションとよばれる供給拠点に送られる．ガバナー・ステーションで減圧されたガスは，中圧導管を通って各地域に送られて行く．さらに中圧ガスは，各地域の減圧装置で低圧ガスに変えられ，道路に埋設されている低圧導管を通って各家庭に届けられる．

このようにガス供給網は，高圧導管から低圧導管まで血管のような網目となって地域に張り巡らされている．とりわけ低圧導管では，その延長量が膨大であり，施設と図面の管理には多大な作業と費用を要することになる．FMシステムは，施設と図面の管理，保守情報の検索などに利用される．施設と図面の管理では，地図・図面の検索，各種図面の出力，施設情報の検索，管網の接続情報のトレースなどが挙げられる．保守情報の検索では，工事管理，竣工データ管理，検収なども含まれる．ガス供給の安全を確保するためには，管網の全体を見渡す機能と，小さな部品の一点一点を管理する機能が求められ，きわめて精緻な体系を持つ．

FMシステムで使用する地図は，2つに分けられる．1つは地域全体の情報を示す地図で，縮尺1/500から1/2500の「国土基本図」や道路管理センターのデジタル地図などが用いられる．もう1つは，「施設図面」で，企業独自のデータである．FMシステムを用いて，その入力や更新作業が行われる．更新されたデータは，すべての利用部門が直ちに使えることが業務上望ましく，システム管理者とデータ管理者による厳密な検収作業を行うことで，データの保全に対し万全を期している．

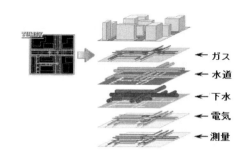

図25-2 東京ガスの施設管理の地図情報
（出典：http://www.tumsy.com/towa/）

・ガス企業の施設管理の事例

東京ガスは，首都圏の約3千km²のサービスエリアにおいて，約800万件の利用者に都市ガスを供給しており，そのガス導管網は約4万kmに及んでいる．東京ガスでは，1977年から施設管理のためGISを導入し，統合型GISを構築している（東明2008）．その発展は，3段階に分けられる．第1段階は，約3万枚の導管図面を入力したAM／FMの構築である．この施設図面は縮尺1/500であり，道路・地形・本支管に関わるガス施設をデジタル化し，マッピングによるガス導管網の施設管理と維持管理を行っている（図25-2）．

第2段階では，300万本の供給管と500万件の最新の家形・家名情報をデータベース化し，従来から構築されていた需要家システム（CIS；Customer's Information System）とオンライン接続し，マッピングシステムを核とした統合型GISを実現している．

第3段階は野外の業務現場でGISを利用できる「モバイルGIS」を実現した．野外での緊急保安業務は，火災やガス漏洩通報などの非常時に応急対応を行うものである．指令基地の基地端末は，地図系情報と文字系情報を扱う2画面で連動的に機能する．通報の受付時に出動先の住所や顧客の電話番号を入力すると，目的地付近の導管図，出動履歴情報，需要家情報が連動検索して表示される．また，道路網図上に目的地が表示されるとともに，待機車両も表示され，どの配車が適切であるかを決定する．配車された車両端末では，基地端末からの受付内容や指示内容を受信するとともに，目的地の座標が車両端末からナビゲーション装置に送られ，目的地への最短経路誘導が行われる．このようにモバイルGISは，緊急車両に搭載して，現場フィールドで活用されている．ガス企業の施設管理では，データの鮮度と検索応答のスピードが要求される．

25.2 空間意思決定支援システム

「空間意思決定支援システム SDSS；Spatial Decision Support Systems」が，地理情報科学において広く認識されたのは，1990年代である．これは，GISの機能が拡張され，複雑な空間意思決定問題に取り組むことができるようになったからである．この20年間に，SDSSの概念は研究，開発，応用の分野で進展し，多くの異なったアプローチやフレームワークが作られた．これには，協業（Collaborative）SDSS，集団（Group）SDSS，知能（Intelligent）SDSS，参加型（Participatory）GIS，公共参加型（Public Participation）GIS，空間知識（Spatial Knowledge）ベースシステム，空間マルチエージェント（Spatial Multi-Agent）システム，空間計画（Spatial Planning）支援システムが含まれる（Malczewski 2010）．これらのすべての空間情報システムは，政策決定者，管理者，市民が空間意思決定問題に直面したとき，彼らの決定のパフォーマンスを改善することを共通の目的とし，広く社会に貢献している．

25.2.1 DSSの定義

「意思決定支援システム DSS（Decision Support Systems）」とは，元来，企業経営の意思決定を助けるためのシステムであり，次のような基本的特徴を有する（高阪1991）．

① 非定型的（unstructured）問題に対する意思決定において，決定者を助ける．
② 意思決定に費やす時間の短縮という効率性を追求するよりも，正しい決定を行い決定の効果を高めることを目指す．
③ 数理モデルや分析手法の利用とデータアクセス機能とを結びつける．
④ 未経験のユーザでも利用できる対話形式のコンピュータをベースにしたシステムである．
⑤ 直観的アプローチ，試行錯誤法など一般的な問題解決戦略を取り入れる．

DSSが取り扱う意思決定は，一般に，組織の目標やその変化に関わるもので，全体的で長期的な戦略計画の策定である．この水準の意思決定では，データや知識が不足しているため，計量化することができない変数があるため，あるいは，あまりにも複雑なため，問題の定式化が非常にあいまいになる．したがって，このような問題は，「非定型的問題」とよばれ，決定過程がアルゴリズムの形でうまく定式化できる「定型的問題」と対比される．定型的問題は，コンピュータで処理できるのに対して，非定型的問題は，人間－コンピュータ系の中でおもに人間によって解かなければならない領域である．第1の特徴に示してあるように，DSSは，この非定型的問題の解決を支援するシステムである．

第2の特徴で，正しい決定とは，決定を実行した結果生まれる効果の側面から評価される．この効果は，データベース管理システムの機能と数理モデルの結合（第3の特徴）を通じて，意思決定に参考になる数量的な解の側面から事前にある程度予測することができる．

第4の特徴である対話形式とは，"もし … ならば，そのとき … である"という what-if 形式で，意思決定者が回答していくことを意味し，これによって，非定型的問題を定式化するためのツールが与えられる．その際，意思決定者は直面した問題に即した知識を持っているので，この知識を活かすため，非規範的なアプローチ（第5の特徴）が利用される．このアプローチの導入によって，科学的モデルや豊富なデータを利用しながら，人間の意思決定に近いやり方で，決定を行うことが可能になる．

25.2.2 SDSSの定義

いずれの意思決定問題も，定型的問題と非定型的問題の両極端の間に位置づけられる．地理情報科学で取り上げる空間意思決定問題も同様に2つの問題の間に見出され，半定型的（semistructured）問題とよばれることがある．「空間意思決定問題」とは，地表面に生起している事象に関わる問題で，立地-配分問題，用地探索と選択問題，土地利用適正評価，交通問題，環境影響評価，計画／政策評価などである．SDSSは，半構造化された空間意思決定問題を解くに際して，効果的な意思決定を達成するため，ユーザやユーザ集団を支援するよう設計された対話的なコンピュータに基づくシステムである．SDSSで構造化された部分はコンピュータによって自動的に解かれるが，非構造化した部分の決定は意思決定者の知識と経験で取り組まなければならない．SDSSは，データ処理操作の効率性を高めるが，システムの主目的は意思決定の効果を改善することにある．SDSS概念の中心は，空間的，非空間的両データを分析し，空間意思決定問題をモデル

化するための一組のツールを組み込んだコンピュータベースのシステムをユーザが対話的に利用することで，効果的な意思決定を支援することにある．

25.2.3 SDSSの構成要素

図25-3は，SDSSの構成要素を示している（Sugumaran and DeGroote 2011, 67-69）．4つのコア成分と1つのオプショナル成分で成り立っている．コア成分は，データベース管理（DBM；Database Management）システム，モデル管理（MM；Model Management）システム，対話管理（DM；Dialog Management）システム，利害関係者管理（SM；Stakeholder Management）システムである．知識管理（KM；Knowledge Management）システムは，SDSSにとって共通しているが，基本的成分ではない．

DBMシステムは，地理データベースを管理するための機能を含んでいる．これは，意思決定者に決定状況をより良く理解させる一組のツールであり，データの収集・蓄積・更新・操作・検索・統合・可視化，さらに探索データ分析手法で成り，GISから入手できる．MMシステムは，モデルベースを管理する機能を含んでいる．それは，決定のための支援ツール（最適化やシミュレーションモデルと，空間相互作用，空間選択，立地‐配分，資源配分，土地適正，水文といった分野固有の各種モデル），統計学と予測方法（探索的空間データ分析，確認的空間データ分析，空間統計学，時系列分析），意思決定者の選好のモデル化（目標・評価基準・目的・属性の階層的価値構成，多属性の価値/効用，コンセンサスモデル化手法），そして，不確実性のモデル化（what-if分析）である（Malczewski 2010）．

DMシステムは，ユーザとコンピュータ系間のインタフェースを管理する．それには，ユーザがコマンド，リクエスト，データをコンピュータ系に投入するメカニズムと，コンピュータ系が結果や情報を出力する方法（地図ディスプレイや結果を示す図表）が含ま

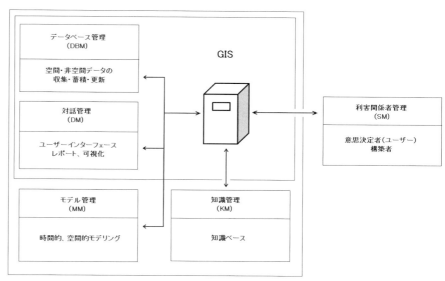

図25-3 SDSSの構成要素

れる．SMシステムは，SDSSの成功した応用が，広範囲の潜在的関係者の効果的な参加に依存していることから，図25-3では構成要素として明示されている．利害関係者には，意思決定者（エンドユーザ），分析者，開発者（構築者），エキスパートが含まれる．エキスパートは，取り上げられている空間意思決定問題の重要な側面について詳細な知識や考察を持っている専門家で，彼らの知識は，開発者を通してSDSSの中に組み込まれる．分析者は，モデルの選定，シミュレーションの実行，データの分析，結果の出力と解釈で，意思決定者を支援する．

KMシステムは，基本的成分ではないが，多くのSDSSに組み込まれている．KMシステムは，非専門家がその分野の専門家の知識を利用して，意思決定や問題解決を行うシステムである．ある問題が与えられたならば，専門家から得られた知識（すなわち，規則）を応用して，その問題に回答を提示する手助けをする（高阪1996）．

SDSSを構築するためには，おもに2組の技術が用いられる．SDSS開発ツールは，手続き型プログラム言語とコードライブラリ（例えば，TransCADのCaliperスクリプト・マクロ言語），アプリケーション間通信ソフトウェア（ダイナミックデータ交換；DDE），アプリケーション・プログラム・インタフェース（TransCADのAPI），アプレット（GISApplet），ビジュアルインタフェース，グラフィックス，カラー・サブ

表 25-1 2000 年以降の SDSS の代表的な論文

応用分野	目的	プラットフォーム	実装	著者
農業	実時間作物収穫高 SDSS	Web ベース	MapServer と ERDAS	Kaparthi and Sugumaran 2009
公衆衛生	医療配分	Web ベース	ArcGIS, ArcSDE, ArcIMS	Schuurman et al. 2008
緊急対応	除雪計画	Web ベース・インテリジェント	ArcIMS	Sugumaran et al. 2007
ビジネス	住宅アクセス分析	Web ベース	カスタム	Neis et al. 2007
ビジネス	ホテル案内／バー案内	モバイル SDSS	ArcPad	Rinner et al. 2005
緊急対応	干ばつ指数の構築	デスクトップ	GRASS	Wu et al. 2004
環境	流域管理に対する環境感度	Web ベース	ArcIMS	Sugumaran et al. 2004
都市	土地利用変化の影響	Web ベース・協業型	MapServer	Sikder and Gangopadhyay 2002
都市	未来都市開発と林地再生	Web ベース・協業型	Geotools	Carver et al 2001

出典：Sugumaran and DeGroote, 2011, 396-397.

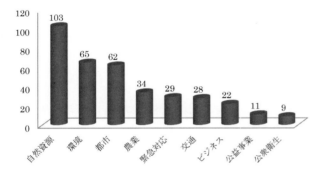

図 25-4 論文数から見た SDSS の応用分野
（出典：Sugumaran and DeGroote, 2011, 395-396）

ルーティン（グラフィック・ユーザ・インタフェース；GUI）で構成される．SDSS ジェネレータは，SDSS を迅速かつ容易に構築するための能力を提供するハードウェアとソフトウェアである．それには，GIS（例えば，ArcGIS, MapInfo, TransCAD），データベース・パッケージ（dBase, Oracle Spatial, ArcSDE），決定分析・最適化ソフトウェア（LINDO, EXPERT CHOICE），統計・地球統計学ソフトウェア（S-PLUS, SPSS），シミュレーション（@RISK）が用いられる．

25.2.4 SDSS の応用

SDSS の応用分野を概観するため，図 25-4 では，1976 年から 2008 年の間における SDSS に関する雑誌の研究論文，学界発表論文，本，本の分担執筆論文の数（おもに英語圏）を調査し，9 つの応用分野ごとの本数をまとめている．最も論文数の多かった分野は，自然資源であり，3 割弱を占めた．この分野は，土地，森林の管理（再生計画，植林計画，害虫からの管理），水資源の管理（灌漑用水需要推定，流域管理），沿岸域と海洋の管理・規制などを目的としている．2 番目は 2 割弱の環境分野である．この分野は，大気，土壌，水の汚染に関心がある．特に，水質に関するものが多い．3 番目は都市で，犯罪，住宅，土地利用と立地計画，政策分析，校区編成，配水計画，都市計画への住民参加，産業立地，埋め立て，緑地，公園などバラエティに富んだ応用分野が見られる．以下，農業，緊急対応，交通，ビジネスの分野が続く．

表 25-1 は，2000 年以降の SDSS に関する代表的な論文を示している．まず注目されるのは，プラットフォームが Web ベースである点である．これは，プラットフォームの独立性，流通コストとメンテナンスの少なさ，利用のしやすさ，アクセスの広がりなどの利点のためである．なお，モバイル SDSS については，25.3.4 で詳述する．

また，実装では独自にカスタマイズするのは少なく，デスクトップの場合は GIS ソフトウェアを，Web ベースでは ESRI 社の ArcIMS のようなインターネット地図サーバを利用している．

25.3 位置情報サービス

25.3.1 LBS の定義

次に取り上げる GIS の社会貢献は，「位置情報サービス（LBS；Location-Based Service, 位置情報に基づくサービス）」である．LBS は，モバイル（携帯）端末を用いて，地理参照の情報を伝える無線通信を記述するための用語である．LBS 技術の基本的前提は，モバイル端末（例えば，携帯電話）のユーザに伝えられる情報が，GPS や Wi-Fi など端末に搭載した「位置決定技術」を使用して，その端末の経緯度を計算することに基づいている（Francica 2008）．位置は，住所や場所に関連した補助情報に対する支援属性になる．典型的なアプリケーションは，消防・救急・警察など

緊急対応要請の電話に対する，「自動位置識別 ALI；Automatic Location Identification」を用いた緊急車両の送達である．この用語は拡大的に利用され，位置決定が重要な部分となる民間企業のコンピューティング・ソリューションを含むようになった．例えば，運送会社やタクシー会社は，LBS を利用して，トラックやタクシーの効率的配送を行っている．

25.3.2 LBS の技術

LBS の技術は，「位置」，「移動性」，「コンテクスト」を組み合わせることで可能になった．例えば，ナビゲーションシステムでは，ユーザの位置が，経路（コンテクスト）案内のために，連続して（移動性）計算される．位置と移動性は LBS の中心的存在であり，コンテクストは LBS での決定過程において環境をなしている．したがって，LBS での空間意思決定は，移動性と位置に基づいており，人とものの動態的位置と関わっている．LBS は，その移動性と移動中に位置決定ができる点で，GIS と異なる．

図 25-5 は，LBS が支援する機能と LBS が利用している技術をまとめている（Karimi 2010）．内側の円は，LBS が支援する機能であり，位置決定（ローカライゼーション），移動性，アクセス，視覚化，拡張性，時空間モデル化・分析から成り立っている．位置決定の機能は，ユーザが居る場所を見出すことである．位置と場所は正確には異なった概念であり，「位置（ポジション）」は，測位技術によって計算された座標（例えば，経緯度）を表す．「場所（ロケーション）」は，位置が属している地点を指す．例えば，ナビゲーションシステムで車両の座標が測定されたならば，車両の場所としては道路分節（例えば，国道 17 号線別所坂上）が示される．アクセスは，ユーザが現在居る場所から遠隔にある情報と機能性を入手できる機能である．視覚化は，ユーザに意味のある形で，位置とそのコンテクストを表現する機能である．拡張性は，決定に対しいかに多くの情報が計算されようと，許容できる応答時間内に答えを保証する機能である．時空間モデル化・分析は，ユーザが居る特定の状況の中で，また所与の位置において，効率的な推論と決定を支援する．

図 25-5 の中間の円環は，LBS が基礎を置く技術を示している．各技術は，上記の LBS の機能に対応している．「ジオポジショニング」は，人やものの位置や場所を探す位置決定の機能を実現する技術である．

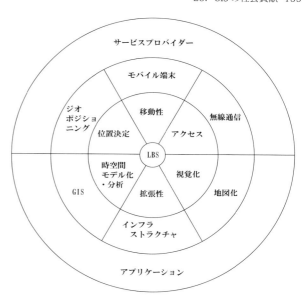

図 25-5 LBS の機能と技術（出典：Karimi, 2010）

LBS で利用されるジオポジショニング技術には，GPS，RFID（無線周波数識別），Wi-Fi などがある．このような技術の多くは，場所へと変換できる位置情報を提供する．モバイル端末は，携帯して持ち歩ける電子機器で，スマートフォン，携帯電話，タブレット，ノートパソコンなどである．無線通信は，LBS のユーザが，LBS プロバイダーやベンダーから遠隔のデータや関連情報源にアクセスできるようにする．地図化（マッピング）は，情報を視覚化する有力な形式である．インフラストラクチャは，基盤に横たわる一組のプラットフォームとコンポーネントを LBS に提供する．LBS のプラットフォームの 1 例としては，Google による Android システムが挙げられる．GIS は，時空間モデル化・分析とツール開発・カスタマイズで利用され，LBS による決定を支援する．

図 25-5 の外側の円環は，LBS のアプリケーションとサービスが，このような共通の機能と技術を共有することを示している．個々のアプリケーションやサービスは，特別な一組の空間データや非空間データと，個別のインフラストラクチャを必要とする．今日では，LBS に基づいたアプリケーションとサービスは，医療，環境，教育，マーケティングの分野で，急速に発展している．

25.3.3 LBS のサービスタイプ

位置情報サービスは，ユーザの要求に基づき，10 タイプに分けられる（Francica 2008）．①位置は，座標，

表 25-2　位置情報サービスのタイプと市場

位置情報のタイプ	位置サービス		
	個人	民間企業	公共団体
位置	私はどこにいるの？（地図，住所，場所） どこにい（あ）るの？（人，業務，場所）	最も近い現場サービススタッフの連絡 この業務はどこにあるの？	場所により異なる報告 20歳の時どこにいましたか？
イベント	車の故障による救援要請 医療警報	講習会のローカルなお知らせ 交通警報	ローカル公共情報のお知らせ 事故警報
分布	郊外での家さがし …の最高集積地周辺からの立ち退き	高い成長傾向は？ 販売パターンは？	成長パターンは？ 1人あたりの緑地は？
資産	私の車はどこ？ 最低の保険料率は？	修理中のトラックはどこ？ 持ち株の状態	除雪車はどこ？ 道路管理
サービス地点	私の行きたい場所に近づいたら教えて 安売りはどこ？	顧客はどこ？ ターゲット層を絞った宣伝	経済発展地域はどこ？ 新しいゾーニング
経路	そこへはどう行くの？（住所，地点） 最速経路は？	荷積目録に対する最適配送経路は？ タクシーの配送	交通パターンは？ 緊急車両の配送
コンテクスト	近くに見えるランドマークは？ 最も近い__を教えて？（業務，場所など）	ホテルの近くには何があるの？ 空港近くのレンタカー店を教えて	参加型経済計画 地元の商業
ディレクトリ	最も近い__を探しています（専門医など） 私はどこで買えるの？（商品，サービス）	2時間以内で行ける最も良い受注者は？ 最も近い修理サービス店は？	公共サービス アウトソーシングは？
トランザクション	最も安価な配達料金は？ 特定地点で購入すべきもの	低価格の配送サービスは？ 場所により安価になる電話	税収 場所により安価になる料金
サイト	自宅建設候補用地 訪問場所は？	店舗候補用地は？ 電波中継塔の最適立地は？	新たな学校はどこに？ 環境監視ステーション

出典：Francica（2008）

地図上の位置，地名などの側面から表現される固定した場所である．②イベントは，1つ以上の場所における時間依存性（過去，現在，未来）の出来事である．③分布とは，ある地域内の人口，もの，イベントの密度，頻度，パターン，傾向を表す．④資産には，固定資産と流動資産があり，資産の管理・目録・状態と関係する．⑤サービス地点とは，サービスを提供する地点である．興味ある地点と関係し，サービスの水準や質により特徴づけられる．⑥経路は，座標，方角，道路名と距離，ランドマーク，あるいは，ほかのナビゲーション手段で表現されるナビゲーション情報である．⑦コンテクストは，ある地域内の人口，もの，イベントの内容や関係を表現するための手段である地図，図，3次元シーン（バーチャルリアリティ）にあたる．⑧ディレクトリとは，カタログや一覧表，記録簿などである．⑨トランザクションとは，財，サービス，セキュリティなどを取り交わすための業務であり，取引サービスや金融サービスにあたる．⑩サイトとは，与えられた特徴を持つ用地を指す．表25-2は，10タイプの位置情報サービスに対する市場を，個人，民間企業，公共団体に対しまとめている．

25.3.4 LBSの最近の動向
1）ナビゲーション・サービス

カーナビゲーションシステムによる「カーナビゲーション・サービス」は，LBSの初期の成果のひとつである．その商業的成功は今日でも続いており，車の必需品になっている．利点は，運転者に対し最適経路を探す支援を行うとともに，音声による右左折指示や地図を通じたコミュニケーションのしやすさ，メンテナンスの少なさなどが挙げられる．欠点は，運転者に対し視覚や認識の面で高い要求を強いることと，カーナビゲーションシステムによる運転が，空間知識の取得に退化をもたらすかもしれないことである．

ナビゲーションシステムは歩行者にも応用され「歩行者ナビゲーション・サービス」が提供されている．歩行者は道路以外の場所（例えば，公園や家屋）も通行するので，歩行者ナビゲーションシステムはより複雑なものになっている．このサービスは，特に身体障害者にとって役に立つ．例えば，車いすの利用者への「経路指示」は，段差がないようにしなければならない．また，視覚障害者に対しても，野外と室内のナビゲーションシステムが研究されている．

ナビゲーションシステムの経路指示は，"1.5km 先を右折して"のような距離による指示から，"ガソリンスタンドで右折して"のようなランドマークによる指示へとよりわかりやすくなっている．このことから，ローカルなランドマークの自動検出とわかりやすい「道案内サービス」の研究が進められている．

2) モバイル・ガイド

LBS の最大のアプリケーションは，「モバイル・ガイド」である．モバイル・ガイドは，場所に特化した携帯デジタルガイドで，ユーザが居る周辺地域に関する豊富な情報を提供する．モバイル・ガイドの大きな利点は，旅行ガイドブックや紙地図と異なり，容易に改訂ができることから，空間と時間の双方に対し，最新のツアー情報をユーザに提供する．このことから，ユーザが携帯端末で地図の地点を見ると，それに関連した Wikipedia の内容が表示されるような研究が進められている．

3) ソーシャル・ネットワーキング

ソーシャル・ネットワーキング（ソーシャル・ネットワーキング・サービス；SNS）の目的は，人々のコミュニケーションを促進・支援することにある．「位置情報に基づくソーシャル・ネットワーキング LBSN；Location-Based Social Networking」は，LBS 技術に基づき，新しい社会的可能性を提供する（Raubal 2011）．このサービスは，友人や家族の位置を決めるために利用される．このサービスに登録すると，指定された地理的に近い範囲内で，会員の 1 人から連絡が来るという知らせを受ける．これは友人紹介サービスであり，モバイル地図上でコンタクトの場所が表示される．

親は，「子ども移動監視」に，このような LBSN サービスを利用する．子どもの移動に対する遠隔管理は，地理空間の側面での子どもの実際の到達範囲には影響せず，子どもの移動性に関わる自立性に密接な関係を持つことが明らかになっている（Fotel and Thomsen 2004）．

LBSN を利用するならば，「モバイル・ガイド」の機能を拡張できる．ユーザは，友達の居る場所を知るとともに，彼らの時空間内での移動軌跡と推薦する場所を見ることができる．最近では，ツイッターをひとつのソーシャル・ネットワーキングのサービスと見なすことができる．「位置情報付きツイート」を Google マップ上に表示することで，地域での話題を共有することができる．

4) ソーシャル・ポジショニング

人々の位置情報の入手によって，時空間内で人々の行動を自動追跡することができるようになった．LBS 技術のこのような発達は，当然，個人のプライバシーや安全性を含む社会的，法律的，倫理的な諸問題を生むので，以下で改めて論じることにする．「ソーシャル・ポジショニング手法 SPM；Social Positioning Method」は，社会における時空間内での行動を研究するため，人々の位置座標と彼らの社会属性を統合する（Ahas et al. 2007）．SPM は，都市計画，マーケティング，社会参加などの分野において，未来の社会に大きなプラスの効果をもたらすと見られている．この手法で取得したデータとその分析は，都市と郊外間の既存の交通インフラを改善させるため利用できる．また，プロジェクトが社会集団に与える影響や，彼らの時空間パターンの変化を推定することも可能になる．SPM は，観光研究にも応用されており，通常の観光統計よりも高い精度の時空間ツアーの軌跡をもたらした．その結果，国籍ごとにツアー客の典型的ルートが異なることを地図に示すことができた（Ahas et al. 2008）．

5) 位置情報に基づく決定支援サービス

社会の中で LBS が広く受け入れられるにつれて，ユーザは日々のモバイル生活の中で，より良い空間意思決定を行うことを試みる．これを行うためには，ユーザが自分の好みや個性に応じ，空間や場所を自分用に管理する「個人化」（パーソナライゼーション）が鍵となる．「位置情報に基づく決定支援サービス LBDS；Location-Based Decision Service」は，パーソナライズされた空間意思決定支援システム（SDSS）を提供する．このサービスは，目的地や選択肢の魅力度を個人の選好に基づき分析的に評価する「多基準決定分析 MCDA；Multicriteria Decision Analysis」を組み込んでいる（Rinner 2008）．

LBDS のひとつとして，見知らぬ環境の中で，ユーザが現在居る場所と個人的な選好に基づきホテルを探し出す「ホテル案内」の事例を見てみよう．LBDS を受けるため，モバイル端末の対話画面を通じて，MCDA の各ステップがユーザ入力される．選択肢はホテルであり，決定基準は料金，チェックアウト時間などである．すべての選択肢に対し各基準値が標準化されるとともに，基準に対する重要度の加重（ウエイ

ト）が決定される．加重標準化基準値は評価得点へと集計され，各選択肢は順位づけられる．ビジネス客，観光客などに実証実験をしたところ，パーソナライズされたモバイルLBDSは，多基準評価戦略を組み込むことによって，見知らぬ環境の中での人々の決定支援を高めることが明らかになった．

6) プライバシーとセキュリティ

一般に，個人情報の中で「住所情報」の保護は，個人のプライバシーと安全性を確保する上で重要である．まず，プライバシーについて見ると，保護されるべき事柄の要件は，①公表されたことが私生活上の事実または事実らしきことと受け入れられる恐れがあること，②一般人の感受性を基準にして，当該私人の立場に立つとき，公開を欲しないであろうと認められる事柄であること，③一般人にまだ知られていない事柄であることと考えられている．地図により住所が判明し，プライバシー問題に発展した事件として，タレントの自宅所在地の地図と写真を掲載した書籍の出版が挙げられる．タレントの自宅周辺にファンが集まり，私生活の平穏が損なわれたという告訴に対し，私生活上の不利益が発生したと判断され，この書籍の出版・販売をしてはならないとの判決が下された（大場 2008, 121）．

セキュリティの確保では，ストーカーから被害者の身を守るために，住所情報の保護が非常に重要である．住所情報は，市役所からの閲覧や漏洩によって，あるいは，逮捕状執行時の名字と住所市区町村名の読み上げなどにより，ストーカーの手に渡り，殺人事件が起きている．

日本では，2003年に個人情報保護法が施行された．「個人情報」とは，同法第2条第1項によると，"生存する個人に関する情報であって，該当情報に含まれる氏名，生年月日その他の記述等により特定の個人を識別することができるもの（他の情報と容易に照合することができ，それにより特定の個人を識別することができることとなるものを含む）"をいう．国や自治体が保有する個人情報だけでなく，企業などの民間部門が保有する個人情報も保護の対象にしている（堀部 2004）．

2013年6月にJR東日本は，ICカード「Suica」の利用情報を販売開始した．日立製作所が，駅周辺のマーケティング情報として分析し，関連企業にレポートを販売するというビジネスを発表したところ，個人情報保護の観点から問題視する声が各方面から上がり，JR東日本は，データ販売を当面見合わせることになった．JR東日本が販売しようとしているデータは，利用者本人を特定できる形でないので，決して個人情報ではないのだが，社会はここまで過剰に反応するのが現状である．消費者の位置情報を扱う場合，「現在位置情報」のみであると「匿名性」が高いが，経路情報になると自宅や勤務先を特定できる可能性が出てくる．また，現在位置情報と年齢のみでも，離島など限られた地域内であると個人を特定できる（草野 2013）．企業が保有するビッグデータ上の個人情報を企業が利活用する際には，そのルール作りが必要であり，政府もIT総合戦略本部のパーソナルデータに関する検討会で，ルールの整備を進めている．当初2016年に予定していた個人情報保護法の改正を，2015年に前倒しする方針のようである．このルール作りと社会全体のコンセンサスがどのように形成されるかが今後注目される．

地理空間技術とLBSの急速な普及と利用は，個人のプライバシーと安全性の確保について社会の関心を引き起こしている．主要な脅威は，位置情報と個人データとが実時間で統合できることにある．その極端なケースが，「地理奴隷制 geoslavery」へと結びつく．地理奴隷制とは，"ひとつの主体，すなわち所有主が，強制的に，あるいは，こっそりと，ほかの個人，すなわち奴隷の居る場所を監視し，制御を行うこと"と定義されている（Dobson and Fisher 2003）．このような人間の実時間制御は，商用の人間追跡システムを利用すらならば可能となる．今日の職場での位置情報に基づく監視は，このように鎖ではなく携帯端末によって行動を規制する事態が起こるのである．

一般に，技術の利用は正と負の側面を持っているので，顧客へのサービスとプライバシー侵害の間のバランスを保つ必要がある．LBSがユーザにとって十分魅力的な存在で，サービスプロバイダーが適切に個人のプライバシーを保護しているならば，ユーザはプライバシー問題にあまり関心を向けない．個人がプライバシーの侵害と見なすことは，文化の違いによって国ごとに異なり，フィンランドでは，ユーザはサービスプロバイダーへ高い信頼を寄せている．

ユーザのプライバシーと安全性を守るための技術的

測定の研究も進められている．GPS信号の暗号化とアクセスの認可もそのひとつであり，また，「位置プライバシー location privacy」を保護するため，ユーザの位置に関する情報を最小化する難読化アプローチが研究されている．

【引用文献】

井上 修 2009. GISとCADの垣根を超えよう－第5回：業務プロセスからGISとCADを見てみよう. GIS NEXT 30: 76-77.

大場 亨 2008.『統合型GISが行政を変える：地理空間情報活用推進基本法の時代の実務』古今書院.

草野隆史 2013. ビッグデータ. ダイヤモンド 102 (1)：58.

高阪宏行 1991. 空間的決定支援システムの構築に関する一考察. 山本正三編著『首都圏の空間構造』473-478. 二宮書店.

高阪宏行 1996. 知識ベースGISアプローチの可能性. GIS－理論と応用 4 (2)：41-50.

桜井博行 1997.『GIS電子地図革命』東洋経済新報社.

東明佐久良 2008. 施設管理・ライフラインとGIS. 村山祐司・柴崎亮介編『ビジネス・行政のためのGIS』73-85. 朝倉書店.

堀部政男 2004. 個人情報保護制度. 地理情報システム学会編『地理情報科学事典』408-409. 朝倉書店.

Ahas, R., Aasa, A., Silm, S., Aunap, R., Kalle, H. and Mark, U. 2007. Mobile positioning in space-time behavior studies: Social positioning method experiments in Estonia. *Cartography and Geographic Information Science* 34(4): 259-273.

Ahas, R., Aasa, A, Roose, A., Mark, O. and Silm, S. 2008. Evaluating passive mobile positioning data for tourism surveys: An Estonian case study. *Tourism Management* 29: 469-486.

Carver, S., Evans, A., Kingston, R. and Turton, I. 2001. Public participation, GIS, and cyberdemocracy: Evaluating on-line spatial decision support systems. *Environment and Planning B Planning and Design* 28(6): 907-921.

Dobson, J.E. and Fisher, P.F. 2003. Geoslavery. *IEEE Technology and Society Magazine*, Spring: 47-52.

Fotel, T. and Thomsen, T. 2004. The surveillance of children's mobility. *Surveillance and Society* 1(4): 535-554.

Francica, J. R. 2008. Location-based services: practices and products. In *Encyclopedia of GIS*. eds. S. Shekhar and H. Xiong. 623-627, New York: Springer.

Karimi, H. A. 2010. Location-based services. In *Encyclopedia of Geography*: 4. ed. B. Warf. 1794-1796, Los Angeles: Sage.

Kaparthi, P. and Sugumaran, R. 2009. A Web-based agricultural crop condition and yield prediction modeling system using real-time data. Paper presented at the Iowa Geographical Information Council Conference, Waterloo, Iowa.

Malczewski, J. 2010. Spatial decision support system. In *Encyclopedia of Geography*: 5. ed. B. Warf. 2631-2635, Los Angeles: Sage.

Neis, P., Dietze, L. and Zipf, A. 2007. A Web accessibility analysis service based on the OpenLS Route Service. Paper presented at the 10th AGILE International Conference on Geographic Information Science, Aalborg University, Denmark.

Raubal, M. 2011. Cogito ergo mobilis sum: The impact of location-based services on our mobile lives. In *GIS and Society*. eds. T.L. Nyerges, H. Couclelis and R. McMaster. 159-173, London: Sage.

Rinner, C., Raubal, M. and Spigel, B. 2005. User interface design for location-based decision service. Paper presented at 13th International Conference on GeoInformatics, Toronto, Canada.

Rinner, C. 2008. Mobil maps and more - extending location-based services with multi-criteria decision analysis. In *Map-Based Mobile Services*. eds. L. Meng, A. Zipf and S. Winter. 335-352, Berlin: Springer.

Schuurman, N., Leight, M. and Berube, M. 2008. A Web-based graphical user interface for evidence-based decision making for health care allocations in rural areas. *International Journal of Health Geographics* 7: 49.

Sikder, I. U. and Gangopadhyay, A. 2002. Design and implementation of a web-based collaborative spatial decision support system: organizational and managerial implications. *Information Resources Management Journal* 15(4): 33-47.

Sugumaran, R., Meyer, J.C. and Davis, J. 2004. A Web-based environmental decision support system (WEDSS) for environmental planning and watershed management. *Journal of Geographical Systems* 6(3): 307-322.

Sugumaran, R., Ilavajhala, S. and Sugumaran, V. 2007. Development of a web-based intelligent spatial decision support system WEBSDSS: A case study with snow removal operations. In *Emerging spatial information systems and applications*. ed. B.N. Hilton. 184-202, Hershey, PA: Idea Group.

Sugumaran, R. and DeGroote, J. 2011. *Spatial Decision Support Systems: Principles and Practices*. Boca Raton, FL:CRC Press.

Wu, X., Zhang, S. and Goddard, S. 2004. Development of a component-based GIS using GRASS. Paper presented at the FOSS/GRASS Users Conference, Bangkok, Thailand.

【関連文献】

村山祐司・柴崎亮介編 2009.『生活・文化のためのGIS』朝倉書店.

Nyerges, T. L., Couclelis, H. and McMaster, R. eds. 2011. *GIS and Society*. London: Sage.

26
参加型 GIS と社会貢献

26.1 GIS の S の意味

地理空間情報社会という言葉がある．GIS の本来の意味は Geographic Information System の略語で，最後の S の意味はシステム（System）を意味する．しかし，1970 年前後よりシステムとして発展してきた GIS は，やがて 90 年代前半は科学の分野で分析用のツールとして使われるようになり S の意味がサイエンス（Science）に変わったと形容された．2000 年代のインターネット普及期にはウェブサービスとして GIS の技術が応用されるようになったサービス（Service）とその S の意味の主役が 10 年ほどのスパンで変化してきた．2010 年代に入ると，GIS は社会サービスの一部として取り込まれ，誰もが GIS として理解していないとしても，その背後のシステムでは GIS の技術が応用されたサービスが使われる時代となった．冒頭の地理空間情報社会という言葉もこのとき生まれた．S の意味が社会（Society）にも解釈できるようになった．このように学術的な貢献といった直接的な成果ではなく，GIS の技術を誰もが使う時代になったからこそ，GIS の社会貢献もまた 2010 年前後を境に，徐々に専門家のための GIS ではなく，一般市民が社会貢献ツールの 1 つとして当たり前のように GIS を活用して成果を出していく時代へと移り変わってきた．本章では，その具体的な事例の中で，古くから GIS の社会貢献が行われてきた防災・減災を切り口として，時系列で追うとともに，重要なキーワードであるクライシスマッピングについて，深く掘り下げて紹介をする．

26.2 社会貢献としてのクライシスマッピング

1995 年の阪神・淡路大震災では各地で甚大な被害を受けるなか，一部の地域では GIS を活用して瓦礫の撤去申請された箇所の把握などで迅速な被災者支援業務に活かす，社会貢献としての GIS 活用事例が生まれた．1997 年 1 月 2 日に発生したナホトカ号重油流出事故においても，被害分布情報や重油回収情報などを GIS を用いて作成，共有された．それまでの GIS は業務システムとして，または研究者の分析ツールとして使われることが主であり，社会に受け入れられるような一般的なツールではなかったものの，専門家による社会貢献ツールの 1 つの手段として GIS が利用されたきっかけでもあった．

90 年代後半のインターネット技術の普及によって，この GIS の専門性は大きく変わっていった．ウェブを媒体に世界中のエンジニアがソフトウェア開発に気軽に参加できるようになり，Linux を代表とするオープンソース・ソフトウェアが社会に浸透してきた時期である．2000 年代に入ると，GIS もその大きな潮流にのり，2004 年の OpenStreetMap 開始，2005 年の Google Maps/Earth 登場，そして 2006 年の OSGeo 財団設立と，地理空間情報のオープンソース，オープンデータのコミュニティが成長し，専門家ではなくても誰もがその輪に入り，オープンな各種 GIS ツールや API，そしてデータを利用できるようになった．このような背景の中で，クライシスマッピングと呼ばれる活動が社会貢献の手法として取り組まれ始めたきっかけが，2007 年 12 月のケニア大統領選挙後の不正疑惑を発端とする暴動である．当時 31 歳の女性弁護士でブロガー，かつ活動家であったオリ・オコーラ氏が，選挙後の 2008 年国内各地で発生した暴動の様子や被害状況を Google Maps 上に展開し公開した．そして，この成果は Ushahidi と呼ばれるオープンソースのクラウドソーシングツールとして継承され，メキシコ，インドでの選挙活動の監視など，実績を積み重ねながら，背景地図も OpenStreetMap を採用して，世界中に普及していった．クラウドソーシングについては，30 章を参照されたい．

26.3 ハイチ地震での現地活動への貢献

2010年1月12日に発生した，ハイチ地震では様々な要因が重なり，死者約31万人という近年で空前の大規模な地震災害となった．発災直後から事態の深刻さと，ハイチ共和国内に十分な地図情報が存在していないことを認識したOpenStreetMapのボランティアチームを中心に，震源地でもあるハイチの首都ポルトープランス周辺の地図データをインターネット経由で入力をはじめ，道路中心線を含め，避難場所と思われる場所のプロットなどGISデータとして利用できる情報を迅速に作成，公開を開始した．この活動には約1,000名以上の多国籍な有志ボランティアが参加し，現地の救援，復旧，復興活動に必要な細かなデータ粒度を持ったオープンデータライセンスとしてのGISデータが世界中で共有された．特に現地で活動をしていた各国の国際赤十字チームや国連などで利用され，同時並行で立ち上がったハイチ地震対応のUshahidiによる情報共有サイトと合わせて，一般ボランティアによるGISの社会貢献の例としてクライシスマッピングがメディアに大きく取り上げられることとなった．その後，チリ地震，クライストチャーチ地震，アラブの春など，世界各地で発生する自然災害や政治的混乱の中で，現場の状況を空間情報として整理し共有するUshahidiとOpenStreetMapのクライシスマッピング活動は認知度を高め，Crisis Mappersコミュニティ，Ushahidiコミュニティ，Humanitarian OpenStreetMap Team（以下HOT）コミュニティといったグループで相互に補完し合いながら，その活動の幅を広げていくこととなる．

26.4 東日本大震災での取り組み

2011年3月11日，東日本大震災の発災時には，Ushahidiを日本用にアレンジしたsinsai.infoが発災後3時間40分後に立ち上がり，Google社のクライシスレスポンスプロジェクト等と連携しながら，被災地の状況をGISデータとして整理し，配信した（図26-1）．sinsai.infoの活動に参加したボランティアは延べ約1,000名，そのほとんどがGISを専門としない一般の市民であった．また，同時並行で進められたOpenStreetMapによる地図の更新作業も国内外から約1,000人ものマッパーと呼ばれる市民地図編集者がボ

図26-1 東日本大震災直後に活動を開始したsinsai.info
（sinsai.infoのサイト（http://www.sinsai.info/）より）

ランティア参加し，JAXAから提供された衛星だいちの最新画像や国土地理院の空中写真，その他多くの情報を元に津波による浸水エリアの入力，道路の状況などを迅速にインターネット上に公開し，誰でも利用可能にした．このプロセスは，今までのハイチ地震などでのクライシスマッピングの作業フローを踏襲しているため，国際赤十字の救援チームなどに説明不要で，クライシスマッピング活動によって作成された成果として手持ちのハンディGPSへ地図データを転送するなど連携がスムーズに行われた．他方，GISの専門家として防災科学技術研究所による官民協働クラウド型GIS「eコミマップ」による被災地支援において，罹災証明書の発行業務等をサポート，東北地方太平洋沖地震緊急地図作成チーム（EMT）による迅速な主題図作成が霞ヶ関の政府内で行われ，多くのGIS関連学会などでは有志が多くの活動に必要とされるであろうGISデータや幾何補正・ジオリファレンスされた航空写真の配布など，市民サイドと専門家サイドの双方それぞれがGISの社会貢献に大きな成果を残した．

26.5 東日本大震災以降の動き

2011年以降，日本国内においては，2013年の伊豆大島土砂災害，2014年2月の山梨県他東日本豪雪災害，7月の山形県南陽市豪雨災害，8月の兵庫県丹波土砂災害，広島県土砂災害といった大規模な自然災害が発生する度にオンライン上でクライシスマッピング

チームが立ち上がり，東日本大震災での実績から徐々に災害ボランティアセンターとの連携が進みながら被災地の状況確認とその後の復興につながるための地図データの提供をOpenStreetMapプラットフォームを軸に行ってきた．

海外においても2013年10月のフィリピン台風Yolandaによる甚大な被害を，HOTや世界銀行，アジア開発銀行などが協力してクライシスマッピングを主導し，世界中のボランティアマッパーとともに，詳細な被害状況マップを作成，現地の空港では大判ポスターとして大きく貼りだされ，復興支援に貢献した．特にアジア開発銀行はその被害想定にクライシスマッピングで入力された建物データを被災エリアと重畳しカウントすることで被害想定額の算出を行った．また同時に，日本政府が発行した日本語による被害状況マップにおいても，クライシスマッピングの成果が採用され，市民と専門家，そして政府や国際機関といった様々な立場を超えたGISデータの共有と活用が実現している．

26.6 クライシスマッピングの特徴

ここで社会貢献としてのGIS活用である「クライシスマッピング」について改めて整理する．クライシスマッピングとは「自然災害または政治的混乱等で危機的状況となった地域へ詳細で最新の地図情報を提供する」活動のことである．想定されるユーザは現地で人道支援のために活動している各国赤十字や国連などの国際機関，そして国境なき医師団に代表される人道支援NGOや災害ボランティアなどの非営利組織が中心である．この活動には次に示す7つの特徴がある．

(1) 一般市民の参加

ボランティアベースでの地図共有プロジェクトには，MapActionや，CrisisMappers，また企業主体ではGoogle Crisis Responseといった活動もあるが，それぞれが専門家もしくは企業内の非公開型の活動が主流である．しかし，OpenStreetMapという仕組みを活用しながら，緊急時にはクライシスマッピングチームとして活動するHOTは，その多くを非専門家で構成しており，誰でも参加できる公開型のプロジェクトである．同様にUshahidiも，無料アカウントを作ることで誰でもクライシスマッピングサイトのホスティング（サーバ運営）が可能となる．このようなHOTやUshahidiに限らず，クライシスマッピングは分け隔てなく誰でも参加できるオープン性が，より多くの支援者を集め，大量の人的リソースを投入できる点で重要視される．

(2) SNSを活用して交流

インターネット，特にSNSを通じて参加者のコミュニケーションが取りやすくなっている．今までの人的コミュニケーションツールは，防災無線，電話，FAXなどの，1対1もしくは1対複数の情報伝達手法であったが，ウェブ技術を活用することで，各個人がSNS上でゆるいネットワークを構築し，複数対複数の情報交換を可能にしている．草の根組織としての公開型コミュニティには，トップダウン型ではないこのような仕組みが十分に機能し，クライシスマッピングはSNSを中心としたウェブコミュニケーション技術の発展の恩恵を受けながら実現できている．

(3) ジオタギングの普及

SNSやSMSなど簡易な手法でジオタグ（写真やメッセージに付加された位置情報）の付いた現場の情報をマッピングする技術が進化している点も見逃せない．スマートフォンなどのモバイル端末にはほぼGPSやWi-Fi測位などの位置測位技術が実装されており，それらに搭載されているカメラで写真を撮影すると，自動的にその場所の位置情報を写真画像のメタデータとして埋め込むこと（ジオタギング）が出来る．そして，このような写真をSNSなどで共有することで，相手に，いつどこにいたのか正確な情報を伝えられる．

(4) オープンデータ前提

作成されたデータは，オープンデータライセンスとして誰でも許諾不要で自由に利用できる．クライシスマッピングの場合，現場で必要とされるのは地図情報を「迅速」に届けることである．この際に，仮にCopyrightとして個別に著作権を行使すると，個別交渉前提のライセンスとなるため，危機的状況下で利用許諾など細かなライセンスの調整に手間がかかり，実際のデータの提供にタイムロスを生じる．同様に，危機的状況下に，営利活動か非営利活動かを区別することも，Googleをはじめ多くの企業がクライシスマッピングに参加するため判断が難しい．普段より，生成されるデータのライセンスを許諾不要で再配布，二次利用可能なクリエイティブコモンズ（CC BY）のようなオープンデータライセンスにしておくことは，迅速性を活かすクライシスマッピング活動にとって重要な要素である．

（5）データベースとしての付加価値

単なる地図としてだけでなくGISデータとして利用できるよう地物が属性で管理されている．クライシスマッピング活動の成果を利用する立場から考えると単なる地図だけでも十分な場合がある．しかし，現場でのニーズは常に変わる．昨日までは地図だけで十分であったが，今日からはやはりナビが必要である場合や，被害状況の分析用に建物のカウントができないといけないなど，GIS的な分析にも応用できることが，救援活動だけでなく，その後の被災地の復興で必要とされる．しかし，このようなGISデータとしてオープンデータライセンスで提供しているものは世の中に少ない．OpenStreetMapはGISデータとして取り出せる地図データベースとして貴重なプラットフォームの1つである．

（6）モノへの出力

オープンデータライセンスで提供されたGISデータにも弱点がある．それはデジタルデータであるということだ．クライシスマッピングは紙への出力など，最終成果物をデジタルで完結しない工夫が重要である．危機的な状況下のエリアは往々にしてインターネット回線のようなインフラが整っておらず，現場で最先端のツールを使えない場合も多い．もしくはインフラが元々あったものの自然災害などによって破壊されてしまったケースも多々ある．そのようなエリアで活動する現地チームを支援するには，オフライン環境下で利用できる紙地図や，その他モノに変換をするIoT（Internet of Things）技術ノウハウもまた重要となる．実際に大型のプリンタで大判に地図を印刷し人々の集まる場所に張り出すことも効果的であるが（図26-2），A4サイズのレイアウトで災害ボランティアの参加者に配布しても良い．また，FabLabを代表とする市民に開放されたものづくり工房も各地へ広がっている．こういった拠点にある3Dプリンタやレーザーカッターなど最先端の出力ツールを使うことで，クライシスマッピングの成果が実社会に広がっていく．

（7）他分野との協同

無人飛行機やパノラマ技術など，現地でのGISデータ作りに力を発揮するデバイスとその開発コミュニティとの連携強化によって，支援活動の作業効率と利用の幅が広がる．世の中に普及している様々な技術には，当初よりそれぞれにエンジニアを中心とした開発

図26-2 伊豆大島の観光協会に貼りだされたクライシスマッピングの成果
（photo by Noriyuki HAYASHI）

図26-3 Drone Adventuresの活動として実施した福島県での空撮
（ウェブサイト http://droneadventures.org/ より）

コミュニティが存在することが多い．例えば無人飛行機にしても，パノラマ技術にしても，それぞれは純粋な技術勉強会のようなコミュニティであったり，撮影したコンテンツを共有しあうコミュニティであったが，無人飛行機のコミュニティから例えばOpenReliefやDrone Adventuresといった人道支援を目的とした無人飛行機の開発や活用が生まれている（図26-3）．それらは，ウェブを経由して例えばOpenStreetMapの活動とリンクしたり，クライシスマッピングコミュニティとその外側にある，様々な技術コミュニティが相互にネットワークを広げていくことで，今まではアプローチできなかった新しい手法や考え方が，クライシスマッピングのコミュニティから生まれてくることが期待できる．

26.7 市民による参加型 GIS から GeoDesign へ

クライシスマッピングという取り組みを中心に，地理情報社会が市民の手で当たり前のように作られる時代が到来した．言い換えるならば市民の市民による市民のための参加型 GIS が実現したわけであるが，これらのオープンな地理空間情報を市民だけでなく社会に還元する仕組みの一つとして GeoDesign という考え方がある．GeoDesign は従来の環境アセスメントに GIS の要素を加え，ユーザがインタラクティブに景観シミュレーションや空間分析が行えるとともに，利害関係者との合意形成といったコラボレーションにも用いられる新しい地理空間デザイン提案の手法である．これらのプロセスにおいて，従来の行政もしくは民間企業から提供されたクローズドな情報源だけでは成し得なかった，大縮尺で鮮度の高い地理空間情報が，オープンな参加型 GIS の実現によってより現実的となった．

26.8 まとめ

以上，社会貢献に GIS が使われた事例と，その中で一般市民が自らの手で GIS を活用して社会貢献を行うクライシスマッピングという手法について，またその応用例である GeoDesign といった詳細を解説した．本章を記している 2014 年にも西アフリカで流行したエボラ出血熱では現地医療関係者に対して HOT のメンバーを中心にクライシスマッピング活動が行われている（図 26-4）．開発途上国や僻地での人道支援では，正確で詳細な地図情報が現地での活動効率を大幅に向上させるが，商用地図サービスとしてはカバーしきれないエリアのため，社会貢献としての GIS 利用として一般市民によるクライシスマッピングの効果が非常に大きく，それを支えるコミュニティの育成と

図 26-4 Humanitarian OpenStreetMap Team（HOT）のエボラ出血熱クライシスマッピング例（Humanitarian OpenStreetMap Team（HOT）のサイト（http://tasks.hotosm.org/）より）

国際的なネットワークづくりがこれからの GIS の社会貢献の在り方を大きく変えていくかもしれない．

【参考 URL】

Crisis Mappers , CrisisMappers Japan
　　http://crisimappers.net , http://csrisismappers.jp
Drone Adventures
　　http://droneadventures.org
Google Crisis Response
　　http://www.google.org/intl/ja/crisisresponse/
Humanitarian OpenStreetMap Team（HOT）
　　http://hot.openstreetmap.org/
MapAction
　　http://www.mapaction.org
OpenRelief
　　http://openrelief.org/
OpenStreetMap
　　http://openstreetmap.org/
Sinsai.info
　　http://www.sinsai.info/
Tasking Manager by HOT
　　http://tasks.hotosm.org/
Ushahidi
　　http://www.ushahidi.com/

27
空間データの流通と共用

　空間データの整備には，ともすれば多額の費用と手間がかかる．しかし，空間データを再利用することができれば，一回の利用あたりのコストは圧縮できる．しかも空間データはもともと，時空間的なエリアの記憶として，将来にわたり使用される可能性をもつ．従って空間データの流通と共用を支援する仕組みが必要である．ここでは，空間データの流通と共用について，実践の面，技術の面，そして法的な面から解説する．

27.1 空間データ基盤の開発と実践

　「空間データ基盤とは，地球上の現象及び地物の構成や属性を記述する地理情報をまとめるための仕組みである．この基盤は多様なニーズに応えるこのような情報を取得し，処理し，保存し，配布するために必要な資源，技術及び人々から成る．」

　この文は，1994年4月11日，当時アメリカの大統領であったクリントン（William Jefferson Clinton）が出した大統領令12906（Executive Order No. 12906, 1994）にある．この大統領令は，地理空間情報の共用をめざして，2001年までに国土空間データ基盤（NSDI: National Spatial Data Infrastructure）を整備することを指示している．これはインターネットの発達を踏まえ，共用可能な情報基盤の整備を目的とするが，政府部内の情報投資の多重性を抑制する狙いもあった．

　人類はその歴史の中で，膨大な空間データを作成してきた．その形態の多くは近年まで紙を媒体とする地図であったが，情報システムの発展と共に電子媒体を使った空間データが加速度的に増加している．一方で，独自の仕様で作られた空間データを使用するには，フォーマット変換をするソフトが必要になり，例えばOSGeo財団が管理しているGDAL / OGRのように，ラスタ，ベクタを問わず多様なデータフォーマットの変換が可能なオープンソースのライブラリが開発されている（森ほか2011）．このライブラリでは，例えばベクタフォーマットについては，ESRI Shape, ArcSDE, MapInfo, GML, KML, PostGIS, Oracle Spatial等の単純な幾何データ型（Simple Feature Model）がサポートされている．

　ところで，空間データは大きく2種類に分かれると考えられる．それは公的なデータと私的なデータである．国や自治体等が法律や規則に基づいて作成し運用するのが公的なデータであり，民間企業，NPO，そして個人のレベルで作成するデータが私的なデータである．その中で特に公的なデータは，それぞれの組織が作成し，利用し，保存し，廃棄するのが原則であったが，公共財としてその所在を公開し，必要とする人々ができるだけ簡単に利用できるようにする工夫を考える事は意義のあることと言える．また，似たような情報整備を行って二重投資を起こさないようにすることも考えるべきである．そのような観点で，Webを利用して，空間データの所在を公開し，共用できるようにする空間データ基盤のアイデアは，世界中にインパクトを与えた．

　一方日本では，1974年から開始された国土数値情報整備を嚆矢として，1980年代から国，地方自治体，そしてライフラインを預かる公益企業を中心として都市計画支援システムや施設管理システムの開発や運用が発展しており，デジタルマッピングのフォーマットが制定され，多くの自治体が道路，上下水，固定資産の管理，都市計画，消防，そして警察のための業務支援システムを開発・運用していた．また，電力，電話も含む地下埋設物管理と道路工事の相互調整を目的とする道路管理センターが創設されていた（坂内ほか1992）．さらに，1995年1月17日に起きた阪神淡路大震災の復旧復興に地理情報が有用との認識が広まり，政府にGIS関係省庁連絡会議が設立され，地理情報の整備と共用のための事業が活発化した．

　長い間に整備されてきた空間データはそれぞれ独

表 27-1 国内の地理情報関連規格（2013年10月現在）

規格番号	規格名称
JISX7105	地理情報－適合性及び試験
JISX7107	地理情報－空間スキーマ
JISX7108	地理情報－時間スキーマ
JISX7109	地理情報－応用スキーマのための規則
JISX7110	地理情報－地物カタログ化法
JISX7111	地理情報－座標による空間参照
JISX7112	地理情報－地理識別子による空間参照
JISX7113	地理情報－品質原理
JISX7114	地理情報－品質評価手順
JISX7115	地理情報－メタデータ
JISX7123	地理情報－被覆の幾何及び関数のためのスキーマ
JISX7136	地理情報－地理マーク付け言語（GML）
JISX7155	地理情報－場所識別子（PI）アーキテクチャ
JISX7197	地理情報－SVGに基づく地図の表現及びサービス
JISX7198	地理情報メタデータのためのJISX0806応用プロファイル

自の形式で保存されているので，その流通を促進するためには，利用者が望む形式に変換するためのソフトウェアがあると便利である．そのようなソフトウェアのフリーでオープンなライブラリとして，例えばGDAL/OGRがある．このようなソフトウェアライブラリを使用することによって，レガシーなデータを自らのGISに取り込み，使用することが可能になる．しかし複数のデータ形式が乱立すると，使用するたびに変換を余儀なくされるので，データ利用者にとっては好ましいことではない．またデータ提供者にとっても利用数が低下する原因となるので，好ましいことではない．この問題については，汎用的なデータ交換標準があれば，変換の手間は簡略化できるはずである．こうした考えから，1980年代に，欧米において地理情報標準を作成する動きが出てきた．地理情報標準とは，「地球上の場所に，直接又は間接に関連するオブジェクト又は現象に関する情報のための，体系的な標準の集まり」のことである（www.isotc211.org）．この標準の整備に当たって，日本では国土地理院が中心となり，1994年に国際標準化機構（ISO: International Organization of Standardization）の中に設けられた，地理情報標準の審議を行う専門委員会ISO/TC 211-Geographic Informationに，投票権をもつメンバーとして参加し，ワーキンググループのコンビナー（議長）やプロジェクトチームのチーダを派遣すると共に，各種のプロジェクトに積極的に参加してきた．ここで審議された規格はISO 19100シリーズと呼ばれている．国内には測量調査技術協会の中にISO/TC 211国内委員会が設けられ，日本情報経済社会推進協会（JIPDEC）なども協力し，日本から国際会議に代表団を派遣し，日本発の標準の実現や，提出された標準案の評価，コメントの提出などを通じて国際標準化に貢献している（太田2013a）．

日本政府は，ISOで制定された規格は，原則として国内規格として日本工業規格（JIS）にする．地理情報標準もJIS X 7100シリーズとして，国際規格に対応する国内の規格化が進められ，2013年10月の時点で表27-1に示すようなJIS規格が存在する．ただし，表の中で，JIS X 7197およびX 7198は，日本独自の規格である．

国内外のこれらの動きは，地理情報の流通や共用を促し，1) メタデータ規格を利用する，地理情報クリアリングハウスないし地理情報カタログといった地理情報検索・提供サイトの整備，2) WMS, KMLといった規格を使用する，地図画像や簡易的な空間データの交換の拡大，3) CityGMLのような3次元都市モデルのスキーマを使用した，空間データベースの構築と応用が実現している．以下，これらについて簡単に紹介する．

(1) 地理情報検索・提供サイトの整備

空間データ基盤は，地理情報の流通と共用を促すために構築されるが，それは具体的には地理情報クリアリングハウスもしくは地理情報カタログといった形で実現する．ここでクリアリングハウスとは，元々は，物物交換の場を指す言葉だったようであるが，空間データを説明するデータである「メタデータ」を索引として使い，自分が欲するデータを検索できるようにするWeb上に設けられた図書館のような仕組みである．図書館の場合は本を貸し出すが，クリアリングハウスの場合は，地理情報の入手が目的となる．ただし，入手には，様々な条件が設定されているのが普通であり，無償かつ自由な使用が全てについて可能になるわけではない．

さて，メタデータは「データについてのデータ（data about data）」と定義される．日本ではISO 19115 – Metadataに基づいて，JIS X 7115 地理情報－メタデータが制定されている．メタデータの記載項目は多岐にわたるので，国土地理院はその一部を取り出して作ったJMP（Japan Metadata Profile）の使用を推奨している．ここでプロファイルとは，ある目的に沿って作られる

規格のサブセットのことである．JMP は，日本で最低限必要になるメタデータ標準という意味になる．

(2) 簡易的な空間データ交換の拡大

4章で解説したが，空間データは一般地物モデル（GFM）に準拠する応用スキーマで定義する地物や関連の型をとるインスタンスを，インスタンスモデルに従って記述し，交換する，というのが ISO/TC 211 で制定している地理情報標準のアイデアである．しかし，GIS の普及と共に古くから整備され，保存されているレガシーデータ（legacy data）の多くは，当然ながらこの考えに基づいて作られているわけではない．また単純な応用のために，簡易的なデータ交換を望む声もある．このような状況を踏まえて，簡易的な情報交換を行う標準が用意され，その利用が拡大している．その典型例が WMS と KML である．

WMS は Web Map Service の略称で，地図のイメージや画像の交換を行うためのプロトコルである．もともとはアメリカの企業を中心として発足し，今日では国際的な非政府組織になった OGC（Open Geospatial Consortium）が提案した標準（これを OpenGIS: Open Geodata Interoperability Specification ということがある）であり，交換される画像は，ピクセル単位の画面座標と地上の座標系との変換を可能にするパラメータをもつので，Web を通じて画像を取得し，それを，他の地図と重ねて画面に表示することが可能になる．WMS は OGC からの提案を受けて，ISO/TC 211 規格 ISO 19128:2005 Geographic information - Web map server interface になっている．

KML は，もともと Keyhole Markup Language の略称で，Google 社が買収した Keyhole 社で開発された，XML（eXtensible Markup Language）形式の空間データ記述標準である．Google Earth や Google Maps で表示できる描画要素（目印，画像，3次元を含む幾何図形など）を記述することができる．この標準は現在 OGC の標準になっている．XML は，個々の目的のためにマークアップ（タグともいう）を作成するための規則であり，その規則に従って記述されるデータは，XML 文書といわれる．その仕様は W3C によって策定され，現在は ISO 規格になっている．

(3) 3次元都市モデルの構築と応用

GML（Geography Markup Language）という規格がある．これももともとは OGC 内部で検討されて来た標準であるが，OGC の GML 3.1.1 をベースにして ISO/TC 211 内で審議が行われ，関連する ISO 規格との整合性確保を行った後，ISO 19136:2007 Geographic information -- Geography Markup Language（GML）として ISO 規格になっている．一方 OGC は，この ISO 規格をそのまま GML 3.2.1 として，OGC 標準にしている．この規格は，空間スキーマ，時間スキーマ，空間参照系，地理識別子など，ISO/TC 211 が整備してきた基本的なスキーマを引用し，一般地物モデルに忠実に地物インスタンスを XML 文書として記述するための規格であり，メタモデルは XML Schema で記述されている．この規格を使用してそれぞれの分野の応用スキーマを作成し，データセットを作成することによって，ISO/TC 211 や OGC の意図に沿ったデータ交換が可能になる．

これまで，GML を使用した応用スキーマがいくつか開発されて来ているが，その例としてここでは OGC の中で検討されて標準化された CityGML 2.0 を取り上げる．この応用スキーマは 3 次元の仮想都市モデルを記述するために開発された．その記述を行うために 5 つの詳細度（LOD : Level Of Detail）を設けている．それは，以下の通りである．

LOD0: 2.5 次元の数値地形モデル．2.5 次元とは，平面に投影しても重なりができない面という意味．
LOD1: 単純な箱形の建物モデル
LOD2: 建物の個別の形状を表現できるモデル
LOD3: 建築物の詳細な再現が可能なモデル．ドアや窓を含む壁と屋根の詳細な形状が記述できる．
LOD4: LOD3 に加え，室内の構造も記述できるモデル．

このようなことを可能にするために，CityGML では以下のような地物のスキーマが規定されている．つまり，

- 数値地形モデル（TIN, ラスタ, ランダムポイント等）
- 建物（本体とその部品，隣の建物との接触関係，境界面，開口部等）
- トンネル（本体とその部品，外部との接触関係，境界面，開口部，内部等）
- 橋梁（本体とその部品，構造部品と配置，外部との接触関係，境界面，開口部，内部等）
- 水体（本体，境界面等）
- 交通施設（道路，鉄道，広場等の本体とその複合

- 植生（植生オブジェクト，独立樹等）
- 都市ファーニチャ
- 土地利用
- その他

である．ただし，CityGML の標準化審議に参加したメンバーはほとんどドイツ，オーストリアなどヨーロッパの人々である．従って，この応用スキーマが無修正で日本に適用可能かどうかについては，詳細な検討が求められる．とはいうものの，ドイツの複数の都市，例えばベルリン，シュトゥットガルト，ケルン，ミュンヘン，フランクフルトなどでこの標準を使った空間データ整備が行われ，都市計画や交通計画などの応用システム開発が行われている事実は無視できないであろう（Kolbe 2009）．

なお 2020 年現在，日本においても国土交通省が中心となって，CityGML を使用した 3 次元都市モデルの構築と応用が推進されている（https://www.mlit.go.jp/plateau/3dcitymodel/）．

27.2 流通と共用のための空間データ

上の節でも述べたが，ISO/TC 211 や OGC の標準に則って交換されるデータは XML 文書の形式をとることが多い．これは，XML が自由にデータの形式を定義でき，複雑な構造も記述できることが理由である．一方で，データが冗長になりがちであり，簡易なデータ交換には向かないと指摘する向きもある．例えば KML が普及しているのも，そこに理由がある．しかし汎用性という意味で，両者の隔たりは大きい．言い換えれば，GML 程複雑ではないが，応用スキーマをある程度自由に作って，XML 文書の実装が可能な方式があるとよい．

ここでは，4 章で紹介した応用スキーマとインスタンスモデルに準拠した XML 文書の記述について解説する．読者は XML による情報交換のイメージをもった上で，自分はどのようなデータを作成し，交換するかを，考えてほしい．そのためにまず，この節で使用する応用スキーマを紹介する．次に，そのスキーマを使用し，インスタンスモデルに準拠する XML 文書の例を示して，内容を解説する．

図 27-1 に示す応用スキーマは，道路と建物及び，両者の関連を示している．道路と建物は人工の構造物

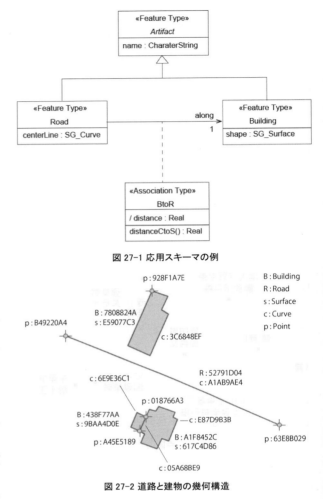

図 27-1 応用スキーマの例

図 27-2 道路と建物の幾何構造

であり，抽象クラス Artifact の属性 name を継承する．抽象クラスはインスタンスを持たないクラスなので，データセットには Artifact は出現しない．建物は形状を属性（SG_Surface）とし，道路は中心線を属性（SG_Curve）とする．関連 RtoB は道路と建物の間の距離 distance を属性とするが，それは，道路の中心線と建物の形状を引数として操作 distanceCtoS を使って求める派生属性であり，直接属性値を与えたり，変更したりすることは許されない．この応用スキーマを使用し，インスタンスモデルに従って作成された XML 形式のデータセットの例を付録に示す．図 27-2 を参照しながら，見ていただきたい．なお，この XML 文書は，筆者が開発している地理情報技術（GIT）の教育支援ソフト（gittok）で使用している規則を使って試作したものを更に単純化して，示している（太田 2013b）．

27.3 空間データの流通・共用と法制度

アメリカでは大統領令が始まりとなって，NSDI が整備されて来たことはすでに述べた．欧州では，ヨーロッパ連合（EU）が空間データ基盤構想を検討し，INSIRE Directive と呼ばれる法令をヨーロッパ議会が 2007 年に採択し，これに従って加盟国ごとに法整備を行って，それぞれの NSDI を整備している．INSPIRE は Infrastructure for Spatial Information in the European Community，つまり「ヨーロッパ共同体の空間情報基盤」の略であり，Directive の第 1 条第 2 項で，「Inspire は加盟国によって確立され運用される空間情報基盤の上に構築される．」としている．また第 3 条第 1 項において，「空間情報基盤は，メタデータ，空間データセット及び空間データサービス，ネットワークサービス及び関連技術，共用のための協定，検索と利用並びにその仕組みの運用とモニタリング，そしてこの法令に応じて利用可能となる処理や手続きを意味する．」としている（European commission 2007）．

この法令は加盟国にそれぞれの法律整備を促す機能をもっている．例えばオランダ政府は，住宅空間計画環境省（The Minister of Housing, Spatial Planning and the Environment）が設けた地理情報委員会が GIDEON と称する指針（policy document）を，2008 年 4 月に公開し，2011 年までにオランダの国土空間情報基盤を実装する計画を示している．そして，Geonovum と呼ばれる財団法人が 2007 年に設立され，地理情報委員会の方針の基で行政内部の空間データアクセスの向上を行い，必要な標準の整備を行っている．そして目標とする 2011 年には以下のことを実現するとした．

1. 行政及び民間組織はどの場所の情報でも検索し，利用できるようにする．
2. 行政が供給する地理情報の経済価値を向上させ，それを使ったビジネスを可能にする．
3. 政府は業務上必要となるいかなる場所の情報でも，入手し利用できるようにする．
4. 政府，民間，大学及び研究機関はキーとなる施設の開発と拡張に密接な協力関係を築く．

Geonovum は National Georegister と称する空間情報クリアリングハウスを運営しており，多くのデータが直接ダウンロードできるとしている（Zeeuw 2012）．

さて，日本は，ヨーロッパと同じく 2007 年に地理空間情報活用推進基本法を制定し，地理空間情報の活用の推進に関する施策の基本となる事項を定め，地理空間情報の活用の推進に関する施策の，総合的かつ計画的な推進を目指すことになった．本章でもすでに述べたが，国土地理院は地理情報クリアリングハウスを設営し，地理情報へのアクセス可能性を向上させているし，関係する省庁は独自に地理空間情報やそのアプリケーションの整備を行っている．最近自然災害が頻発し，その規模も大きくなっているが，対策，復旧・復興に必要となる地理情報の整備と利用の可能性は，着実に向上している．

ところで今日，地理空間情報の共用の促進とともに，ソフトウェアやデータの著作権や所有権のあり方が議論されている．日本には知的財産法という法律はないが（井上 2004），地図は創作性を有する著作物として著作権法の保護対象になっている．一方で網羅的に収集したデータベースのデータには創作性がないと考え，個々のデータについては保護の対象になっていない．そのような状況下，著作権自体の見直しが行われている．例えばクリエイティブコモンズという国際的な非営利組織は，インターネット時代のための新しい著作権を検討し，著作権者が，著作物の利用制限を自ら緩和する，もしくは自由な使用を許すことを可能にする方法を，クリエイティブ・コモンズ・ライセンス（http://creativecommons.jp/licenses/）として提示している．地理空間データは，上でも述べたように著作物として扱うことは困難であるが，地理情報システムに含まれる解説などは著作物と考えられ，その公開性を高めることによって，システムの発展が加速化される可能性がある．

情報システムの主たる構成要素であるプログラムについても，無償にするなどして公開性を高めて，複数の人間が開発と改良に関わることを可能にする仕組みが提案され，広く普及している．例えば GNU はもともと UNIX 互換のソフトウェア環境を全てフリーソフトで実装することを目標とする，フリーソフトウェア財団によってサポートされているプロジェクトとして 1984 年に開始されたが，GNU General Public License（GPL）（http://www.gnu.org/licenses/licenses.ja.html）など，ソフトを開発した人がそれをフリーソフトとして公開する場合に利用者に付与するライセンスを提示し，その普及を推進している．このような試みは GNU 以

外にもマサチューセッツ工科大学を起源とするMITライセンスや，カリフォルニア大学バークレー校を起源とするBSDライセンスなどがある．その結果QGISなど，現在多くのフリーなオープンソースGIS（FOSS4G: Free Open Source Software for Geospatial）が開発され，普及している．従って今日，知的財産権を強く主張する立場もあるものの，知的財産の自由な使用を許す時代になりつつあると言えよう．

なお，プライバシーの問題も法制度に関係する重要な事項であるが，この点については25.3.4項を参照されたい．

【引用文献】

Executive Order No. 12906, 1994. *Coordinating Geographic Data Acquisition and Access: The National Spatial Data Infrastructure*. Federal Register, 59-71, 17671-17674. http://www.archives.gov/federal-register/executive-orders/pdf/12906.pdf

European Commission, 2007. *Inspire directive*, http://inspire.jrc.ec.europa.eu/.

Kolbe, T.H., 2009. Representing and Exchanging 3D City Models with CityGML. 3D Geo-Information Sciences, Chapter 2, pp. 15-31, Springer.

Zeeuw, K., 2012, *Country Report of The Netherlands*, http://ggim.un.org/country%20reports.html.

井上由里子 2004．知的財産法．地理情報システム学会編『地理情報科学事典』朝倉書店．pp.410-411．

太田守重 2013a．地理情報標準がひらく地理空間情報の未来．先端測量技術 No.105，公益財団法人日本測量調査技術協会．

太田守重 2013b．GIS教育支援ツール（gittok）の開発．地理情報システム学会第22回年次大会講演論文集（CD-ROM）．

坂内正夫・角本繁・太田守重・林秀美 1992．『コンピュータマッピング』昭晃堂．

森亮・植村哲士・朝日孝輔 2011．『FOSS4G HANDBOOK』開発社．

【関連文献】

Google, KML チュートリアル

　https://developers.google.com/kml/documentation/kml_tut?hl=ja.

ISO. ISO 19128:2005 Geographic information -- Web map server interface.

OGC. CityGML 2.0

　http://www.opengeospatial.org/standards/citygml

国土地理院，JPGIS基盤となる規格

　http://www.gsi.go.jp/GIS/jpgis-standards.html.

内閣官房．地理情報システム（GIS）関係省庁連絡会議の設置について

　http://www.cas.go.jp/jp/seisaku/gis/konkyo.html.

日本工業標準調査会 2012．『JIS X 7136:2012 地理情報－地理マーク付け言語（GML）』日本規格協会．

付録：図27-2の応用スキーマに準拠するXML文書の記述例

```
<Dataset applicationSchemaURL="appTestSchema.aps">
   データセット全体のルートタグ．準拠する応用スキーマが指定されている．
   <affineParam>
      <AffineParam coefficient="-0.000331772,0.485875,-0.4842589,0.0004581052,-32813.0898,-8762.2967"/>
   </affineParam>
      スクリーン座標から地上の平面直角座標への変換パラメータ．このXML文書に含まれる座標は平面直角座標である．
   <featureSetArray>
      <FeatureSet type="Building"><features idref="A1F8452C,438F77AA,7808824A"/></FeatureSet>
        建物のインスタンス集合．3つの建物が含まれる．
      <FeatureSet type="Road"><features idref="52791D04"/></FeatureSet>
        道路のインスタンス集合．1つの道路が含まれる．
   </featureSetArray>
   <associationSetArray>
      <AssociationSet type="RtoB"><associations idref="EE37363D,07E02327"/></AssociationSet>
        関連のインスタンス集合．2つの関連が含まれる．
   </associationSetArray>
   <pointList>
     <SG_Point>
       <inheritance>
         <SG_Primitive id="63E8B029" featureID="" attributeName=""/>
       </inheritance>
       <position><Coordinate component="-33122.272,-8432.289" dimension="2"/></position>
       <getIn idref="A1AB9AE4"/>
     </SG_Point>
        点の記述．1つの曲線の終点になっている．
```

```xml
<SG_Point>
  <inheritance>
    <SG_Primitive id="928F1A7E" featureID="" attributeName=""/></inheritance>
  </inheritance>
  <position><Coordinate component="-33048.522,-8499.215" dimension="2"/></position>
  <getIn idref="3C6848EF"/>
  <goOut idref="3C6848EF"/>
</SG_Point>
```
点の記述．1つの曲線の終点，1つの曲線の始点になっている．
```xml
<SG_Point>
  <inheritance>
    <SG_Primitive id="A45E5189" featureID="" attributeName=""/></inheritance>
  </inheritance>
  <position><Coordinate component="-33125.224,-8506.066" dimension="2"/></position>
  <getIn idref="05A68BE9-3B5A,6E9E36C1,E87D9B3B"/>
```
点の記述．3つの曲線の終点になっている．
```xml
</SG_Point>
<SG_Point>
  <inheritance>
    <SG_Primitive id="B49220A4" featureID="" attributeName=""/>
  </inheritance>
  <position><Coordinate component="-33072.704,-8544.767" dimension="2"/></position>
  <goOut idref="A1AB9AE4"/>
</SG_Point>
```
点の記述．1つの曲線の始点になっている．
```xml
<SG_Point>
  <inheritance>
    <SG_Primitive id="018766A3" featureID="" attributeName=""/>
  </inheritance>
  <position><Coordinate component="-33117.163,-8502.697" dimension="2"/></position>
  <goOut idref="05A68BE9,6E9E36C1,E87D9B3B"/>
</SG_Point>
```
点の記述．3つの曲線の始点になっている．
```xml
</pointList>
<curveList>
<SG_Curve>
  <inheritance>
    <SG_Primitive id="E87D9B3B" featureID="" attributeName=""/>
  </inheritance>
  <start idref="018766A3"/><end idref="A45E5189"/>
  <shape>
    <CoordinateArray element="-33112.806,-8500.879,-33113.849,-8497.501,-33111.260,-8495.949,
                              -33114.631,-8487.395,-33117.488,-8488.436,-33118.772,-8486.103,
                              -33130.658,-8490.756,-33129.372,-8494.377,-33134.794,-8496.971,
                              -33131.689,-8505.526,-33126.775,-8503.465" dimension="2"/>
  </shape>
  <extend idref="50AA2B06"/>
</SG_Curve>
```
曲線の記述．始点，終点は異なり，11点の中間点をもつ．1つの有向曲線に使われている．
```xml
<SG_Curve>
  <inheritance>
    <SG_Primitive id="05A68BE9" featureID="" attributeName=""/>
  </inheritance>
  <start idref="018766A3"/><end idref="A45E5189"/>
  <extend idref="815B1A67,3677447B"/>
</SG_Curve>
```
曲線の記述．始点，終点は異なり，2つの有向曲線に使われ，2つの接する曲面がこの線を共有する．
```xml
<SG_Curve>
```

```
    <inheritance>
      <SG_Primitive id="A1AB9AE4" featureID="52791D04" attributeName="centerLine"/>
    </inheritance>
    <start idref="B49220A4"/><end idref="63E8B029"/>
    <shape>
      <CoordinateArray element="-33093.440,-8494.678,-33105.347,-8467.701" dimension="2"/>
    </shape>
  </SG_Curve>
    曲線の記述．道路の中心線（centerLine）属性になっている．始点，終点は異なり，2点の中間点をもつ．
  <SG_Curve>
    <inheritance>
      <SG_Primitive id="6E9E36C1" featureID="" attributeName=""/>
    </inheritance>
    <start idref="018766A3"/><end idref="A45E5189"/>
    <shape>
      <CoordinateArray element="-33114.618,-8507.364,-33122.896,-8510.733" dimension="2"/>
    </shape>
    <extend idref="AA8E9EC0"/>
  </SG_Curve>
    曲線の記述．始点，終点は異なる．1つの有向曲線に使われている．
  <SG_Curve>
    <inheritance>
      <SG_Primitive id="3C6848EF" featureID="" attributeName=""/>
    </inheritance>
    <start idref="928F1A7E"/><end idref="928F1A7E"/>
    <shape>
      <CoordinateArray element="-33051.578,-8490.831,-33058.792,-8494.201,-33061.143,-8490.555,
                                -33083.606,-8500.397,-33078.174,-8512.063" dimension="2"/>
    </shape>
    <extend idref="F4556316"/>
  </SG_Curve>
    曲線の記述．始点，終点が一致する閉曲線．1つの有向曲線に使われ，5つの中間点をもつ．
</curveList>
<surfaceList>
  <SG_Surface>
    <inheritance>
      <SG_Primitive id="E59077C3" featureID="7808824A" attributeName="shape"/>
    </inheritance>
    <exterior idref="D2AE786B"/>
  </SG_Surface>
    曲面の記述．建物の形状（shape）属性．
  <SG_Surface>
    <inheritance>
      <SG_Primitive id="9BAA4D0E" featureID="438F77AA" attributeName="shape"/>
    </inheritance>
    <exterior idref="B180CC5C"/>
  </SG_Surface>
    曲面の記述．建物の形状（shape）属性．
  <SG_Surface>
    <inheritance>
      <SG_Primitive id="617C4D86" featureID="A1F8452C" attributeName="shape"/>
    </inheritance>
    <exterior idref="F81CA6FE"/>
  </SG_Surface>
    曲面の記述．建物の形状（shape）属性．
</surfaceList>
<complexList/>
<orientableCurveList>
```

```xml
    <SG_OrientableCurve id="F4556316" orientation="true"><original idref="3C6848EF"/>
    </SG_OrientableCurve>
    <SG_OrientableCurve id="50AA2B06" orientation="true"><original idref="E87D9B3B"/>
    </SG_OrientableCurve>
    <SG_OrientableCurve id="815B1A67" orientation="true"><original idref="05A68BE9"/>
    </SG_OrientableCurve>
    <SG_OrientableCurve id="3677447B" orientation="false"><original idref="05A68BE9"/>
    </SG_OrientableCurve>
    <SG_OrientableCurve id="AA8E9EC0" orientation="false"><original idref="6E9E36C1"/>
    </SG_OrientableCurve>
  </orientableCurveList>
```
有向曲線の集合．815B1A67 および 3677447B は，もとの曲線は同じで，正反の方向で使われているので，もとの線は 2 つ曲面が共有する線であることが分かる．
```xml
  <ringList>
    <SG_Ring id="D2AE786B"><element idref="F4556316"/></SG_Ring>
    <SG_Ring id="B180CC5C"><element idref="AA8E9EC0,815B1A67"/></SG_Ring>
    <SG_Ring id="F81CA6FE"><element idref="50AA2B06,3677447B"/></SG_Ring>
  </ringList>
```
曲面の外周を構成する輪の集合．建物の外周を作る．
```xml
  <featureList>
    <Feature id="438F77AA" typeID="8861BD48">
      <shape idref="9BAA4D0E"/>
      <connects/><connectedBy/>
    </Feature>
```
建物のインスタンス．
```xml
    <Feature id="7808824A" typeID="8861BD48" name="Post Office">
      <shape idref="E59077C3"/>
      <connects/><connectedBy idref="EE37363D"/>
    </Feature>
```
建物のインスタンス．名前は Post Office．別の地物の関連先になっている．
```xml
    <Feature id="A1F8452C" typeID="8861BD48" name="Zenkoku Ji">
      <shape idref="617C4D86"/>
      <connects/><connectedBy idref="07E02327"/>
    </Feature>
```
建物のインスタンス．名前は Zenkoku Ji．別の建物の関連先になっている．
```xml
    <Feature id="52791D04" typeID="C60F93E0" name="Kagurazaka">
      <centerLine idref="A1A39AE4"/>
      <connects idref="EE37363D,07E02327"/><connectedBy/>
    </Feature>
```
道路のインスタンス．名前は Kagurazaka．2 つの関連の関連元になっている．
```xml
  </featureList>
  <associationList>
    <Association id="EE37363D" typeID="C45EE88F" distance="6.899">
      <relateFrom idref="52791D04"/><relateTo idref="7808824A"/>
    </Association>
```
道路から建物につなぐ，関連インスタンス．道路から建物までの距離は 6.899m．この値は，操作によって求められた．このことは応用スキーマ（図 1）をみれば分かる．
```xml
    <Association id="07E02327" typeID="C45EE88F" distance="16.44576275360491">
      <relateFrom idref="52791D04"/><relateTo idref="A1F8452C"/>
    </Association>
```
道路から建物につなぐ，関連インスタンス．道路から建物までの距離は 6.899m．この値は，操作によって求められた．このことは応用スキーマ（図 1）をみれば分かる．
```xml
  </associationList>
</Dataset>
```

28
組織における GIS の導入と運用

　パソコンやスマートフォンを用いて個人が無料の地図情報サービスを利用することと異なり，組織としてGISを利用するためには，十分な計画の下で情報システムの1つとしてGISを構築することが必要となる．従って，GISの導入に際しては，情報システム導入と同様の手順が必要となるが，本章ではGIS特有の留意点を中心に紹介することとし，一般的な情報システム構築については，ソフトウェア工学の教科書を参考にして頂きたい．

　また，GISに関わる組織についても，地図そのものを扱う業務が，民間と自治体とでは大きく異なることから，その組織の位置づけも異なる．民間は地図を用いた業務を地図情報の業務に置き換えるため地図情報を購入し，不足する地図情報を作成し利用するが，民間企業の業態によって利用方法も大きく異なる．例えば，電力会社とチェーン販売とでは全く異なる．自治体では，自らの地域に関する地図作成に関わる業務も多く，さらに，その地図を利用する業務も多岐にわたっている．一方，それぞれの自治体間では類似する業務が非常に多い．これらの事を考慮し，本章で扱う内容として，自治体におけるGIS導入，運用について紹介する．

28.1 導入に向けた計画づくり

　自治体におけるGIS導入の目的は，(1)地図を扱う業務の効率化，高度化，(2)情報の地図表現による庁内の情報共有による効率化，高度化，(3)さらに庁外の隣接市町村や県，国との情報共有による効率化，高度化，(4)地域内住民との情報共有による効率化，高度化が挙げられる．効率化は，その処理時間の短縮として計測することができる．高度化は，内容の正確性を高めることによる手戻りや誤りの削減，全体把握による全体の意思疎通程度，計画策定時における試行錯誤の品質などを評価することにより計測される．

　GISに関連する部署は多くの部門にまたがることから，このような内容を実現させるための計画づくりには，横断的な推進体制を整えることが必要である．横断的な推進体制は，計画するGISの範囲によって異なり，特定の設備に関する業務の効率化を優先させるならば，関係する部門を限定し体制を設けることとなる．例えば道路に関する業務に限定して，GISにより効率化を図るGISを導入する事を考えるならば，土木部門だけの推進体制が考えられる．このような例として，従来から作成される地図を中心に，道路分野，上水道分野，下水道分野，固定資産税分野，都市計画分野でGISが導入されており，後述する統合型GISに対して「個別型GIS」と呼ばれることがある．このような個別型GISの体制は，行政の縦割りの性質を利用して，比較的容易に迅速に意思決定できる体制を構築することができる．

　一方，都市計画図の流通を中心に，自治体全体でGISの導入計画づくりをすることが増えている．そもそもは，複数の個別型GISを導入した自治体の中で，共通する地図情報を統合することにより，自治体全体のGISに関わる費用を削減し，さらに今までGISに関係してこなかった教育分野，福祉分野といった市民生活に身近な部門も巻き込み，GISの高度活用を実現させようとしたものであった．総務省では，検討が先行していた岐阜県の取組を参考に，2001年に統合型地理情報システム全体指針を作成し，更に統合型GIS推進指針（2008年改定）として全国の自治体に向けて自治体全体でのGIS利用推進の指針を作成すると同時に，交付税措置をし，推進を図った．

　この庁内横断的組織は，それぞれの自治体の置かれている状況に合わせて，参加する部門を設定し，あるいは徐々に拡大できる研究会として設置されるものである．この推進組織には，検討結果を自治体内でオーソライズできるように，トップに近い人を会長とする

組織を設置すべきである．置かれている状況に合わせ，初歩的な団体であれば，まず外部から講師を招きGISに関する基礎的な知識を参加者間で共有することから始め，次いで，自治体内で保有している地図，あるいは地図情報に関する調査を行う．個別型GISを導入した実績を持つある程度認識が深まっている団体では，各課の持つ情報の共通な情報についての検討を深め，後述する統合型GISの指針に示された，共用空間データの検討を行う．推進体制となる研究会では，①技術的な内容の検討と，②各課との調整を行う活動とがあり，研究会の中に部会を設置して，検討の原案を作成する．このような研究会の活動をスムーズに実施するためには，①を考慮して技術部門を中心とする場合と②を考慮して企画部門や情報政策担当部門が中心となって活動する場合とが想定される．

研究会で検討した結果は，導入に向けた計画案として取りまとめる．内容は，GISの目標，対象範囲を示し，対象業務を絞り込む．対象業務の処理の流れ，使用する情報，出力される情報などを整理し，GISとして備えるべき機能を示すことと，GISを用いて実現することを示す．次いで計画案では必要となる費用の積算とスケジュールを作成する．これらの案に基づき，研究会では，①他の情報政策とのスケジュール等の整合性の検討，②予算の妥当性の検討，③法的な問題の検討，④将来の拡張性の検討，⑤人材育成の検討などを行う．この計画案を自治体の情報化政策を決める会に提案し，自治体の政策として実現を図る．

このような計画書の例として，熊本市統合型GIS基盤整備方針（2013）を紹介する．これは，以下の5章から構成されている．まず「第1章 熊本市を取り巻く状況」として，庁内アンケート，国の取組を紹介．「第2章 統合型GIS及び地理空間情報に関する基本的方針」として，基本方針，利用範囲を紹介．「第3章 地理空間情報の定義」として，共用空間データ，個別空間データを紹介．「第4章 調達に関する方針」として，システム調達，空間データの調達，整備計画（スケジュール），システム構成要素を紹介．最後に「第5章 運用に関する方針」として，運用方針，情報セキュリティ，運用計画を紹介したものとなっている．なお，庁内でオーソライズするためには，予算計画が必須である．

28.2 GISの設計，実装

GIS導入の計画がオーソライズされると，GISの設計段階に入る．GISの導入の成否は，前節の計画と本節の設計とで決まる．本節の設計とは，業務の処理フローに基づく，ソフトウェア機能の設計とデータの設計，及び処理の流れに合わせたユーザインタフェースの設計をいう．設計段階では，計画書で示されたおおよそのスケジュールを細分化し，詳細な工程表を作ることとなる．自治体におけるGISの導入は，既に多くの自治体で導入されていることから，通常はプロトタイプを見ながらカスタマイズする手法が取られており，他団体で構築された事例に基づき，当該自治体のサンプルデータを用いて，処理の流れ，機能，ユーザインタフェースなどを確認しながら作成し，この方法に基づく詳細な工程表を作る．

これまでの設計手法では，従来の業務内容や出力図を全く変更なく再現させることが目標とされてきたが，GISの場合はデータ整備の負担が大きいため，データの重複を減らし，効率的な管理方法に変更することが求められる．従って，地図表示・印刷アプリケーションではなく，むしろデータベース設計の考え方（9章参照）が求められ，業務に用いられるデータコードの統一やデータ管理方法の検討が重要となる．

データベース機能としてのGIS機能の代表的な特徴は，空間論理演算（11章参照）であろう．例えば，点データと面データとの空間論理演算では，面図形に対する点の包含関係を計算し，面の内部の点の数，面の外側の点の数を求めることができる．同様に面と線とでは，面と重なる区間延長を求めることができる．さらに面と面とでは，両方の面の重なった部分，片方のみの部分，重ならない部分の面積を求めることや，属性をコピーすることが可能になる．

業務の流れに合わせたデータ処理内容の整理には，4章で記されるように，現実の社会にあるモノをデータとして記述するためのモデル化という工程が重要となる．同じモノ（例えば，建物）がこれまでの業務の中で違った形で表現されていることがあり，これを同じものとして再定義して記述する必要がある．その際，従来の業務で扱われてきたコードと新しく定義するコードとの対応関係を整理することが必要となる点も注意が必要である．

処理の流れは，一般的情報システムの開発手法としてGISの対象とする処理内容を，フェーズ（工程），アクティビティ（ひとかたまりの複数の処理），タスク（1つの処理）に分け，UMLのような言語を使って記述する．

GISは，同じように図面を扱うCADのような個別アプリケーションとは異なり，自治体全体の情報ネットワーク上に常駐し，既存のシステムのデータを取り込み，情報を入出力するシステムとして位置づけられるものであることから，情報システムの全体的なプライバシーポリシー（利用者の権限設定）と整合性を持ったものとして定めて置くことも重要である．

設計書に基づき実装する部分は，プログラミングと呼ばれる工程になる．現在のプログラミングは，使うハードウェア環境，OS環境に合わせて幾何図形を扱うライブラリー（ソフトウェア開発キット）を利用して，特定の言語を使って効率的に書く（コーディング）ことが行われている．この工程は，GIS特有のものは少なく，一般的な情報システムと同様の手順で実装する事となる．単純な処理であれば，既存のライブラリーを用いて直ちに表示させることができ，それを見ながら修正していくことができるようになった．また，特定業務の特別な処理についても，演算処理内容が設計書として明らかになっていれば，プロトタイプを作り，テストを繰り返し完成させる事となる．

28.3 地理空間情報データの整備

GISで扱うデータ概念（4章参照）の中に，レイヤ概念と呼ばれる考え方がある．レイヤは，同じような幾何形状を持ち，統一の概念でくくられるデータセットをレイヤと呼ぶもので，例えば点の幾何形状で公共施設の位置を表すレイヤや面の幾何形状で建物を表すレイヤなどが定義される．レイヤを利用することにより，1枚の紙地図で描かれる内容をその内容ごとに複数のレイヤとして定義することができ，その際レイヤ毎に精度を定義することにより，複数の精度をもつも

表28-1 代表的な主題図の種類と関係法令（出典：都市計画ガイドライン 国土交通省 H17）

図面の名称	所管部署	規程縮尺	関係法令
都市計画基本図	都市計画部門	1/2,500以上	・都市計画法第14条の2 ・都市計画法施行規則 第9条
地番図	固定資産部門	1/1,000以上	・地方税法第380条第2項 ・固定資産現況調査標準仕様書 （平成13年3月 財団法人資産評価システム研究センター）
道路台帳平面図	道路管理部門	1/1,000以上	・道路法第28条 ・道路法施行規則第2条，第3条
下水道台帳平面図	下水道部門	1/600以上	・下水道法第23条 ・下水道法施行規則第20条

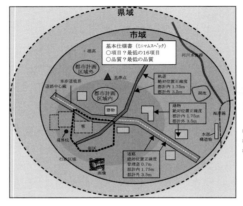

図28-1 統合型GISにおける共用空間データ

のを1枚の地図として扱うことができることを示している．また，業務毎に必要となる内容を持つレイヤを組み合わせて利用することにより，共通に利用できるレイヤと個々の業務で必要となるレイヤを分離することができ，共通に利用できるレイヤを増やすことができる．

自治体全体でGISを共同で利用する統合型GISの整備には，対象とする業務が広く及ぶため，総務省の統合型GIS指針では，地図情報の整備についての考え方を整理して示している．特に業務に対応した，法定図書と呼ばれるいくつかの図面（表28-1）についての扱いは，これまで統一することが難しく重複して整備されることとなっていた．しかし，この法定図書の内容は，紙で作られた地図を基に作られており，上記のレイヤ概念を用いることにより柔軟に解釈できる．具体的には，個々の法定図書が求める幾何学的形状の位置精度を整理し，16項目のレイヤとして個々のデータセットを定義し，図28-1に示すように，統合型GISにおける共用空間データとして定義し示した．ここで示す項目は最低限のものであり，それぞれの自治体毎に，データ項目を追加するなどして，自治体に

図 28-2 共用空間データ調達の流れイメージ

おける共通する基盤としての空間データを定義することを想定している.

総務省統合型 GIS 推進指針（2008）では，図 28-2 のように共用空間データ調達の流れを示しており，要求品質をまとめ，国土地理院による地理情報標準（JPGIS）第 2 版で示される製品仕様書として記述する．この仕様書の品質を持つものであれば，既存の地図情報を活用しても，新たな技術を活用して安価に作成しても良い．このようなフローで，共用空間データを調達することができるようになると，業務担当課による当該業務のためのみの地図情報の発注が，自治体内で流通することもできる品質を持つものとして，その内容を製品仕様書として作成し調達することで，担当課だけではなく，全体を見る企画部門から調達することも可能となる．

地図情報の整備コストを削減させる工夫として，総務省統合型 GIS 推進指針（2008）ではデータ調達の一括整備と段階整備の考え方が示されている．一括整備は，データ整備のスケールメリットや，重複整備の解消によるデータ整備費用の削減効果が大きいという点で優れている．また発注窓口が統一されていれば，調達仕様書作成のノウハウを蓄積させることができ，より安価によりよい品質の空間データ調達が容易になる．その一方で，初期費用や，一度に必要となる経費が大きくなるため，予算確保が困難になる可能性や，担当課との調整に手間取る可能性も高くなる．従って，自治体の置かれた状況に応じ，柔軟に対応する段階的整備が考えられる．その際には，計画段階で，データ拡張に関するインタフェースを用意しておくことが重要である．

さらに，画像データ，既存の GIS のデータや民間データ，台帳の活用についても，以下のように紹介されている．「画像データの活用については，背景となる航空写真や衛星画像等の画像データを組み合わせる方法が効率的である．画像データは，共用空間データを背景として利用する業務に広く活用することが可能であり，他のデータ整備レベルが必ずしも十分でなくても，安価で効果的に統合型 GIS を開始することができる」．「庁内に既に導入している GIS がある場合，共通インタフェースの活用や，そのデータのフォーマット変換，構造変換等を行い，既存の GIS データを統合型 GIS においても有効に活用する」．「民間事業者の有するデータや市販のデータ，国の提供するデータなど，既に流通しているデータを活用することにより，データ整備の際の費用を抑えることが可能である．流通しているデータを利用する際は，著作権，使用ライセンス，二次加工，公開といった権利に関する検討が必要である．国の提供するデータの中には，無償・二次利用可能なデータも存在し，住民サービス等公開用のデータとして利用が可能である」．「地方公共団体では，様々な情報が台帳として整備されているが，この中には，市販地図に塗色やメモ記述をしているものや，住所や地区名などが記述されているものがある．このように台帳データに位置情報を追記したデータは，共用空間データとして利用が可能である．この他に，アドレスマッチングにより機械的に位置情報を追記する方法により，庁内で共用することが可能となる」

単一自治体にとどまらず，より広域で連携することにより一括整備の効果をさらに大きくすることが可能である．但し，段階整備に示した一括整備の課題は，より大きくなる．そのため，これまで各地で進められている広域連携の場面では，都道府県が主体的に参加し，広域のデータ品質，形式等の統一，役割分担を図り計画的に推進している．地域の置かれた状況に応じて役割分担されており，都市計画区域を持つ市区町村は，その範囲内を整備し，都市計画区域外を都道府県が整備するといった例がある．また，航空写真については，都道府県が一括して負担し，他のデータを，市区町村がその必要性に合わせて負担するといった例も見られる．あるいは，市区町村の集まった組織に都道府県が参加し整備を進めている例も見られる．このような広域の整備は，単に整備コストが下がるだけでなく，防災を始めとした広域の行政サービスや，民間活動との連携などの広域の共通の地理空間プラットフォームとしての効果が大きい．

28.4 GISの運用，人材育成

　GISの運用は，GISの導入に際して設置された研究会を発展させた運用組織が重要な役割を果たす．総務省統合型GIS推進指針（2008）では，運用組織として果たす役割を，「空間データ整備の重複排除をはじめとして，住民サービスの向上や庁内の業務効率化・高度化，地域の課題解決に資するよう，常により良い方向を目指した運用・更新を行っていくことが求められる」として示している．そのために(1)共用空間データのみならず，個別空間データ等についても，確実に，かつ効率的に更新されること，(2)導入されたGISに関する利用者からの評価を取りまとめ，データ，システムの拡張，変更を検討すること，(3)地方公共団体の職員が，日常利用するソフトウェアとして統合型GISを十分に使いこなせるよう，研修やサポートを行うこと，(4)統合型GISを利用した業務支援の方法を周知することが必要である．（個別業務に直結する個別型GISは，操作が定型的であり，操作マニュアルで対応可能である）

　データ更新については，「共用空間データ16項目は，地物の変化の頻度から，建物，道路（付随して変化する地物として道路中心点，車歩道境界），筆のように「頻繁に変化がある地物」，行政区域，街区，軌道，河川水涯線，水部構造物，湖池，海岸線，標高のように「あまり変化のない地物」，基準点，境界杭のように「位置正確度の基準となる地物」，参照用及びデータ更新の資料となる「画像」の4種類に分類される．頻繁に変化がある項目は，各業務の個別型GISや業務支援システムと連携して，申請，届出，調査，工事等により変更が発生した時点で更新できる仕組み（電子申請など）にすることが望まれる」．これらの項目ごと，あるいは4種類ごとに，更新のルールを定め，各課の担当者と連携して更新する．また，更新された情報については，メタデータを作成し，それぞれのデータがどの時点のどのような品質のデータかを検索できるような状態にしておくことが重要である．

　共用空間データの更新作業について，総務省統合型GIS推進指針（2008）では，以下のように記されている．「①庁内各課の役割分担については，地物データの更新に関して，共用空間データ管理部署が一括して行う場合と，データ関連部署（それぞれの地物に関するデータが入手できる部署）がそれぞれ行う場合があり，データ関連部署が日常更新を行い，共用空間データ管理部署が一括更新を行う方法」を示している．「②共用空間データへの各種情報の追加，登録ルールについては，地物データの登録，共用することが可能な行政情報の登録に関する手順の明確化が必要となる．日常更新の周期（地物データ入手時に即時更新，1日1回更新，1週間に1回更新等），行政情報の共用についてのルールづくり（登録権限等），日常更新を行う手順（地物の変化情報の共用空間データへの入力，共用空間データへの反映，共用空間データ管理部署への報告等日常更新の完了までの手続）等必要な事項を明確化する．③共用空間データからの情報の削除は，庁内の部署において利用されていないことを確認した上で行う必要があり，共用空間データ管理部署が一括して行うか，データ関連部署が個別に他部署に確認して行うかを，予め決めておくことが必要である」．「④バックアップルールについては，バックアップの周期，バックアップの対象，バックアップしたデータの保管期間，バックアップデータの管理方法を定めることが必要となる．バックアップデータの管理部署については，共用空間データ管理部署が行うことが効率的と考えられる．また，セキュリティレベルが高い箇所への保管，本庁舎以外の庁舎への保管等，リスクの分散化も考慮することが重要である」．

　運用段階におけるシステム評価については，計画どおり運用されているか，要求どおり機能しているか，十分な応答性があり使いやすいか，データベースの項目，内容は必要十分か，マニュアルは使いやすいか，サポート体制は機能しているか等について，利用者からアンケートを募り，システムの評価を行う．これを，システム開発ベンダーとの定期協議の資料としてまとめ，システム改善要求として活用する．一方でGISを取り巻く変化についても絶えず変化しており，外部から講師を呼び，社会の変化に対応したシステムの在り方を検討し，次のGIS計画の資料とする．

　人材育成については，①空間的思考（3章参照）とGISで記されるGISの基本的な可能性を理解し，GISを用いてさまざまな地域課題に対応する考え方を身につける事と，②GISを操作して必要な結果を得ることができることの2つに分けられる．受講する人材も，GIS担当として指名された者は，②のスキルを身につ

28.5 地域課題の解決に向けて

自治体内でGISの横断的な利用が進むことで，地図情報の管理や検索といった単純な使い方から，徐々に地域課題に対応した複雑なテーマに対して，各課が保有する情報をGISで表現し，互いの情報の関係を試行錯誤しながら検討することで，原因や影響を推定するといった状況が生まれ，政策に反映させる時が来るであろう．

行政情報を管理する立場からは，庁内の利用と庁外の利用環境は区別されるが，政府が進めるオープンガバメント，オープンデータの考え方から，自治体の保有する空間データを積極的に公開し，住民レベル，民間レベルで活用しようという動きが活発化している．鯖江市では「データシティ鯖江」（http://data.city.sabae.lg.jp/）として，自治体の保有する情報（統計情報，施設情報，観光情報，議会関係，文化関係，地図，つつじバス，その他）をXML形式で提供すると同時に，オープンデータで作成したアプリケーションの紹介，市民向けデータ利用講習を実施している．

このような社会全体の動きは，地域の課題解決を行政主体で行うことから，少しずつ地域の住民主体の活動に移行させる時の道具として活用する可能性を開いている．そこで，組織的な対応が求められる，地域課題の解決にむけた住民との協働について取り扱うこととする．最も早くから検討が進んでいる防災分野では，自助，共助，公助という考え方が提案されているとおり，行政による対策では不十分であることが理解され，特に共助の必要性が認識されるようになった．防災訓練においては住民レベルの備え，行政だけでなく住民も参加した訓練が実施されている．GISを活用した事例としては，東日本大震災の復興に際して，逃げ地図というGISを活用した避難路の図上訓練が行われ，住民による避難場所の検討が始まっている．これによる効果が認識されれば，現在各地で行われているDIG（Disaster Imaging Game）と呼ばれる図上演習の方法に採用され拡がっていくことであろう．

防災以外の分野での住民との協働に使う場合の課題を示しておきたい．住民レベルでツイッター等のSNSの利用が拡がり，住民による情報発信に対するハードルは下がったように見えるが，このような人が地域の課題解決の主体として期待できるのだろうか．

図28-3 GIS活用人材育成紹介サイト（国土交通省ホームページ）

けることは必須であるが，①のスキルは，担当者だけではなく，自治体職員の全員の考え方として身につけるべき内容である．上位の立場になればなるほど，より複雑で難易度の高い判断力を求められる業務に対応しなければならないが，GISの持つ情報の可視化機能により，対象の地域課題に対する状況の全体像を把握し，総合的判断を支援することができる．また上位の者がこのような使い方を十分理解していれば，その下に居る担当者として，活動しやすくなるであろう．

具体的なGIS人材育成プログラムの進め方は，図28-3に示す国土交通省で実施されてきた事例が参考になる．プログラムの構成は，1日コースと2日コースの2本立てで，1日コースは，2日コース全体を圧縮し，特に演習の部分を減らした構成になっているが，①オリエンテーション，②制度的課題，③活用事例の紹介，④事例を使ったグループ・ディスカッション（ケース法），⑤空間データを活用した演習，⑥ラップアップである．このうち①～③が座学，④～⑥がグループワークで行われる．座学も参加者に対して質問を投げかけ，絶えず考えさせる内容となっている．また，⑤の演習も操作を学ぶのではなく，地域課題を設定して，環境デザインと呼ばれる手法でモデル化し，TAの助けを借りて結果を発表する．このプログラムを通して，空間データの特徴と，その加工方法を体験することで，これまでGISが対象としてこなかった業務の可能性や，GISを利用して横断的に情報を共有するメリットを体感してもらうことを意図している．

これまで，WebGISを利用して情報を発信する仕組みは，2005年のGoogle Earthの提供以来，これまであちこちで構築されてきたが，長続きしたものは少ない．最初に行われたのが「はてな」による地図情報サービスであろう．その後，Yahoo!による地図情報サービス，Googleによる利用者参加の地図情報サービスが行われている．これらのサービスは，テーマを設定して関心をもつ一般の人が写真付き情報を投稿し，その結果を見るものである．対象範囲は，日本全国であり，テーマにもよるが，テーマ毎に投稿数は数百程度である．この数値は大きそうに見えるが，同じ人の投稿があり，また日本全国が対象だとすると非常に少ない．

もう1つの全国的な取り組み例は，総務省の研究会で取り上げた地域SNSの取り組みである．地域SNSの標準的な機能に地図情報付き，地域住民が，地図情報に投稿することができるものであり，一時，自治体毎に多数のサイトが立ち上がった．一般的な地域SNSの使い方は，地域内で活動する人が，地域の住民向けに情報を発信するもので，フリーマーケットの案内や，子育てスクールの案内など，ミニコミ誌に代わる地域ビジネスの広報手段として用いられた．その一方で，自治体の地域情報化の手段として位置づけられていることから，自治体からのお知らせなどにも用いられた．この地域SNSも開始から5年程度経つと，自治体側から，どの程度の利用者がいるのかという観点からのチェックが入り，人数が少ない事を理由に自治体からの支援が打ち切られ，サイトが閉鎖される例が増えている．

このような事例から見られるように，一般の住民がWebGISに情報を書き込むことは，自然な態度ではなく，心理的なハードルがあることが想定される．改めて，一般の住民が，ツイッターで情報発信するシーンと，WebGISを利用する利用シーンを比較してみると，ツイッターを利用するシーンは，頭に浮かぶ言葉をそのまま発信することができるが，WebGISに発信するシーンでは，一旦情報と場所とを結びつけることが求められ，このように簡単に発信することができない．さらに，自分の居場所を発信することによる個人情報を出す怖さがあり，ますます，場所付きの情報を出すことが困難になる．

しかし，スマートフォンの普及に伴い，無意識に場所情報付きデジカメ画像を簡単に作成することがで

図28-4 地域課題解決のための社会技術（出典：堀井秀之（2004））

きるようになった．この画像情報をSNS等により情報発信することが日常的に行われるようになり，この画像情報を取り込んで自動的に地図上に配置するWebGISであれば，写真整理の感覚で心理的ハードル無く利用することができるであろう．地域の課題解決に向けて，住民と行政とが協働してWebGISを使う使い方とは，このような状態になることであろう．

このような技術的イノベーションが起こることを前提に，地域課題の解決にGISを使う意味についてまとめておきたい．住民にとって最も身近に感じるテーマは，安全・安心に係る内容であろう．防犯であり，交通安全であり，事故や犯罪が起こったあとは行政の仕事であるが，予防を行なう主体は，住民であり，住民が主体的に活動しなければ予防は成り立たない．地域課題の解決に向けては図28-4に示す社会技術の考え方が有効である．堀井（2004）によれば，問題解決に向けた社会技術は，現状の把握に基づき関係者間の情報の共有が行われ，共有された課題の認識に基づき対策を立てるサイクルを回すことにより解決を図る方法である．注意すべき点は，課題の共有が不十分であれば，そこから得られる対策も効果をあげられないという点である．GISは，その可視化機能により，関係者間で，この現状の把握と課題の情報共有に効果的な道具となる．さらに，写真や動画を利用した現状の把握は，写真や動画を地図上に配置することにより，一層効果的である．

このような考え方に基づき，東京都豊島区朋有小学校で親子通学路点検を実施した例を紹介する．まず，生徒全員にアンケートを実施し，その結果に基づき危険と思う場所を図28-5に示すように地図上に整理して表す．この結果に基づき，多くの生徒，父兄が危険と感じる図上のA～Jの場所について，何故危険か

図 28-5 親子登校通学路点検結果（2012 豊島区朋有小学校）

がわかる1分程度の動画をPTAが手分けして撮影した．全員の情報共有を図るために，多くのPTA，教職員が集まるワークショップを開催し，この地図，動画を見て交通安全の課題を話し合うことで5つの課題を共有した．5つの課題は，ハード（信号）の内容から意識の内容まであり，解決に向けては，すぐにできることから，時間のかかる内容があることを理解できた．今後は，個々の課題に対する対策に向けてそれぞれ話し合いが行われる．参加者からは，自分の子どもの行動は知っていたが，全体の様子を見て話し合いができたことは，とても良かったと評価して頂いた．

この例では，途中から作業はすべてPTAが主体となって実施することができたが，これは，①楽しいこと，②作業が難しくないこと，③特に動画撮影をやってみると，課題が何かがよくわかること，④ワークショップで情報共有が十分できることが挙げられる．このような地域の課題解決といったテーマは，これまで自治体主体で進められてきたが，自治体主体による限界は明らかで，どのように住民主体に変えていくかが課題となっているが，豊島区の事例で示したような特徴を持つ取組みにより，住民主体で関係者の協働による取組みが可能である．ただし，住民が簡単にGISを使える環境の整備や内容に応じた表現の工夫はとても重要で，多くの事例の積み重ねが必要である．

【引用文献】

熊本市 2013. 熊本市統合型 GIS 基盤整備方針
　http://toshi.hinokuni-net.jp/GIS/01honbun.pdf
国土交通省 GIS 活用人材育成プログラム教材
　http://www.mlit.go.jp/kokudoseisaku/gis/gis/gis_kyoku_text.html
総務省 2008. 統合型 GIS 推進指針
　http://warp.ndl.go.jp/info:ndljp/pid/283520/www.soumu.go.jp/s-news/2008/080305_2_bt1.html
堀井秀之 2004.『問題解決のための「社会技術」』中公新書．

【関連文献】

今井 修 2009. GIS の計画・設計，導入と運用．柴崎亮介・村山祐司編『GIS の技術』朝倉書店．

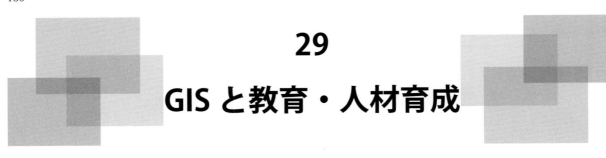

29
GIS と教育・人材育成

　私たちの生活は，カーナビやウェブ上での地図と合わせた情報検索など，GIS を活用したサービスにあふれている．こうした GIS の社会への浸透が実現された背景には，スマートフォンやインターネットの普及に伴う GIS を用いたアプリケーションや空間データの無償ないしは安価による提供という世界的なトレンドに加え，日本では「地理空間情報活用推進基本法」(2007年)の施行など，国が主導してきた GIS の活用促進のための環境整備がある．そして現在の残る課題は，GIS や地理空間情報を活用できる人材の育成であると言われている．

　本章では，GIS をめぐる教育と，GIS を活用できる人材育成の取り組みについて説明をする．

29.1 学校教育と GIS

　私たちは子どもの頃からの教育を通じて，地図の読み解き方のルールを学び，活用する経験を経ることにより，GIS を利用し，様々な場面で応用できるようになっている．つまり，私たちが GIS を活用したサービスを使えるのは，これまで受けてきた教育の結果といっても過言でない．本節では誰もが受ける学校教育と GIS について見ていこう．

29.1.1 学習指導要領と GIS

　学校教育は，初等教育，中等教育，高等教育と大きく分けることができる．特に初等中等教育，つまり小学校，中学校，高等学校で行われる教育は，国民が等しく身につけるべき知識，能力，技能の育成を目的とし，その教育内容は，文部科学省が告示する学習指導要領に基づいている．すなわち，学習指導要領に含まれる内容は，学校で実施する教育活動に反映しなければならない．このように，教育現場に大きな影響をもたらす学習指導要領に GIS が含まれるようになったのは，それほど古いことではない．

　GIS に関する記述が最初に登場したのは，1999 年告示の高等学校学習指導要領解説・地理歴史編（文部省 1999）である．ここで，それまで言及されていた「地図と統計の活用」から一歩踏み込んで，「地理情報システム (GIS) などで得られる新しい時代の地理情報に関心を持たせたりする」と明記された．その GIS という言葉の導入には，1995 年 1 月に発生した阪神・淡路大震災後に GIS の有用性が理解されたことが背景にあった．当時は，学習指導要領本文でなく，解説での言及だったこと，そして GIS のソフトウェアやデータが高価であったこともあり，ごく一部の学校を除き，授業で導入されることはほとんどなかった．しかし，解説に取り上げられた結果，高等学校の地理の教科書において，GIS についての記述が含まれるようになった．

　それから 10 年後，2009 年の高等学校学習指導要領の地理 A，地理 B の本文において「地理情報システムなどの活用を工夫すること」が明記された．こうした学習指導要領の本文での言及は，実際の授業での GIS の活用が求められることを意味する．さらに，中学校学習指導要領解説・社会編（文部科学省 2008）でも，コンピュータの積極的活用と合わせて GIS が言及された．したがって，今後は高等学校の地理の授業で GIS が導入されるだけでなく，中学校の段階での GIS 活用が期待される．同時に，小学校における GIS 活用の基礎となる地図を読み解くスキルの習得がこれまで以上に求められることになるだろう．

29.1.2 初等中等教育と GIS

　初等中等教育段階における GIS に関連する教育は，GIS の活用の基礎となる地図を読み解き，作成するといった地図のリテラシーとスキルをはぐくむ教育，GIS を活用する教育（教育 GIS）と，GIS そのものを学ぶ教育（GIS 教育）に分けて考えられる．

　小学校では，第 3 学年から地理教育を含む教科として「社会」が登場する．社会科は，第 3 学年から第 5 学年までが地理的内容が中心であり，第 4 学年からは

地図帳も配布され，地図を読み，作成する経験を積んでいく．このように，初等教育は地図を読解，作成といった地図の基礎的なリテラシーとスキルを身に付ける，将来のGISの活用にとっても重要な時期である．そして，社会科の授業における身の回りの地域の調べ学習，総合的な学習の時間において扱われることの多い環境教育や，遠足・修学旅行等の準備において，インターネット上で地図サービスを活用するという形でGISを活用した授業も行われている．

中学校においては，利用推進が言われる社会科のみならず，理科，技術家庭，総合的学習の時間においてもGISの利用が想定される．特に総合的な学習の時間や特別活動においては，地域の調べ学習や環境問題に加え，地域防災に関する内容でのGISの活用事例がみられる．このように，中学校においては，GISを教育で活用する教育GISが中心となる．

高校学校では，地理Aおよび地理BにGISそのものについて学ぶGIS教育の要素が含まれる．同時に，地理に限らず，公民，地学，家庭，情報，総合的な学習の時間といった他の教科でのGIS活用の報告がある．特に総合的な学習の時間では，より広域を対象とした調査や，環境問題や防災学習において空間データを使用してGISにより成果をまとめるといった利用が期待されているだけでなく実践校による事例も蓄積されてきている．

29.1.3 初等中等教育でのGIS活用における問題点とこれから

2009年告示の高等学校学習指導要領にGISが含まれたことで，2013年度以降，地理の授業ではGISを活用しなければならなくなった．それ以前の学校現場におけるGISの活用はGISに関心があり，知識やスキルもすでに持つ限られた教員たちによるものが中心であった．

かつてはGISソフトウェアやデータが高額だったことがGISがなかなか教育現場に浸透しなかった理由と考えられていたが，ソフトウェアについては，MANDARAやカシミール3D，地図太郎，Google Earthなどの費用面でも入手しやすく学校現場のニーズに合ったものが開発され，普及してきた上に，データについても国土地理院をはじめとして様々な機関や組織が無償で提供するようになるなど，状況は改善している．しかし，依然として学校現場でのGISの活用に

表29-1 日本の小中高等学校におけるコンピュータの設置状況及びインターネット接続状況の実態（2013年3月）

	学校数	教育用コンピュータ総台数	教育用コンピュータ1台あたりの児童・生徒数	インターネット接続率（光ファイバ回線）	インターネット接続率（30Mbps以上回線）
小学校	20,791	890,349	7.5	76.1%	74.8%
中学校	9,762	502,379	6.5	76.2%	76.2%
高等学校	3,683	474,706	5.1	90.8%	76.1%

（文部科学省2013より作成）

図29-1 公立小学校のコンピュータ室の様子（2010年）
この学校では，デスクトップパソコンが並べられているコンピュータ室を，全学年で共有している．

困難が伴う背景には，学校のコンピュータを取り巻く環境と教員養成を担う高等教育での教育内容があると思われる．

GISの利活用は，コンピュータの利用が前提となる．日本全国の小学校・中学校・高等学校におけるコンピュータ，インターネット環境の整備は，2000年代に入り急速に進んだ．平成25年3月の段階で，小中校で7割以上，高校で9割以上が高速インターネット回線に接続しており，コンピュータ1台あたりの生徒数は，小学校で7.5人，中学校で6.5人，高等学校では5.1人となっている（表29-1，文部科学省2013）．この数字だけ見れば，学校でのGISの導入は可能であり，生徒たちも自分でGISを操作してみることが可能のようにみえる．しかし，現状として学校のコンピュータ環境は厳しいものがある．

一般的に学校に整備されたコンピュータの多くは，学校全体で共有されたコンピュータ室にある（図29-1）．こうしたコンピュータ室は，他のクラスとの兼ね合いもあり，利用は年間でも限られた回数となる．また，コンピュータも安全面から厳重に管理されている場合が多く，GISのソフトウェアを導入できない場合もある．さらに，予算が限られていることから，古いコンピュータを使い続けている学校も多い．そうなる

と，GIS ソフトがインストールされていたとしても，立ち上げと処理に時間がかかり作業が進まないなどの問題が起こる．つまり，学校によっては，既存のコンピュータ環境で GIS を導入することや，生徒全員が GIS を実際に使いながら授業を受けるということは，大きな挑戦だったのである．

こうした学校におけるコンピュータ環境の問題はしばらく続くだろうが，解消のきざしもある．文部科学省は 2011 年に「教育の情報化ビジョン」を発表した．そこには，2020 年度までに「一人一台の情報端末による教育の本格展開」と明記されている（文部科学省 2011）．この情報端末，いわゆるタブレット端末を生徒たちが各自で使うようになれば，簡単に授業で GIS を活用できるようになるかもしれない．さらに指で操作するタブレット端末は，これまでのパソコンで操作する GIS とは異なる形の学びをもたらすであろうし，あらゆる学年で活用されることで，社会科に限らず様々な教科で，地図のリテラシーを育て，GIS を活用していく重要なツールとなることも期待されるようになるだろう．

GIS を用いた授業実践には，教員自身の知識やスキル，経験が必要となるが，現在の現場の教員たちの多くは，学生時代に GIS の教育を受けていないという問題がある．これは，GIS 教育の歴史と，大学で履修した科目の教育内容と関連している．

大学で GIS 教育が行われるようになったのは，1990 年代後半以降とまだ歴史が浅い．したがって，地理学を専攻していなかった教員が大学で GIS を学べなかっただけでなく，地理学専攻だった場合であっても，ある世代以上の教員は学生時代に GIS に触れることはなかった．そして GIS が社会に浸透しつつある現在でも，地理学専攻でない教員志望の学生が教職科目の授業で GIS を学び使う機会は極めて少ないと思われる．今後，現役教員が自信をもって授業で GIS を活用できるようになるためのサポートに加え，GIS の活用を視野に入れた大学における教員養成科目の教育内容の統一的な基準の検討がさらに重要となるであろう．

無償や安価な GIS ソフトウェアやデータの入手方法から，それらの操作方法，授業での活用方法など，教員向けの支援はこれまでも各所で行われてきた．例えば，地理情報システム学会（GIS 学会）の「初等中等教育における GIS を活用した授業に係る優良事例表彰」や教育 GIS フォーラムといった組織や企業によって GIS を活用した授業実践例を蓄積されており，その多くはウェブ上で公開されている．また，GIS を授業で活用するためのヒントが書かれた書籍も出版されている（章末の関連書籍を参照）．近年では，国土交通省が前述の地理空間情報活用推進基本法と新しい学習指導要領を背景として，「初等中等教員向け地理情報システム（GIS）研修プログラム」を展開し，ワークショップの開催や教材を提供している．このように学校現場での GIS 活用に向けた教員に対する支援は広がりつつあると言えよう．

29.1.4 高等教育と GIS

GIS は様々な学術分野で活用されていることもあり，大学・大学院では，多くの分野で GIS 教育が行われている．地理学系をはじめ，情報系，工学系，農学系，生物・生態系，環境系，保健医療系，空間経済系など，GIS の基本と応用に関する講義や実習が開設されており，そこで行われる教育は，それぞれの分野におけるニーズに特化した内容で行われている．また，一部の大学においては，日本地理学会の認定する GIS 学術士，地域調査士といった GIS 関連資格制度と連動したカリキュラム編成が行われている．

高等教育機関における GIS そして地理情報科学の教授法とカリキュラム，具体的な教育内容は，世界的に比較研究が行われている．日本でも，地理情報科学教育カリキュラムおよび教育コンテンツの開発に向けた調査や研究が行われてきた（1 章参照）．こうした研究は，GIS，地理情報科学に関して大学で学ぶべき内容を整理するだけでなく，そうした研究結果を実際の講義に取り入れることで，質の保たれた教育を行うことができるだけでなく，GIS を活用できる人材の育成という視点からも，今後重要性が増すだろう．

29.2 社会における GIS と教育

地理空間情報の活用に向けた教育は，社会全体で行われている．GIS の初歩を学ぶレベルから，さらなる活用を目指すユーザを対象としたものまで，様々な教育機会が提供されている．

29.2.1 国・地方自治体による人材育成

統合型 GIS やインターネット上で使える地図サービスの普及と基本法の施行を背景として，省庁や自治体において職員向けの GIS 教育が行われている．特

に国土交通省では，地方公共団体や関連事業者，初等中等教育教員向けに，地理空間情報とGISを効果的に活用するための事例紹介や，GIS活用人材プログラムの開発と教材提供を積極的に行っている．詳しくは，28.4節を参照されたい．

29.2.2 企業向けトレーニング

GISを知る必要がある企業は，以前はGISベンダー，航測会社，地図調製系の企業といったGISやそれに関連したデータを取り扱う会社や，建設コンサルタント系が中心であった．しかし，流通や，地域戦略，出店戦略といったエリアマーケティングにも活用できることが広く知られるようになり，物流，販売といった業種にもGISの活用が広まっている．また，近年はビッグデータと地図を組み合わせて，膨大なデータを視覚化し，それをビジネスに生かそうという動きが活発になっている．そうした社会の動向を背景に，GIS関連企業が提供するセミナー，学協会主催の教育プログラム，大学の開講する社会人向けの講座に，GISのビジネスでの活用に向けて多様な企業が参加するようになってきている．

29.2.3 開かれたGISの教育の場

国や民間GISベンダー，大学，関連学会などにより実施されるイベントやセミナー等は，一般の人々もGISについて最新の動向や，GISの活用方法を知るよい機会である．

特に1999年にアメリカで始まった「GIS DAY」は，GISと教育とビジネスの場を結び付けて，GISの実際を伝えるためのイベントとして世界各国で行われている．日本でも2002年以降，毎年全国各地で開催されており，自治体や生涯学習施設と合同の市民向けGIS講習会等が行われている．

また2010年から，産学官が連携したイベント「G空間EXPO」が開催されており，地理空間情報高度活用社会の実現へ向け，広く一般への理解を促すとともに，地理空間情報に関連した最新情報が得られる機会となっている．

29.3 GISの普及を支える学協会

29.3.1 学協会

学協会の主催する学術会議や研究集会は，研究者が研究成果を発表するためだけでなく，他の研究者やその分野に関心を寄せる人々と情報を共有，交換しながら，さらにその研究を発展させていく役割を持つ．GISの場合は，GIS学会，日本地理学会，日本地図学会をはじめとした測量系や地理学・地図系の学会，日本測量協会や日本地図センターや地図情報センター等の組織が，こうした役割を担っている．これらの学協会は，測量技術や空間データに関するイベントを定期的に開催し，産学官の交流の場を提供している．

29.3.2 GIS関連の資格

こうした学協会は，GISおよび地理情報科学の知識と技能向上を目的として，GIS関連資格制度を設けている．GIS学会は，2006年度からGISに関する教育の履修や実務経験及び貢献を行うことで得られるGIS上級技術者の資格認定を行っている．日本地理学会では，大学，大学院においてGIS関連の教育を受けることで取得可能な資格（学部レベルではGIS学術士および地域調査士，修士においてはGIS専門学術士と専門地域調査士）を設けている．さらに，日本測量協会は空間情報総括監理技術者および地理空間情報専門技術者，土地改良測量設計技術協会は農業農村地理情報システム技士，日本森林技術協会では森林情報士といった資格がある．

こうした資格制度は，私たちが日々進化するGISについて学び，スキルアップするきっかけにもなっている．このように初等教育に始まるGISに関する学びは，生涯学習としての一面があると言えよう．

【引用文献】
村山祐司 2004.『教育GISの理論と実践』古今書院．
村山祐司・柴崎亮介編 2009.『生活・文化のためのGIS』朝倉書店．
文部省 1999.『高等学校学習指導要領解説 地理歴史編』実教出版．
文部科学省 2008.『中学校学習指導要領解説 社会編』日本文教出版．
文部科学省 2009.『高等学校学習指導要領』東山書房．
文部科学省 2011. 教育の情報化ビジョン～21世紀ふさわしい学びと学校の創造を目指して～ .http://www.mext.go.jp/b_menu/houdou/23/04/__icsFiles/afieldfile/2011/04/28/1305484_01_1.pdf
文部科学省 2013. 学校における教育の情報化の実態等に関する調査結果（平成24年度）http://www.e-stat.go.jp/SG1/estat/Pdfdl.do?sinfid=000022621750

【関連図書】
伊藤智章 2010.『いとちり式地理の授業にGIS』古今書院．
今木洋大・岡安利治 2013.『Quantum GIS入門』古今書院．
橋本雄一編 2014.『GISと地理空間情報：ArcGIS 10.2とダウンロードデータの活用』古今書院．
森泰三 2014.『GISで楽しい地理授業－概念を理解する実習から課題研究ポスターまで－』古今書院．

30
GISと未来社会

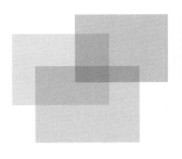

　2014年現在，スマートフォンやタブレットコンピュータは，携帯電話とパソコンに代わる存在となり，より幅広く多くの人々がいつでもどこでも高速なコンピュータネットワークを使う状況となっている．内蔵されたGPSチップにより，誰もが自分の位置を記録でき，様々なデジタル地図サービスも日常的に簡単に利用できるようになった．このように，いつでもどこでも地図が利用でき，また地図情報を発信できるITインフラ環境をユビキタスマッピング（Ubiquitous mapping, 24章参照）と呼んでいる．最近では，どこかに行きたい場合は，スマートフォンに目的地を音声で話しかけるだけで，移動計画・ルート地図・音声案内などのサービスが自動的に提供される．以前は，GISは高価で使い難く，専門家のためのものであったが，現在では，GISは安価で使い易く，一般の人々のための存在になった，とも解釈できる．Google MapsやGoogle EarthなどはGISではないという専門家もいるが，昔のGISでは，同じような機能だけでもGISと呼んでいた時代もあった．IT環境の発展に伴って，時代とともにGISの定義が変わるので，定義したとしても，それはすぐに再定義される運命にある．スマートフォンで撮影した写真には，すべて時刻印ならぬジオタグ（Geotag, 位置印）が付けられるのが標準であり，後で地図から参照できる．時計・時刻情報・カレンダーがあらゆるデータとアプリケーションで使われるのと同様に，位置センサ（例，GPS）・位置情報・地図もあらゆるデータとアプリケーションで使われるようになり，GISは，ITのコア，社会のコアとなった．

　本章では，GISと未来社会に関して，基本概念および代表的な応用事例を紹介する．実際には，未来の社会がどうなるかは，正直，筆者らもわからない．革新的技術やサービスの登場で状況が一変するIT社会において，1年先のことさえ予測不可能な状況である（これ自体が大きな問題とも言える）．また，近未来に，巨人であるIT大企業が突然消滅することも起こりうる．GISも，かつてはGIS企業，GIS業界が中心だったが，今ではIT企業，IT業界を中心に，IT社会のコアとしてGISが存在するようになった．GISの本質は未来も不滅であろうが，GISの概念は，当たり前になり過ぎて，消えてしまうかもしれない．どちらにしても，未来の良い社会や環境を構築するためには，GISの考え方は重要である．

30.1 高度情報通信ネットワーク

　本節では，現在のIT社会の背景および基本概念に関して解説を行う．

30.1.1 米国　情報スーパーハイウェイ構想

　情報スーパーハイウェイ構想（The information superhighwayまたはInfobahn）は，1993年から始められた米国政府のデジタルネットワークやインターネット・インフラに関する計画である．民主党クリントン政権のアル・ゴア副大統領が中心となって推進された．1980年代後期，インターネットは大学や研究所だけが使う世界的ネットワークであったが，通信速度は遅く，Webも存在しなかった．ユーザは，コンピュータに強い人々が中心で，Eメール，ニュースグループ，FTP（ファイル交換）が主なソフトウェアツールであった．1993年に，イリノイ大学の米国立スーパーコンピュータ応用研究所（NCSA）に所属するアンドリーセン（Marc Andreessen）らが開発したWebブラウザMosaicは，インターネット上で共有するハイパーテキストを閲覧できるソフトウェアであり，画像情報が扱える点をはじめ革新的なものであった．また，Webの潜在的可能性を明らかにし，インターネットを一般の人々のインフラへと導いた．2014年現在では，無線通信では10Mbpsの通信速度は普通であり，有線通信（例．光ファイバやEthernet）では，1Gbpsは普通であるが，今から20年前の1994年は，携帯電話

はもちろん，自宅の電話もほとんどアナログであり，アナログ通信の上にモデムをつないで，9600bps 程度の通信速度でインターネットを使っていた．無線通信では千分の1の通信速度であり，有線通信と比較すると10万分の1の通信速度であり，当時のネットワーク環境が如何に貧弱なものであったかがわかる．そのような状況の中，クリントン政権は，情報スーパーハイウェイ構想を提唱した．この構想では，21世紀の米国における教育を強化するために，高速デジタル通信が極めて重要であることが唱えられた．また，貧富の差無く，誰もがインターネットを使える環境を整えることが目的であった．当時は，一般の人々はほとんどインターネットを使える環境にはなく，夢のまた夢といったイメージであった．また，"fiber to the home"，つまりどこの家庭にも光ファイバを引く，ということが唱えられたが，当時は，光ファイバそしてその中継装置は極めて高価であり，国のバックボーン・ネットワークだけで使われているだけで，各家庭にまで設置されるという状況はありえないと思われていた．しかし，20年経った今，米国クリントン政権が思い描いた情報スーパーハイウェイ構想は現実のものとなっている．

デジタルアース（Digital Earth）は，1998 年，当時のアル・ゴア副大統領が提唱した概念であり，情報スーパーハイウェイの次のステップの構想として注目された．デジタルアースは，世界中のデジタル化された知的アーカイブに経緯度のジオタグを付与し，バーチャルな地球というユーザインタフェースによるグローバルな情報共有インフラを意味した．Google Earth は 2005 年に公開されたが，1998 年には米国政府は同じような仕組みで，地球上の様々な情報の地理空間的統合化を試みようとした．しかし，2001 年の大統領選挙でアル・ゴア氏が敗北し，このプロジェクトは実現されなかった．

30.1.2 日本の高度情報通信ネットワーク社会

2001 年に，日本政府は内閣官房に「高度情報通信ネットワーク社会推進戦略本部（IT 総合戦略本部）」を設置した．これは，情報通信技術（IT）の活用により世界的規模で生じている急激かつ大幅な社会経済構造の変化に適確に対応することの緊要性にかんがみ，高度情報通信ネットワーク社会の形成に関する施策を迅速かつ重点的に推進することを目的とした．以下のように，IT 国家戦略を策定した．

「我が国は，すべての国民が情報通信技術（IT）を積極的に活用し，その恩恵を最大限に享受できる知識創発型社会の実現に向け，早急に革命的かつ現実的な対応を行わなければならない．市場原理に基づき民間が最大限に活力を発揮できる環境を整備し，5 年以内に世界最先端の IT 国家となることを目指す．」（高度情報通信ネットワーク社会推進戦略本部 2001）

具体的には，次の重点項目を示した．
(1) 超高速ネットワークインフラ整備および競争政策：5 年以内に超高速アクセス（目安として 30〜100Mbps）が可能な世界最高水準のインターネット網の整備を促進し，必要とするすべての国民が低廉な料金で利用できるようにする．
(2) 電子商取引
(3) 電子政府の実現
(4) 人材育成の強化

30.1.3 クラウドコンピューティング

コンピュータネットワークが発展すると，コンピュータよりもネットワークの方が主体になっている．以前は，コンピュータとは目に見えている，デスクトップ PC やノートブック PC，あるいはサーバコンピュータだった．しかし，今日では，コンピュータ自体が仮想化されてしまい，ネットワーク自体が仮想コンピュータと見なせるようになるのが，クラウドコンピューティング（Cloud computing）である．例えば，GIS ソフトウェアの利用を，Web ブラウザ上で行うことができ，実際のアプリケーションソフトウェアとデータの管理はネットワーク上のどこかで行われている．ユーザは，物理的なコンピュータにとらわれなくなり，パソコンやスマートフォンは，単なる入出力デバイスの 1 つとして見なされて，どのデバイスでも使え，特に特定のハードウェアを持ち歩く必要もない．ソフトウェアの更新も必要なく，ハードディスクのクラッシュなどの，物理的コンピュータの障害を考える必要はない．このように，クラウドコンピューティングは，また一歩新しい段階に IT が進んだと言える．クラウドコンピューティングでは，ソフトウェア・アプリケーションは，Web サービスあるいはクラウドサービスと呼ばれる．単なる，1 対 1 のクライアント - サーバ型のネットワーク環境ではなく，ネットワークを通して，大量のコンピュータが協調してサー

ビスしている点に特徴がある．例えば，Googleの検索エンジンや地図サービスが極めて高速に応答するのも，この複数のコンピュータによる連携のためである．我々の日常的なIT環境は，このクラウドコンピューティングの上に築かれており，逆にインターネットにつながらないと，自分のデータにアクセスもできなければ，アプリケーションも起動できないという状況となってしまっている．

クラウドコンピューティング上では，GISのSは，SystemからServiceとなり，地理空間情報サービスが今や一般的である．従来のスタンドアローンのGISの場合，ツールだけが提供されていたが，GISデータもクラウドを介して簡単に手に入れることができ，本質的なデータ解析やデータ合成などの手続きに早く進める利用環境に進化した．Webマッピングは，クラウドコンピューティングを代表するWebサービスであり，誰でもがいつでもどこでも簡単に地図が使える．また，地図サービスは一般に大量データを扱う必要があり，以前は処理やデータ転送が全て終了するまで待たなければならないという応答遅延の問題があった．しかし，WebページのJavaScriptを利用して非同期に転送する手段であるAJAX（Asynchronous JavaScript + XMLの略）の枠組みが普及すると，Webブラウザでは，ほとんど待ち時間無しで大規模コンテンツを扱えるようになった．地図のタイル構造と階層構造を使った段階的データ転送技術がAJAXにより実現され，Web地図サービスの応答時間を短くしている．データ量が多く，ユーザ数も多いというスケーラビリティの点から，地図サービスにはクラウドコンピューティングが不可欠な要素となっている．

クラウドサービスにも種類があり，高レベル（応用）から低レベル（基盤）へ以下のように分類できる．

(1) SaaS（Software as a Service）：SaaSは，"オンデマンド・ソフトウェア"と呼ばれており，SaaSで提供されるアプリケーション・ソフトウェアの使用料は，一般には使用した量で支払う枠組みである．また，アプリケーション・ソフトウェアのアップデートはユーザが行う必要はなく，最新の状態のソフトウェアが常に提供される．従来のような，ハードウェアとソフトウェアのメインテナンスなどを一切考慮しなくても良い．一方，欠点としては，ユーザのデータはすべてがクラウド上にあり，クラウド管理者が内容を見ることができる問題点がある．また，ユーザの操作ログもすべてあり，ユーザが何を行ったかもクラウド管理者にはわかってしまう．この問題を回避するために，サードパーティによる暗号鍵管理システムを介してクラウドコンピューティングを利用するユーザも多くなってきている．

(2) PaaS（Platform as a Service）：PaaSは，OS，プログラム言語実行環境，データベース，Webサーバなどを仮想化するレイヤである．アプリケーション開発者は，このプラットフォームの上で，ソフトウェア開発を行う．つまり，SaaSは，PaaSの上に構築される．この構造により，計算量，データ量，ネットワーク負荷，などのスケーラビリティに関係する要因をプログラミング段階で考慮する必要がなくなり，効率的にソフトウェア開発を行えるようになった．

(3) IaaS（Infrastructure as a Service）：IaaSは，コンピュータなどの物理的デバイスの仮想機械環境を提供する．具体的には，2次記憶装置，ファイヤウォール，IPアドレスの管理などを仮想化するレイヤである．IaaSの上に，PaaSである仮想OSや仮想の上位通信プロトコル（例，音声通信プロトコル）が構築される．クラウドコンピューティングの導入モデルのタイプとしては，主に以下の3つがある．

(1) パーソナル・クラウド：個人，あるいは，1組織だけで利用するクラウド基盤であり，データの漏えいなどの危険性はなくなる．ただし，管理は従来のコンピュータ管理と同様に，個人で行ったり，1組織で行ったり，サードパーティにより管理されるなどのいろいろなケースが考えられる．

(2) パブリック・クラウド：パブリックなネットワーク，例えば，インターネット上で構築されたクラウド基盤であり，情報共有を行うためには適しているが，データの漏えいなどセキュリティをかなり考慮する必要が出てくる．

(3) ハイブリッド・クラウド：パーソナル・クラウドとパブリック・クラウドが組み合わさったものである．例えば，一部のサービスだけを一般向けに公開することが可能となる．

30.1.4 ソーシャル・ネットワーキング・サービス（SNS）

SNS（Social Networking Service）は，人々との社会的つながりや社会的関係を構築するプラットフォームである．例えば，興味・活動・背景・実生活を共有す

ることができる．SNSは，（1）個人の情報（プロファイル，profile），（2）人々のつながりの情報，（3）多様なサービスの3要素から主に構成される．ほとんどのSNSは，Web上のサービスであるが，さらにEメールやチャットなどのインターネット上の他の手段によるサービスも提供されている．SNSを介して，人々は，意見，アイデア，興味，活動，イベント，画像，動画，位置情報などの情報共有を行う．BBS（掲示版システム）は，SNSの一種とも，別であるとも考えられる．SNSは「個人」を中心としたサービスであるのに対し，BBSはグループを中心としたものである．

　SNSの位置情報を共有するサービスは，人間関係の近さに応じて，位置の精度を制御する機能が提供される．例えば，家族間では精度は落とさずに位置情報を共有し，友達とは1kmに精度を落とし，あまり親しくない知人とは10kmまで精度を落とす，といった例が考えられる．

30.1.5 オープンデータ

　オープンデータ（Open data）は，版権，特許，その他の権利管理などの制約を受けることなく，誰もが自由に使え，自由に加工でき，また再配布が可能なデータを指す概念である．このようなオープンデータの活動動向は，オープンソース，オープンハードウェア，オープンコンテンツ，オープンアクセスなどの一連の「オープン」化活動の1つと言える．オープンデータの概念が普及したのは最近であり，インターネットとWebの普及による影響が大きい．具体的には，Data.govやData.gov.ukなどのオープンデータ政府の例がよく知られている．また，学術研究分野において，オープンデータ化の国際的研究活動も有名である．日本においても，IT戦略会議が率先して，政府，地方自治体，公共機関のデータのオープン化を進めている．地理データに関しては，1990年代の米国の国家空間データ基盤（NSDI: National Spatial Data Infrastructure）から始まり，日本においても，2007年に「地理空間情報活用推進基本法」の制定により，それまでは有料であった国土地理院が発行する日本国のデジタル地図・地理データが段階的にオープン化に向けて進んでいる．その枠組みの1つが，地理院地図（元，電子国土）であり，様々な地図・地理データをWebを通して閲覧・利用できる．しかし，国土地理院が無料で閲覧できる地図・地理データは，厳密にはオープンデータではなく，そ

れを閲覧以外で利用するためには，利用許可申請を行ない，許可を取らなければならない．単なる複製による販売や違法性がある目的に対しては利用許可は与えられない．

　オープンデータは，インターネット上での高度利用のために，リンクトデータ（Linked Data）の形式で公開されることが推奨されている．リンクトデータは，HTTP, RDF, URIなどの標準的なWeb技術を利用して，人間ではなく，コンピュータが理解できる枠組みへと発展することを目的としている．リンクトデータ化されたオープンデータをリンクオープンデータ（LOD, Linked Open Data）と呼ぶ．2009年に，Webの発明者のバーナーズ＝リー（Tim Berners-Lee）氏は，リンクトデータに関して，以下の3つの極めて簡素なルールだけで構成されることを示した．

(1) あらゆる概念的なものは，HTTPで始まる名前を持つ．
(2) ものやイベントに関する情報は，標準的なフォーマットで受け取ることができる．
(3) ものとリンクする他のものをHTTPで始まる名前として受け取ることができる．

　リンクオープンデータを利用すると，例えばデータの中にVENUSという文字列がある場合，これが金星か，美女か，テニスプレイヤーの個人か，地名を表すのかなどの区別がわかり，より精度の高い情報処理を行うことが可能となる，と謳っている．

30.2 クラウドセンシングと参加型センシング

　近年，クラウドセンシング（Crowd sensing）と呼ばれる手法を用いて，これまで収集することが難しいとされていた詳細かつ新鮮な地理空間データを比較的容易に集めることができるようになりつつある．クラウドセンシングとは，多数の人々がスマートフォンやセンサを用いて効率的にデータを収集するための手法である．この手法は，24章でも触れたユビキタスコンピューティング（Ubiquitous computing）技術の発達やクラウドソーシング（Crowdsourcing）と呼ばれる考え方を背景に登場した．

　ユビキタスコンピューティングとは，あらゆる空間に小型のコンピュータやセンサが埋込まれ，必要なときに必要なデジタル情報を収集，通信，蓄積，処理，利用することのできる情報環境を指した概念である．

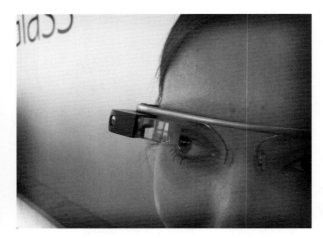

図30-1 カメラ，マイク，無線LAN，Bluetooth，センサ（ジャイロセンサ，加速度センサ，地磁気センサ，照度センサ，近接センサ等）を備えたウェアラブルコンピュータの例（Google Glass）．（This photo is © 2012 Antonio Zugaldia, used under a Creative Commons Attribution 3.0 Unported license.）

1980年代末にワイザー（Mark Weiser）によってユビキタスコンピューティングの概念が提唱されて以来，屋内外の環境情報を自動的に取得するセンサネットワーク（Sensor networks）の技術が発達し，地理空間データの収集においても活用されるようになった（Weiser 1991）．しかしながら，都市空間などではセンサを自由に設置できない場合があり，一般に広範囲のデータを網羅的に収集することは困難である．そこで，2000年代半ばに参加型センシング（Participatory sensing）と呼ばれる，市民の参加に基づく分散型のデータ収集法が提案された．参加型センシングにおいては，市民が所有する携帯電話などを用いてデータの取得と共有を行う．このため，専用のセンサや通信ネットワークを固定的に設置せずとも様々な場所の情報を集めることができる．また，社会に受容されやすいデータ収集環境を実現するためには，参加型センシングのような市民による自発的な情報提供を基本とする仕組みが重要であるとも考えられている．

近年，参加型センシングによって有用な地理空間データを比較的容易に集めることができるようになった．まず，スマートフォンやタブレットコンピュータ，ウェアラブルコンピュータ（図30-1）など，小型で高性能なハードウェアが登場し，それらの多くにはGPSや無線LAN，携帯電話の基地局を用いた測位機能や，高速なデータ通信機能，各種のセンサが搭載されている．従って，位置情報と紐付けられた各種のセンサデータを迅速に共有することが可能である．第2に，Androidに代表されるオープンソースのオペレーティングシステムの普及や，ソフトウェア開発キット（SDK: Software Development Kit）の提供によって，ユーザが容易にアプリケーションを開発し配布することができるようになった．第3に，小型軽量で消費電力の少ない無線通信モジュールの開発が進み，複数のデバイスを連携させて多種多様なセンサデータを収集することが可能になった．例えば，携帯型の空気質センサや身体に装着した生体センサから取得したデータをBluetooth通信によってスマートフォンに転送し，位置情報を付加してインターネット上で共有するシステムなどを容易に作成できる．また，オープンソースハードウェアの登場によって，無線通信機能を持つ専用のセンサデバイスを，ユーザが目的に応じて作成することもできる．第4に，センサデータを処理してより抽象度の高い情報を抽出する認識技術の開発が進み，従来よりもセンサデータを幅広く活用できるようになっている．そして，第5に，クラウドコンピューティングの台頭により，集めたデータを共有するためのサーバやデータベースシステムを手軽に利用できるようになっている．以上を背景に，参加型センシングの利活用が進んでいる．参加型センシングに基づくシステムの例を図30-2に示す．Context Weaverはスマートフォンとタブレットコンピュータを用いて地理空間情報を収集することのできる参加型システムであり，収集した，写真，位置・時刻情報，タグ情報等をネットワーク上のサーバを介して即座に共有・可視化することができる．

大規模な参加型センシングを実施する場合，多数の人々に協力を呼びかけて作業を依頼し，作業結果を適切に取捨選択および統合できる環境が必要である．コンピュータネットワークを介して大人数の作業を組織化できるシステムとして，Amazon Mechanical Turkに代表されるクラウドソーシングプラットフォーム（Crowdsourcing platform）があり，パソコンを用いた簡単な作業（マイクロタスク）を多数の人々に依頼することによって，各種のデータを収集できる．クラウドソーシングと参加型センシングを統合すれば，詳細なリアルタイムのデータを多数の人々から集めて活用できる可能性があり，近年スマートフォンや携帯型のセンサを用いたクラウドセンシングの研究開発が盛ん

に行われている.

クラウドセンシング環境を実現する上で重要と考えられるのは，コンピュータ上で得られるデータと人間に依頼して収集するデータを統合的に扱うことのできるデータ管理基盤である．そのようなデータ管理基盤の例として，Franklinら（2011）の提案するCrowdDBがある（図30-3）．CrowdDBは，データ管理基盤の内部に，依頼者-作業者関係管理モジュール，ユーザインタフェース生成モジュール，作業管理モジュールといったクラウドソーシング支援機能を持っている．このようにしてデータ管理とクラウドソーシングを密に統合することで，処理の最適化や効率的なアプリケーションの開発を支援することを目指している．さらに，GIS機能やストリームデータ管理機能を統合できれば，効率の良い地理空間情報のクラウドセンシングを実現できる可能性がある．

クラウドセンシングにおいても，プライバシーは重要な問題である．データ提供者の位置情報に関わるプライバシーや，写真や音声を用いたセンシングにおいては，記録したデータから個人を特定できる可能性があるため，安心してデータを共有できる環境を構築するためには，セキュリティ管理や匿名化などの対策を講じることも重要である．一般に，既存のシステムにプライバシー保護機能を後付けしてもプライバシーを十分に守る事はできないと言われている．クラウドセンシング環境のデザインにおいても，最初からプライバシーを考慮し，基盤レベルからこれを保護できることが望ましい．

クラウドソーシングと同様に，クラウドセンシングにおいても参加者の動機を考慮することが重要である．参加者を動機付ける方法のひとつは，データ収集作業に対して対価を支払うことであるが，適正な対価というものについて倫理的な面からも検討を行う必要がある．また，クラウドセンシングによって得られるデータは，必ずしも質が高いとは限らず，場合によっては複数の参加者に同じデータを採取してもらって結果を比較するといったことが必要になる．さらに，大

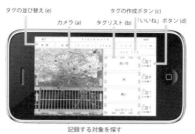

図30-2 参加型データ収集システム Context Weaver のスマートフォンアプリケーション（左）とタブレットアプリケーション（右）参加者がスマートフォンを用いて収集した，写真，位置・時刻情報，タグ情報をタブレットコンピュータ上で共有・可視化することができる（Konomi et al. 2013）

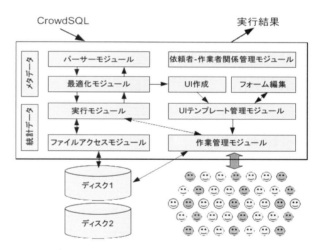

図30-3 データ管理とクラウドソーシングを統合した基盤システムCrowdDB CrowdSQLと呼ばれる言語を用いて，データベースとクラウドからのデータを統合管理・検索する．

量のセンサデータによる情報過多の問題の解決に取り組むことも重要である．

いくつか解決すべき課題は残っているが，クラウドセンシングや参加型センシングによって取得した詳細でリアルタイムの地理空間情報は，社会や個人のために大いに役立つ資産になるに違いない．将来的には，大量の地理空間データが長期間蓄積され，地域のライフログとでも言うべきものになって行く可能性もある．

30.3 高度地理空間情報社会

本節では，地理空間情報サービスの急速な普及に伴い，社会が今後どのような本質的な変化を生じる可能性があるのかに関して解説する．また，人々の動きの地理時空間ビッグデータに焦点を当て，具体的応用例の紹介を通して，未来社会における地理空間情報技術の様々な重要な側面を紹介する．

30.3.1 地理空間情報中心で管理される社会

現代社会は，時計という信頼性が高く，誰でもが利用できる時間センサに基づき，様々なものが時間情報を中心に計画・実行・管理されている．一方，地理空間情報は，以前は，専門家だけが使うものであり，高価であり，また位置精度の保証にはコストが掛かるなどの問題があり，社会における地理空間情報の利用は，動かない地物だけを地図として管理していた．しかし，今日，GPSを中心として，位置センサ，方位センサ，加速センサなどの各種の空間センサは，スマートフォンをはじめとして，安価で，比較的良い精度の地理空間情報を提供できるようになった．高価だった動くものの空間管理を安価で行える状況になりつつある．例えば，自動車や産業機械に，携帯端末を搭載して，位置や利用状況をリアルタイムに確認し，適切に管理するサービスは珍しくはない．特に，ほとんどの人は携帯端末を所持しているので，日常的なコミュニケーション，健康管理，緊急時の連絡など，人々の位置を利用した，高度な情報サービスが広く普及しつつある．消防車や救急車の呼び出し，タクシーの配車，そしてピザの配達までも，GPSを使った空間情報管理が一般的なものとなっている．このように，リアルタイム空間センサを一般の人々が手に入れることができ，その結果，今まで考えられなかった高度で多様なリアルタイム空間管理サービスを容易に実現可能になった．その一方で，25章でも言及したように，人の位置情報が漏えいする可能性もあり，プライバシーに関する倫理問題も顕在化してきている．

Wi-Fi（最も普及している無線LAN）を使ったポジショニングも，スマートフォン・タブレットPC・ノートPCでは一般的となり，GPSほどの精度は出ないが，屋内においても利用可能であり，数10m〜数100m程度の誤差での位置情報を誰でもが利用できる時代となった．このWi-Fiポジショニングでは，Wi-Fiの電波の発信機の位置情報の収集・特定は，携帯端末がその電波を受信し，Wi-Fi発信機のIDと電波強度と供に位置情報をセンターに自動的にアップロードし，Wi-Fi発信機の位置データベースとして蓄積され，そのデータベースを使って統計処理を施すことにより，Wi-Fi電波を用いた現在位置特定サービスが実現されている．このWi-Fi発信機の位置データベースは，スマートフォンOSを提供している巨大IT企業，あるいは携帯電話キャリア会社が掌握している．つまり，スマートフォンのユーザは，地理空間情報を広く収集する動くセンサであり，ヒューマンプローブ（Human probe）としての役割を果たしている．この枠組みを利用して，渋滞状況の把握，災害時の道路の通行可能性の判定，道路地図データの自動更新などを行なうITサービスも現れてきている．将来的には，地図作成会社が測量を行わなくても，クラウドソーシングで，実時間で地図が作成・更新される未来も遠くはないのかもしれない．また，最近では，Bluetooth通信などを使った，点位置を単位とした，より精度の高い，屋内位置情報サービスも普及の兆しを見せている．例えば，お店で商品をバックに入れて外に出ると，商品の位置とユーザの位置がほぼ同じであるとわかり，所持したとみなされ，レジを通さずに清算が終わっているという，位置情報に基づく自動支払いサービスの未来像が多くのIT企業から示されている．もっと現実的なアプリケーションとしては，GPSを使って，自動車の軌跡データから，高速道路の利用料の支払いが行われる枠組みが検討されており，料金ゲートやETCが無くなる日も遠くはないかもしれない．同様に，人々の動きの軌跡データが屋内や地下でも安定して取れるようになれば，地下鉄や電車の改札口も無くなる．このように，空間情報を使った人の動きの情報を基本としたマネーフローが一般化して，未来は，お金を支払うという場面がほとんど無くなるかもしれない．

我々が現実空間の情報を得る場合，地図だけではなく，航空写真，ストリートビュー，風景写真，説明文など様々なサービスを同時に利用する．また，検索エンジンを使って，必要な場所を見つけ出す．このように，地理空間情報とは，地図的なものだけではなく，映像も，テキストもあり，あらゆるデータにジオタグが付与され，ジオタグをキーとして，様々な多くのデータを高度に連携させ，実空間でリアルタイムに

ユーザへ適切な情報提供がなされる枠組みへと進化している．将来は，風景や建物や人をカメラで撮影する，あるいは，メガネで注視するだけで，映っているものや人の情報を瞬時に検索できる枠組みが一般化するかもしれない．この枠組みでは，カメラで写真を撮るという行為は，現実空間に対してクエリ（問い合わせ，Query）を投げる行為と見なされる．例えば，ある場所で写真を撮ったら，100年前あるいは100年後の映像を写すアプリも想像できる．このように，地理空間情報サービスは極めて便利で，強力な社会情報基盤であり，我々の生活スタイルそして社会の管理の仕組みを根本から変えてしまう大きな可能性を秘めている．また，IT巨大企業が地理空間情報サービスに力を入れているという実態がその将来性を示唆している．

30.3.2 地理時空間ビッグデータと人々の流動把握

ビッグデータ（Big data）とは，従来のデータベース管理ツールやデータ処理アプリケーションでは処理が困難である，巨大で複雑なデータセットを意味する．ビッグデータには，収集・修復・蓄積・検索・共有・転送・解析・可視化の方法など多岐に渡る課題が存在する．検索エンジン・位置情報サービス・ICカードの利用ログなどは，それ自体は分析の対象データとして生成させた訳ではなく，ITサービスの副産物的データと呼べるようなものである．情報ネットワークの高度化により，あらゆる情報とユーザ行為がデジタル化した結果として副産物的に生成された巨大なデータは，ビッグデータの1つの範疇である．具体的なビッグデータ分析の応用例として，ビジネスの動向抽出，疾病流行予測，防犯，実時間交通状況把握などがある．モバイルアプリケーションの場合，ユーザの現在位置に適応したサービスを提供しており，その結果として，ユーザの軌跡データが大量に蓄積されることになる．これらの大量のユーザログデータは，プライバシーの問題とも関係し取り扱いが難しく，一般には積極的には有効利用されて来なかった．以下では，人々の流動把握を例に，地理空間ビッグデータの具体的応用とその展望を解説する．

近年，防災，交通，マーケティングなど，時々刻々と変化する社会において，人を中心とした，より動的かつ大規模を対象にしたデータのニーズが増しており，ここでは，筆者らが2008年から進めてきた「人の流れプロジェクト（http://pflow.csis.u-tokyo.ac.jp/）」などの経験を踏まえ，急速に増えている携帯電話による人々の大規模な流動把握とその将来像について述べる．携帯電話が広く普及する前は，人々の大規模な流動を把握するための時空間データセットは多くなかった．例えば，カーナビゲーションシステムは1990年代頃からかなり見られるようになっていたが，個人利用が主体で多くの車両データを集めるということはなかった．その一方で，マスを対象にするという意味では，交通計画分野では，昔から交通調査が存在し，国内ではパーソントリップ（PT：Person Trip）調査や道路交通センサス調査という形で（海外ではHousehold Surveyと呼ばれることが多い），数万人〜数十万人を対象に，紙の原票を用いて通過交通量や，各トリップの起終点（Origin-Destination，以降ODと呼ぶ）とその通過時刻，交通手段などを記録していた．これらは，もともと地域間，特に市区町村レベルの人の出入りの数を集計的に調査し，長期の交通計画・地域計画を策定することを主な目的にしていたため，他の用途に利用することはあまり想定されていなかった．しかし，筆者らは，その原票データを，断片的ではあるものの，マスを対象にしている貴重な時空間データとして位置づけ，再利用を試みる研究を2004年頃から始め，上記の人の流れプロジェクトにつながって行った．具体的には，トリップ，正確に言うと，交通手段別に記録されているサブトリップ単位のODの時空間データを，最短経路ベースで1分ごとの位置を求め直したデータを作った．もともとの時空間データは調査データなので，空間は地名や施設名で表現されるためジオコーディングで経緯度に変換する必要があり，また，1分ごとの位置を求める過程では道路や鉄道ネットワークに沿うことにより，リアリティが増すため，地理空間データをふんだんに使うことになる．各人の1分ごとの位置を求めることにより，ある時間での多くの人の分布状況がわかることとなる．

2000年代後半に入ると，携帯電話にGPSチップの搭載が標準的になることや，基地局の情報が研究レベルで使えるようになることで，位置情報が身近かつ大規模になり，ユビキタスコンピューティングなどの研究コミュニティが一気に広がった．特に，Rattiら（2006）やGonzalezら（2008）の研究の影響が大きく，関連する研究領域の裾野を拡大し，現在は個人情報の取り扱いを含め，社会に根付く方法，社会における人

間の移動特性の捉え方，などの研究が盛んに行なわれるようになった．実際に，2012年初頭のダボス会議（世界経済フォーラム）でも，世界の課題解決のために，個人，公的セクター，民間の情報を組合せ，共有財産として扱うべきである，という提言がなされた．Nokia 社や Orange 社のような携帯キャリアをはじめとして様々なところで，自らのデータを貸与し，新しいアイデア，社会の課題解決などを募る「データチャレンジ」の取り組みなども増えてきた．一方，日本でも朝倉ら（2000）のように，以前から，人の交通行動について，PHS を用いて面的に把握しようという研究はあった．しかし，通信事業者法による規制もあり，民間企業を含め，社会的に出始めてきたのはかなり最近の事である．具体的には，NTTドコモ社による基地局情報を集計した「モバイル空間統計」や，GPS 機能を用いたゼンリンデータコム社の「混雑統計データ®」（図30-4）などがある．法律の運用等の詳細は文献（関本ほか 2011）に譲るが，個人情報の取り扱いもあり，今後は特に，技術と制度，ビジネスの広がりなどバランスを取ることが重要となる．

携帯電話インフラを利用した人の移動履歴のデータの強みは，日々のデータが蓄積されることである．ここでは，ゼンリンデータコム社の協力のもと，混雑統計データ®のもととなる，数十万人分の1年にわたる非集計の GPS データ（個人が特定されないよう秘匿処理を行っている）を用いた分析をいくつか紹介する．長期にわたるデータがあるため，例えば，東日本大震災時の状況など非常事態の時の状況も可視化できる．図30-5は震災直前 14:45 と震災直後 14:57 の人の流動状況の比較を行っており，様々な方向へ向かう動きが減り，動きを示す点の数自体も減っていることがわかり，可視化するだけでもそのインパクトは十分に伝わってくる．

震災の日に限らず，その後，人々の活

図 30-4 混雑度マップ
（㈱ゼンリンデータコム HP より引用 http://lab.its-mo.com/densitymap/）

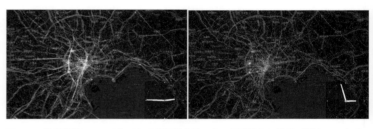

図 30-5 携帯電話の GPS データによる震災前後の人の流動状況の比較（関本 2013）左：震災直前 14:45 の状況，右：震災直後 14:57 の状況，様々な方向へ向かう動きが減り，動きを示す点の数自体も減った状況

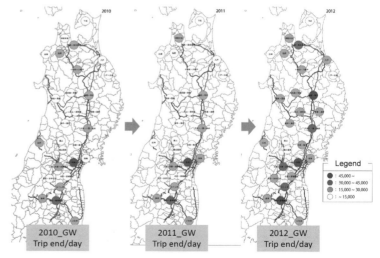

図 30-6 2010～2012 年のゴールデンウィークにおける東北地方の観光流動の比較（関本 2013）東京大学生形協力研究員提供．円が各観光圏の1日あたりの平均トリップ数を表す．2011 年が震災直後で最も少なく，2012 年は震災前に 2010 年よりかなり上回っている．

動がどう変わっていったかなどもわかる．Horanont et al. ら（2013）は福島で原発事故後の1週間の避難シナリオがどのように実行されたかを示している．さらに長期的な復興状況なども知ることができる．例えば，震災後に国土交通省観光庁では東北観光博（http://www.visitjapan-tohoku.org/）という政策を実施し，各観光ゾーンの活性化を図っている．図30-6は2010, 2011, 2012年のゴールデンウィークの東北地域外から来た人のトリップ数や各ゾーン間の流動状況を示している．震災直後の2011年が最も少なかったことはもちろんのこと，震災前の2010年より2012年の方がかなり増えていることが見て取れるため，観光流動が活性化していることがわかる．

人の流動と時空間ビッグデータの今後の展開に関して考える．国内ではまだまだ，携帯端末のようなリアルタイム性の高い大規模な実データセットが利用できる機会はあまり多くないかもしれないが，携帯端末は海外，特に途上国では唯一の情報インフラになっているケースも多い．そうした意味では唯一のソリューションとして期待される部分も多く，今まではラフな分析が多かったが，今後，行動モデルを含めた様々な研究が進むと考えられる．また，その一方で携帯端末のみのデータであると，事業者依存になる可能性もあるため，パブリックなデータセットの確立も必要になってくる．従って，人の流れデータセットのように公的調査をベースにしたもののさらなる進化形がより一般化する可能性も大きい．

【引用文献】

Franklin, M.J., Kossmann, D., Kraska, T., Ramesh, S., Xin, R., 2011. CrowdDB: Answering Queries with Crowdsourcing, *Proceedings of the 2011 ACM SIGMOD Int'l Conf. on Management of Data*, ACM Press, 61-72.

Gonzalez, M., Hidalgo, C. and Barabasi, A., 2008. Understanding Individual Human Mobility Patterns, *Nature*, 453, 779-782.

Horanont, T., Witayangkurn, A., Sekimoto, Y. and Shibasaki, R. 2013. Large-Scale Auto-GPS Analysis for Discerning Behavior Change during Crisis, Intelligent Systems, *IEEE*, 28-4, 26-34.

Konomi, S., Sasao, T., Arikawa, M., and Fujita, H., 2013. A Mobile Phone-Based Exploratory Citizen Sensing Environment, In: *Adjunct Proc. of UbiComp'13, Int'l Workshop on Human Interfaces for Civic and Urban Engagement*, ACM Press, 745-748.

Ratti, C., Pulselli, R.M., Williams, S. and Frenchman, D., 2006. Mobile Landscapes: using location data from cell phones for urban analysis, *Environment and Planning B: Planning and Design*, 33-5, 727-748.

Weiser, M. 1991. The Computer for the 21st Century, *Scientific American*, 265-3, 94-104.

朝倉康夫・羽藤英二・大藤武彦・田名部淳 2000. PHSによる位置情報を用いた交通行動調査手法．土木学会論文集．653, IV-48. 95-104.

高度情報通信ネットワーク社会推進戦略本部 2001. E-Japan戦略（要旨）. http://www.kantei.go.jp/jp/singi/it2/dai1/0122summary_j.html

関本義秀・Horanont, T・柴崎亮介 2011. 解説：携帯電話を活用した人々の流動解析技術の潮流．情報処理．52-12. 1522-1530.

関本義秀 2013. 人の流動と時空間データセット最前線．オペレーションズ・リサーチ．58-1. 24-29.

【関連文献】

Krumm, J.（Ed.）, 2010, *Ubiquitous Computing Fundamentals*, Boca Raton, FL: CRC Press.

Longley, P.A., Goodchild, M.F., Maguire, D.J., and Rhind, D.W. 2011, *Geographic Information Systems & Science*. Hoboken, NJ: John Wiley, & Sons, Inc.

執筆者紹介 (執筆順)

岡部篤行／おかべ・あつゆき …1 章
　1945 年佐賀県生まれ．1975 年ペンシルヴァニア大学地域科学専攻博士課程修了．1977 年東京大学工学系研究科博士課程修了．現在，青山学院大学教授．Ph.D. 工学博士．

村山祐司／むらやま・ゆうじ …2 章
　1953 年茨城県生まれ．筑波大学大学院地球科学研究科博士課程地理学・水文学専攻退学．現在，筑波大学生命環境系教授．理学博士．

若林芳樹／わかばやし・よしき …3 章
　1959 年佐賀県生まれ．1986 年広島大学大学院文学研究科博士課程後期単位取得退学．現在，首都大学東京大学院都市環境科学研究科教授．博士（理学）．

太田守重／おおた・もりしげ …4 章, 27 章
　1973 年日本大学文理学部応用地学科卒業，現在，国際航業株式会社フェロー，ISO/TC 211 国内委員会委員．

布施孝志／ふせ・たかし …5 章
　1973 年長野県生まれ．2002 年東京大学大学院工学系研究科社会基盤工学専攻博士課程修了．現在，東京大学大学院工学系研究科准教授．博士（工学）．

米澤千夏／よねざわ・ちなつ …6 章
　2002 年東京大学大学院理学系研究科地球惑星科学専攻博士課程修了．(財) リモート・センシング技術センター研究員，宮城大学食産業学部講師を経て，現在，東北大学大学院農学研究科准教授．博士（理学）．

矢野桂司／やの・けいじ …7 章
　1961 年兵庫県生まれ．1988 年東京都立大学大学院理学研究科地理学専攻博士課程中退．現在，立命館大学文学部人文学科地理学専攻教授．博士（理学）．

河端瑞貴／かわばた・みずき …8 章
　1972 年東京都生まれ．2002 年マサチューセッツ工科大学大学院博士課程都市計画専攻修了．現在，慶應義塾大学経済学部教授．Ph.D.

藤田秀之／ふじた・ひでゆき …9 章
　1976 年福岡県生まれ．2006 年東京大学大学院新領域創成科学研究科環境学専攻博士課程修了．現在，電気通信大学大学院情報システム学研究科助教．博士（環境学）．

井上 学／いのうえ・まなぶ …10 章
　1972 年島根県生まれ．2007 年立命館大学大学院文学研究科博士課程博士後期課程地理学専攻修了．現在，平安女学院大学国際観光学部国際観光学科准教授．博士（文学）．

髙橋信人／たかはし・のぶと …11 章
　1976 年京都府生まれ．2005 年東北大学大学院理学研究科地学専攻博士課程修了．現在，宮城大学食産業学部准教授．博士（理学）．

久保田光一／くぼた・こういち …12 章
　1960 年東京生まれ．1985 年東京大学大学院工学系研究科修士課程修了．現在，中央大学理工学部教授．工学博士．

奥貫圭一／おくぬき・けいいち …13 章
　東京都生まれ．1993 年東京大学大学院工学系研究科都市工学専攻修士課程修了．現在，名古屋大学大学院環境学研究科准教授，東京大学空間情報科学研究センター客員准教授．博士（工学）．

貞広幸雄／さだひろ・ゆきお …14 章
　1966 年東京都生まれ．1991 年東京大学大学院工学系研究科修士課程修了．現在，東京大学空間情報科学研究センター教授．博士（工学）．

小口 高／おぐち・たかし …15 章
　1963 年長野県生まれ．1991 年東京大学大学院理学系研究科博士課程地理学専攻単位取得退学．現在，東京大学空間情報科学研究センター教授．博士（理学）．

浅見泰司／あさみ・やすし …16 章
　1960 年東京都生まれ．1987 年ペンシルヴァニア大学地域科学専攻博士課程修了．現在，東京大学大学院工学系研究科教授．Ph.D.

瀬谷 創／せや・はじめ …17 章
　1984 年 茨城県生まれ．2013 年 筑波大学大学院システム情報工学研究科博士後期課程修了．現在，神戸大学大学院工学研究科准教授．博士（工学）．

堤 盛人／つつみ・もりと …17 章
　1968 年広島県生まれ．1993 年東京大学大学院工学系研究科修士課程修了．現在，筑波大学システム情報系教授．博士（工学）．

井上 亮／いのうえ・りょう …18 章
　1976 年大阪府生まれ．2005 年東京大学大学院工学系研究科社会基盤学専攻博士課程修了．現在，東北大学大学院情報科学研究科准教授．博士（工学）．

山田育穂／やまだ・いくほ …19 章
　東京都生まれ．2004 年ニューヨーク州立大学バッファロー校地理学専攻博士課程修了．現在，中央大学理工学部教授，東京大学空間情報科学研究センター客員研究員．Ph.D.

中谷友樹／なかや・ともき …20 章
　1970 年神奈川県生まれ．1997 年東京都立大学理学研究科博士課程修了．現在，立命館大学文学部教授，歴史都市防災研究所副所長．博士（理学）．

塩出徳成／しおで・なるしげ・・・21 章
　2000 年ロンドン大学ユニバーシティ・カレッジ空間情報研究センター博士課程修了．ニューヨーク州立大学バッファロー校地理学科助教授，カーディフ大学都市計画・地理学部専任講師，ウォーリック大学都市科学研究所准教授及びニューヨーク大学特任准教授を経て，現在，ロンドン大学キングズ・カレッジ地理学部准教授．Ph.D.

塩出志乃／しおで・しの・・・21 章
　2003 年東京大学大学院工学系研究科博士課程修了．東京大学空間情報科学研究センター，ニューヨーク州立大学バッファロー校，ケンブリッジ大学地理学部研究員を経て，現在，ロンドン大学バークベック・カレッジ地理・環境・開発学科准教授．Ph.D. 工学博士．

森田 喬／もりた・たかし・・・22 章
　早稲田大学理工学研究科修士を経てフランス国立社会科学高等研究院博士課程修了（1979 年）．現在，法政大学デザイン工学部教授，日本地図学会会長．Ph.D.

鈴木厚志／すずき・あつし・・・23 章
　1958 年茨城県生まれ．1986 年立正大学大学院文学研究科地理学専攻博士後期課程単位取得退学．現在，立正大学地球環境科学部地理学科教授．博士（文学）．

石川 徹／いしかわ・とおる・・・24 章
　2002 年カリフォルニア大学サンタバーバラ校地理学科博士課程修了．現在，東京大学大学院情報学環教授．専門は，空間情報科学，空間認知・心理・行動，都市居住論．Ph.D.

高阪宏行／こうさか・ひろゆき・・・25 章
　1947 年埼玉県生まれ．1975 年東京教育大学大学院理学研究科博士課程地理学専攻修了．現在，日本大学文理学部／大学院理工学研究科教授．理学博士．

関根智子／せきね・ともこ・・・25 章
　1965 年岩手県生まれ．1995 年日本大学大学院理工学研究科博士後期課程地理学専攻修了．現在，日本大学文理学部／大学院理工学研究科教授．博士（理学）．

古橋大地／ふるはし・たいち・・・26 章
　1975 年東京都生まれ．2001 年東京大学新領域創成科学研究科環境学専攻修士課程修了．現在，青山学院大学地球社会共生学部教授．OSGeo 財団日本支部理事，オープンストリートマップ・ファウンデーション・ジャパン理事などオープン系ジオコミュニティの運営に携わる．

今井 修／いまい・おさむ・・・28 章
　1948 年兵庫県生まれ．1974 年東北大学理学部地球物理専攻修士課程修了．現在，有限会社ジー・リサーチ代表取締役，東京大学空間情報科学研究センター客員研究員，島根県中山間地域研究センター客員研究員．

湯田ミノリ／ゆだ・みのり・・・29 章
　2009 年金沢大学大学院自然科学研究科博士課程修了．東京大学空間情報科学研究センター特任助教，フルブライト研究員を経て，現在，福岡女子大学国際文理学部准教授．博士（学術）．

有川正俊／ありかわ・まさとし・・・30 章
　1962 年福岡県生まれ．1988 年九州大学大学院工学研究科情報工学専攻修士課程修了．九州大学大学院工学研究科助手を経て，現在，東京大学空間情報科学研究センター特任教授，日本地図学会常任委員長，国際地図学協会ユビキタスマッピング委員長．専門は，空間情報工学，地図学，データ工学，VR．博士（工学）．

木實新一／このみ・しんいち・・・30 章
　1967 年福岡県生まれ．1991 年九州大学大学院工学研究科情報工学専攻修士課程修了．現在，東京大学空間情報科学研究センター准教授．博士（工学）．

関本義秀／せきもと・よしひで・・・30 章
　1973 年神奈川県生まれ．2002 年東京大学大学院工学研究科社会基盤工学専攻修了．現在，東京大学生産技術研究所准教授．「人の流れプロジェクト」「アーバンデータチャレンジ」等を主宰．専門は，空間情報工学，社会基盤情報学．博士（工学）．

※所属・身分は 2016 年現在

編者紹介

浅見泰司(東京大学大学院工学系研究科・教授)

矢野桂司(立命館大学文学部人文学科地理学専攻・教授)

貞広幸雄(東京大学空間情報科学研究センター・教授)

湯田ミノリ(東京大学大学院人文社会系研究科・特任研究員)

※所属・身分は2016年現在

書　名	**地理情報科学 − GISスタンダード −**
コード	ISBN978-4-7722-5286-7　C3055
発行日	2015(平成27)年3月31日　初版第1刷発行
	2016(平成28)年10月5日　初版第2刷発行
	2021(令和3)年3月12日　初版第3刷発行
編　者	**浅見泰司・矢野桂司・貞広幸雄・湯田ミノリ**
	Copyright　©2015 ASAMI Yasushi, YANO Keiji, SADAHIRO Yukio and YUDA Minori
発行者	株式会社古今書院　橋本寿資
印刷所	株式会社太平印刷社
発行所	(株)古今書院
	〒113-0021　東京都文京区本駒込5-16-3
電　話	03-5834-2874
FAX	03-5834-2875
URL	http://www.kokon.co.jp/
	検印省略・Printed in Japan

いろんな本をご覧ください
古今書院のホームページ

http://www.kokon.co.jp/

★ 800点以上の**新刊・既刊書**の内容・目次を写真入りでくわしく紹介
★ 地球科学やGIS，教育など**ジャンル別**のおすすめ本をリストアップ
★ 月刊『**地理**』最新号・バックナンバーの特集概要と目次を掲載
★ 書名・著者・目次・内容紹介などあらゆる語句に対応した**検索機能**

古 今 書 院
〒113-0021　東京都文京区本駒込 5-16-3
TEL 03-5834-2874　　FAX 03-5834-2875
☆メールでのご注文は　order@kokon.co.jp　へ